CMOS

[瑞典] 亨利·H. 拉达姆松（Henry H. Radamson）
罗 军
[比] 埃迪·西蒙（Eddy Simoen）
赵 超
著

赵 超
译

上海科学技术出版社

图书在版编目（ＣＩＰ）数据

　CMOS ／（瑞）亨利•H. 拉达姆松
（Henry H. Radomson）等著；赵超译. -- 上海 ： 上海
科学技术出版社，2021.3（2023.1重印）
　书名原文：CMOS Past，Present and Future
　ISBN 978-7-5478-5231-6

　Ⅰ. ①C… Ⅱ. ①亨… ②赵… Ⅲ. ①CMOS电路—研究
Ⅳ. ①TN432

　中国版本图书馆CIP数据核字(2021)第023309号

上海市版权局著作权合同登记号　图字:09 - 2020 - 506 号

CMOS

〔瑞典〕亨利•H. 拉达姆松（Henry H. Radamson）　罗　军
〔比〕埃迪•西蒙（Eddy Simoen）　赵　超 著
赵　超 译

上海世纪出版(集团)有限公司
上 海 科 学 技 术 出 版 社　出版、发行
（上海市闵行区号景路 159 弄 A 座 9F-10F）
邮政编码 201101　www.sstp.cn
上海雅昌艺术印刷有限公司印刷
开本 787×1092　1/16　印张 16
字数：254 千字
2021 年 3 月第 1 版　2023 年 1 月第 2 次印刷
ISBN 978 - 7 - 5478 - 5231 - 6/TN • 27
定价：95.00 元

CMOS 内容提要

CMOS 是集成电路的基本单元,其设计和结构经历了数十年的进化历程,始终遵从了摩尔定律。作为 CMOS 器件和制造的专业图书,本书内容涵盖了 CMOS 器件的发展历史、技术现状和未来发展趋势,对于过去 20 年中进入量产的关键技术模块给出了较为系统和深入的讨论,包括 90 纳米技术节点引入的锗硅应变源漏技术、45 纳米技术节点引入的高 k/金属栅技术、超浅结技术、先进接触技术和铜互连技术等,此外对于未来有可能替代硅的高迁移率沟道材料也做了专门的讲解。

本书面向的读者为从事集成电路制造研发的技术人员和微电子学相关专业的研究生,也可以作为集成电路装备和材料产业从业人员的参考图书。

作为 Woodhead 出版社电子学和光学材料丛书的一种,本译作的英文版——*CMOS Past,Present and Future* 由 Elsevier 出版。这本书由来自中国科学院大学和中国科学院微电子研究所、欧洲微电子研发中心 Imec 的同事们合作完成。

作为新近出版的一部关于 CMOS 器件和制造的专业书籍,本书内容涵盖了 CMOS 器件的发展历史、技术现状和未来发展趋势,对于过去 20 年中进入量产的关键技术模块给出了相对系统和深入的讨论,包括 90 纳米技术节点引入的锗硅应变源漏技术、45 纳米节点引入的高 k/金属栅技术、超浅结技术、先进接触技术和铜互连技术,此外对于未来有可能替代硅的高迁移率沟道材料也做了专门的讲解。这些内容是过去有关超大规模集成电路的书籍所缺少的。对于从事集成电路制造的研发人员和微电子学相关专业的研究生,这本书不失为一个好的参考阅读材料;对于就业于集成电路装备和材料产业的技术人员,书中的相关章节也可以帮助他们更好地理解他们的产品所需要面对的问题。

囿于语言和传播途径上的限制,本书的英文版在中国大陆同仁中的传播和影响力十分有限,而在大陆集成电路产业蓬勃发展的今天,这本书的中文版应该可以对从事这一产业的中文读者有所助益。有鉴于此,上海科学技术出版社买下了该书的中文版权,并希望译者将书稿翻译付梓。在新冠疫情肆虐的这段日子里,译者遵守国家要求,居家抗疫,随即获得了充分的伏案时间,很快地将书稿译完。

在翻译过程中,译者校订了原著中的几处错误,重画了部分插图。译作保留了除索引外的全部内容。因为原索引按英文字母排序,而中文在次序上无法对应,失去了查阅的便利,故做了舍弃处理。作为原著作者之一,译者有与各章节作者自由沟通的便利,因此,对原文中存疑之处,均与原作者做了直接讨论。尽管经过多次校对,译作中仍可能存在疏漏和错误之处,恳请读者诸君给予指正。

这本译作的出版得益于上海科学技术出版社编辑在选题上的想象力和催稿上的执着。没有他们的努力和热情,这个工作很可能不会有开始之日。译者还要感谢英文原版作者 H. Radamson 教授和罗军教授给予的帮助,希望本译作真实地传达了他们原作章节所要表达的内容。

译者

2020 年 11 月

CMOS 目　录

第1章

金属-氧化物-半导体场效应晶体管基础

H. H. Radamson
中国科学院微电子研究所

1.1 引言

金属-氧化物-半导体场效应晶体管(metal-oxide-semiconductor field effect transistor，MOSFET)是构成数字与模拟集成电路(integrated circuit，IC)芯片的基本单元器件。在数字电路中，它作为逻辑器件，起到开关的作用，满足电路在开关速度和能量上对器件电学表现的要求。随着MOSFET器件尺寸按摩尔定律规划的技术路线不断缩小，电路上器件的密度、开关速度不断增大，同时它们消耗的能量不断降低。这种MOSFET结构不变、尺寸等比例缩小的进程终结于三维器件的应用，从平面器件转换到三维器件，可获得在寄生电阻和电容上性能的显著改善。

最早的场效应管(field effect transistor，FET)的概念缘起于1925年Julius Edgar的美国专利。1950年，贝尔实验室的Dawon Kahng和Martin Atalla发明了MOSFET。起初，晶体管的栅材料多使用金属(如铝)，故此，采用金属-氧化物-半导体(metal-oxide-semiconductor)的英文缩写"MOS"作为器件名称。后来，重掺杂的多晶硅因为与氧化硅的界面在高温下具有出色的化学稳定性，成为标准的栅材料。进入21世纪，大量的研究工作把金属栅材料重新引入，与替代二氧化硅栅介质的高k(高介电常数)材料一起构成了更先进的栅堆叠。

第一款基于MOSFET的商用IC芯片是在1964年由General Microelectronic公司发布的。尽管实现了技术上的巨大进步，但又用了差不多10年时间才解决了成品率和可靠性问题,使 MOS 成为 IC 的主流技术。将 MOSFET 用于 IC 生产的最大好处在于不需要像二极管器件那样靠输入电流驱动载流子电流,而是通过改变栅电压的状态来实现对沟道电流的调控。

如图 1-1 所示,MOSFET 有 4 个接触端:栅极(Gate,G,简称"栅")、源极(Source,S,简称"源")、漏极(Drain,D,简称"漏")和衬底基体(Body,B)。体端可以与源端相连接,形成三极器件。

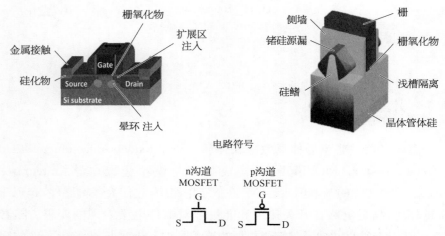

图 1-1 二维 MOSFET(左)和三维 FinFET(Fin 即"鳍"的英文)(右)示意图 (参见文末彩图)

一个互补金属氧化物半导体(complementary metal oxide semiconductor,CMOS)可以包含一个 n 沟道的 MOS 管和一个 p 沟道的 MOS 管。前者采用 p 掺杂的衬底,驱动载流子为电子;后者采用 n 掺杂衬底,驱动载流子为空穴。

20 世纪 70 年代,第一款微处理器芯片是分别采用 pMOS 或 nMOS 逻辑制造的。

将 pMOSFET 和 nMOSFET 这两种器件按 CMOS 的配置方式连接,可实现在高低状态间的切换,同时保持低功耗,产生的热量很低。后者高效利用衬底面积,是制造大规模集成电路的关键。在 CMOS 中,两个器件的栅和漏分别连接在一起,通过施加一个适中的栅电压,将 nMOSFET 打开,而 pMOSFET 处于关闭状态。当栅电压转换到低压,状态翻转。只有在翻转过程中,两个器件才同时导通。

原理上,MOSFET 的工作是通过由栅、栅介质和衬底形成的 MOS 电容调节电荷密度完成的。导电沟道中的载流子可以是由 p 型掺杂基体反型而成的电子(n 沟道晶体管),或是由 n 型掺杂基体反型而成的空穴(p 沟道晶体管)。对于晶体管的性能,要求其开态电流 I_{on} 越大越好,关态电流 I_{off} 越小越好。

在传统的晶体管制程中,源/漏区是由注入掺杂或外延生长形成的,而栅区是由沉积氧化物和金属或多晶硅材料形成的,其中,有氮化物和氧化物构成的间隔层(spacer)将金属栅与周围的氧化物介质隔离。为了进一步地调整栅区下杂质分布,还开发了倾斜注入技术(即 Halo 注入),这样注入形成的口袋形区域(pocket)对控制沟道下方的漏电流是非常必要的。典型的 MOSFET 源/漏工艺还调整为采用刻蚀工艺形成凹陷,再外延 SiGe 将其填满,产生应变来改善器件性能的流程。做这一调整的目的是改善沟道中载流子的输运,第 3 章将对此做详细介绍。

在晶体管中,栅氧化物的质量决定了栅漏电。为了降低器件电阻,需要改善金属互连之前的接触和硅化物层。栅介质和硅化物在 90 纳米及以下技术代都有调整,例如,二氧化硅作为栅介质已经有数十年的应用历史,但在 45 纳米技术代,被高 k 材料取代。为了避免高温退火对栅介质和金属栅造成损伤,晶体管制程还被调整为后栅(gate-last)工艺,即在完成热退火处理以后再沉积高 k/金属栅。在该流程中,先形成一个多晶硅假栅,再在完成源/漏活化处理的高温过程之后,用包含高 k/金属栅的真栅替代。

在过去的 40 年时间里,MOSFET 的尺寸一直沿着 ITRS 规定的节奏缩小,以增大器件密度,降低功耗。在这样的进程中,当 2011 年到达 22 纳米技术节点时,传统的二维晶体管结构被三维结构取代,进入所谓的三栅设计[1]。三栅晶体管后来被研究该器件多年的团队称为 FinFET[2]。二维和三维 MOSFET 的主要器件结构如图 1-1 所示。

为了方便对晶体管的电学表现开展研究,需要首先给出器件组成和物理量的标记。在图 1-1 中,源、漏和栅分别简写为 S、D 和 G,其他物理符号的含义如下:

V_{TH}——阈值电压

V_{DS}——源漏之间的电压

V_{ov}——$V_{ov} = V_{GS} - V_{TH}$

C_{ox}——氧化硅栅介质电容

t_{ox}——氧化硅栅介质厚度

μ_e 或 μ_h——沟道载流子迁移率

k_n——导电系数

C_{GS}、C_{GD}——S 与 G、G 与 D 之间的电容

r_{DS}——D 与 S 之间的电阻($r_{DS} = 1/g_{DS}$)

V_{DD}——电源电压

V_{GS}——G 与 S 之间的电压

V_{ox}——氧化硅栅介质上的电压降

V_G——栅电压

g_{DS}——D 与 S 之间的电导

g_m——夸导

G_{int}——本征增益 $\left(G_{int} = \dfrac{g_m}{g_{DS}}\right)$

R_S、R_D 和 R_G——S、D 和 G 的电阻

为了方便理解从二维器件向三维器件的转变,图 1-2 给出了这两种器件的工艺流程。两者之间的区别主要体现在 FinFET 的硅鳍形成、源漏形成和平整化工艺[3]。

-**Fin图形化**,对应于平面活化区图形化
-氧化物填充、平整化和源漏凹陷形成
-井隔离掺杂
-栅氧生长、假栅沉积平整化和图形化
-掺杂形成源漏扩展区
-隔离侧墙沉积和图形化
-源漏区外延生长(嵌入锗硅和提升硅)
-层间介质(ILD)和化学-机械抛光(CMP)
-假栅去除
-高k/金属栅叠层
-自对准接触形成
-后道互连

图 1-2 体硅鳍 FET 和平面 MOSFET 主要工艺流程(FinFET 中增加的部分为下划线部分)

1.2　MOSFET 的工作原理

图 1-3 描述了一个典型的平面 MOSFET 的能带图。由图可见,在界面附近硅衬底一侧,能带发生了幅度为($q\varphi_s$)的弯曲。弯曲的原因包括栅材料(金属或多晶硅)的功函数($q\psi_g$)与硅的功函数($q\psi_s$)存在差异,还包括中间的栅氧化物与硅的界面存在界面态。在栅电极上加一个合适的电压,可以把弯曲的能带拉直,此时 $V_G = V_{fb} = \psi_g - \psi_s$。 MOSFET 的平带条件如图 1-3(b)所示。

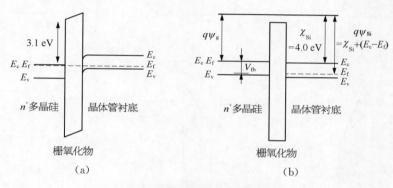

图 1-3　栅和体硅的能带示意图

(a) 无外加电压;　(b) 外加平带电压

在平带条件下,硅衬底的表面电场为零,并导致氧化物中的电场也为零;氧化硅的禁带宽度为 9 eV;真空能级(E_0)定义为使电子脱离材料表面所需要的能量;E_0 与 E_c 中间的差为电子的亲和势。对于硅来说,亲和势为 4.05 eV,对二氧化硅来说,为 0.95 eV。在 MOSFET 中,硅跟二氧化硅之间 E_c 的差为 1.3 eV,这就造成了一个势垒,即硅-二氧化硅电子势垒。相似地,可定义空穴势垒,其高度约为 4.8 eV。正是由于存在这些势垒,才使得电子和空穴无法穿过二氧化硅栅介质。在多晶硅和二氧化硅之间也存在势垒,高度为 3.1 eV。

通常情况下,MOSFET 中的栅电压可以写为

$$V_G = V_{fb} - \varphi_s - V_{ox} \tag{1-1}$$

5

其中，平带时，$V_G = V_{fb}$，$\varphi_s = V_{ox} = 0$；因此（1-1）式可简化为 $V_{ox} = V_G - V_{fb}$。

通过测量 MOS 电容可以来研究 MOSFET 的电学表现。在 MOS 电容上栅压测量范围内，有 3 种偏压模式：累积、耗尽和反型，如图 1-4 所示。

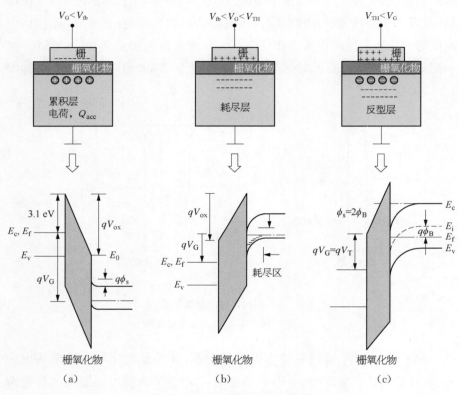

图 1-4 MOSFET 的运行模式

（a）累积；（b）耗尽；（c）反型

1.2.1 累积

累积发生在栅电压比 p 型掺杂硅衬底的热势垒更"负"的情况下。此时，沟道电荷密度取决于栅压，在氧化硅层内部会建立起一个电场，其方向取决于栅压大小。

$$V_{ox} = -Q_{acc}/C_{ox} \qquad (1-2)$$

1.2.2　耗尽

当栅压增加(对于 p 型掺杂硅衬底,这意味着 V_G 更偏向正电压方向,对于 n 型掺杂硅衬底,意味着 V_G 偏向负电压方向),电荷分布改变,能带向下弯曲。结果,一个深度为 W_{dep} 的耗尽区形成。在表面,电子密度(对于 n 型掺杂硅衬底,则为空穴密度)依然很低。栅氧化物上的电压降可以写成

$$V_{ox} = -Q_{acc}/C_{ox} = qN_a W_{dep}/C_{ox} = \sqrt{qN_a 2\varepsilon_s \varphi_s}/C_{ox} \qquad (1-3)$$

因此,φ_s 可以写为

$$\varphi_s = qN_a W_{dep}^2/2\varepsilon_s \qquad (1-4)$$

把 V_{ox} 和 φ_s 带入栅电压的公式:

$$V_G = V_{fb} + \varphi_s + V_{ox} = V_{fb} + qN_a W_{dep}^2/2\varepsilon_s + qN_a W_{dep}/C_{ox} \qquad (1-5)$$

这是一个二次方程,W_{dep} 作为 $V_G(W_{dep})$ 的函数,可通过求解方程获得。

1.2.3　反型

继续增大 V_G,能带弯曲程度增大,费米能级移到 E_C 附近,由此产生了一个阈值,在此阈值下,在衬底与栅氧化物的界面处,原来的 p 型掺杂硅衬底反型成为 N 型半导体(对于 n 型掺杂硅衬底,反之亦然)。阈值电压意味着表面电子或空穴的密度 n_s 达到了与体硅中杂质相同的密度 N_a。求阈值电压的一个简单规则是利用表面势满足条件 $\varphi_s(TH) = 2\varphi_B$[N 型体硅:$\varphi_s(TH) = -2\varphi_B$]。

因此,对应阈值的栅电压($V_G = V_{TH}$)为

$$V_{TH} = V_{fb} + 2\varphi_B + \sqrt{qN_a 2\varepsilon_s \varphi_B}/C_{ox} \qquad (1-6)$$

阈值附近的栅电压区也称为弱反型区。

1.2.4　强反型

当栅电压超越了 V_{TH},MOS 电容进入强反型状态。在这种状态下,φ_s 和 W_{dep} 都不会与耗尽状态有大的不同,因为任何微小变化都会引起电子或空穴密度的巨大改变。这样,V_G 公式改变为

$$V_G = V_{fb} + 2\varphi_B - Q_{dep}/C_{ox} - Q_{inv}/C_{ox}$$ (1-7)

$$= V_{fb} + 2\varphi_B + \sqrt{qN_a 2\varepsilon_s \varphi_B}/C_{ox} - Q_{inv}/C_{ox}$$

图 1-5 中的曲线描述了图 1-4 给出的所有状态,包括强反型。

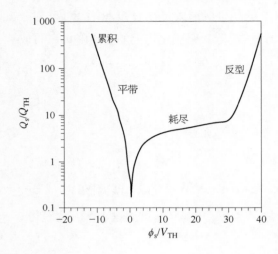

图 1-5　MOS 工作模式

在晶体管中,如果栅无电压,则源漏之间没有载流子输运($I_D=0$)。 如果 MOSFET 的栅有一个正电压 $V_{GS} > V_{TH}$,沟道区将形成梯度电压,使沟道导通,载流子在沟道内输运。需要指出的是,条件 $V_{DS} < V_{GS} - V_{TH}$ 必须始终得到满足,以避免器件中出现夹断。这时,V_{GS} 控制沟道电导,沟道就像是一个可变电阻,源漏之间的电导 g_{DS} 可以写成

$$g_{DS} = 1/r_{DS} = k_n \left(V_{GS} - V_{TH} - \frac{V_{DS}}{2} \right)$$ (1-8)

其中 r_{DS} 是源漏之间的电阻。因此,沟道区引入的电荷 Q 可以表示为

$$Q = -C_{ox}(V_{GS} - V_{TH} - \varphi_S)$$ (1-9)

还可以从载流子迁移率 μ_e、沿着沟道方向 y 的电场强度 ε_y、沟道长度 W 和电荷 Q 求得沟道电流 I_D:

$$I_D = W\mu_e Q\varepsilon_y,\ \text{其中}\ \varepsilon_y = -d\psi/dy$$ (1-10)

因此,I_D 可以写成

$$I_D dy = W\mu_n C_{ox}(V_{GS} - V_{TH} - \psi)d\psi \rightarrow I_D$$
$$= \mu_n C_{ox}(W/L)[(V_{GS} - V_{TH})V_{DS} - V_{DS}^2/2] \qquad (1-11)$$

或者写成

$$I_D = \mu_n \varepsilon_0 \varepsilon_{ox}[W/(t_{ox}L)][(V_{GS} - V_{TH})V_{DS} - V_{DS}^2/2] \qquad (1-12)$$

饱和状态的 I_D 可以写为

$$I_{D(sat)} = (\mu_n C_{ox}W/2L)(V_{GS} - V_{TH})^2 \qquad (1-13)$$

式(1-12)表明 I_D 是 V_{DS} 的二次方程,其极大值在 V_{TH}。利用该方程,可以通过电学测量获得电子迁移率。

nMOS 有 3 个工作状态,如图 1-6 所示。

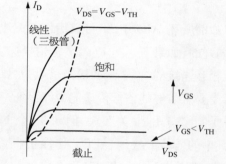

图 1-6 **n 沟道 MOSFET 在不同运行状态下的 I-V 曲线**[4]

(1)截止状态:当 $V_{GS} < V_{TH}$,沟道电流 $I_D = 0$ A。这是指晶体管的关断状态。用费米-狄拉克分布函数做更详细的研究,表明此时在晶体管源的电子还是会在热能的作用下进入沟道区,向漏流动。这会导致一个亚阈值电流,大小是 V_{GS} 的指数函数。亚阈值电流被认为是泄漏电流,因为在晶体管关断时,I_D 应该迅速趋于零[5,6]。

$$I_D \cong I_{D0} e^{(V_{GS} - V_{TH})/nV_{TH}} \qquad (1-14)$$

式中,I_{D0} 是阈值电流,n 是斜率因子:

$$n = 1 + C_D/C_{ox} \qquad (1-15)$$

式中的 C_D 和 C_{ox} 分别代表耗尽层电容和氧化层电容。因为亚阈值电压的

I - V 曲线是阈值电压的指数函数,任何晶体管结构的微小变化,如栅氧化层厚度、晶体管体掺杂和结深,都会引起其巨大改变。

(2)当满足条件 $0 < V_{DS} < V_{GS} - V_{TH}$,器件处于三极管状态,或称为线性区,电导很大,沿晶体管沟道建立起载流子输运,电流为 I_D。

(3)饱和状态。当 $V_{GS} > V_{TH}$,同时 $V_{DS} \geqslant V_{GS} - V_{TH}$,进入饱和状态。此时,电流由栅压控制,$I_D$ 可以写成 $I_D = (1/2)k_n(V_{GS} - V_{TH})^2$。

需要指出的是上述适用于 nMOS 的电流和电压公式,只要把正负号改变一下,就可以适用于 pMOS,也就是说 V_{TH}、V_{GS} 和 V_{DS} 都变成负值。比如,饱和条件将变成 $V_{GS} < V_{TH}$,和 $V_{DS} < V_{GS} - V_{TH}$。

1.3　MOSFET 的品质因数

如前所述,MOSFET 可以用作开关或放大器。当 $V_{GS} > V_{TH}$,n 沟道导通;同样的,如果 $V_{GS} < V_{TH}$,p 沟道导通。在逻辑电路中,晶体管是以串联形式相互连接的,一个门的输出信号为另一个门的输入信号,这些串联的晶体管需要有足够的信号传递能力以保证一个逻辑门能够可靠地分辨出输入信号是"开"态还是"关"态。例如,一个 NAND 组件包含许多 CMOS 逻辑门,其中的 nFET 接地,pFET 连接正电源,电压 V_{DD}。这样的硅基 CMOS 电路在实现信号传输的同时具有较低的静态功耗,这一点对于复杂逻辑电路至关重要,因为大的功耗和由此而来的热量会导致严重的问题。因此,基于硅 CMOSFET 的电路需要能够使晶体管快速切断,完成状态转换。MOSFET 的品质因子之一就是它的开关特性,即比值 $\dfrac{I_{on}}{I_{off}}$ 要很大。 对于逻辑应用,一般 MOSFET 的 $\dfrac{I_{on}}{I_{off}}$ 应该在 $10^4 \sim 10^7$。 MOSFET 的另一个品质因子是开关过程中的亚阈值摆幅 S,这个品质因子的意义是使 I_D 变化一个数量级需要多少 V_{GS},如图 1 - 7 所示,记为 mV/decade。

亚阈值摆幅定义为

$$S = \frac{dV_G}{d\lg I_D} \approx \frac{k_B T}{q\lg e}\left(1 + \frac{\varepsilon_{Si} t_{ox}}{\varepsilon_{ox} w_d}\right) \tag{1-16}$$

在式(1-16)中,ε_{Si} 是硅的介电常数($\sim$11.9),w_d 是漏耗尽层厚度,T 是绝对温度,k_B 是玻尔兹曼常数,q 是电子电荷,e 是自然常数。在室温下,S 的最小极限值为 0.06 V/decade。因此,对于小尺寸逻辑晶体管,给出一个最小极值,栅压需要摆动几个 $\dfrac{k_B T}{q}$,才能把晶体管从关态变到开态。

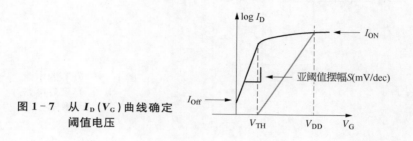

图 1-7 从 $I_D(V_G)$ 曲线确定阈值电压

如果一个直流 V_{GS} 加在一个晶体管上,使之处于开态,那么一个小的射频信号就可得到放大。在此情况下,一个小的 V_G 变化发生,沟道中载流子数和漏电流就会改变。MOSFET 的放大行为可以用单向功率增益 U、固有增益 G_{int} 和电流增益 h_{21} 表征。通常,这些参数都随频率变化,如图 1-8 所示。

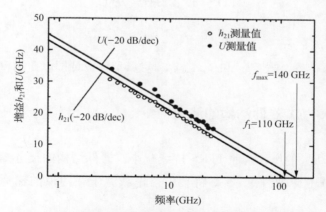

图 1-8 RF MOSFET 小信号电流增益 h_{21} 和单边增益 U 的频率依赖性[7]

射频晶体管最重要的品质因子是截断频率(f_T)和最大振荡频率 f_{max}。f_T 定义为 h_{21} 的数量级降低到 1 的频率(0 dB),而 f_{max} 对应的是单向功率增益为 1 的状态。f_T 和 f_max 对应的都是晶体管放大行为退化的频率极限。MOSFET 的频率特性可用图 1-9 的小信号等效电路描述。

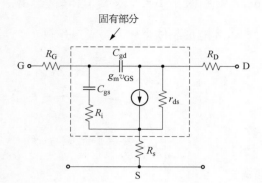

图 1-9 FET 的小信号等效电路示意图

一个晶体管有固有和非固有两部分。如图 1-9 所示,固有部分涵盖栅和沟道区,包括 C_GS、C_GD、g_m 和 r_DS(见 1.1 节中的符号定义)和一个固有电阻 R_i;非固有要素为 R_G、R_S 和 R_D。固有部分的 f_T 和 f_max 可以用下述公式求得[8]:

$$f_\mathrm{T}(\mathrm{int}) = g_\mathrm{m}/[2\pi(C_\mathrm{GS} + C_\mathrm{GD})] \tag{1-17}$$

$$f_\mathrm{max}(\mathrm{int}) = g_\mathrm{m}/[4\pi C_\mathrm{GS}\sqrt{g_\mathrm{DS}R_\mathrm{i}}] \tag{1-18}$$

对于射频晶体管,希望 f_T 和 f_max 越高越好,器件设计即以此为目标。

1.4 MOSFET 器件结构的演变

MOSFET 的尺寸按照 ITRS 持续减小。器件结构的尺寸缩小和演化将在第 2 章中详细讨论,本章将集中讨论载流子在沟道的输运和短沟道效应。

器件尺寸缩小到纳米级别时,晶体管的载流子输运行为与传统的晶体管存在巨大的差异。其载流子输运方程需要做弹道载流子输运调整,这可以用源载流子注入模型解释[9]。饱和状态的漏电流可以写成

$$I_\mathrm{D(sat)} = W\langle v(0)\rangle C_\mathrm{ox}(V_\mathrm{G} - V_\mathrm{TH}) \tag{1-19}$$

式中，$\langle v(0)\rangle$ 是源侧载流子的平均速度，$C_{ox}(V_G - V_{TH})$ 为载流子密度。当沟道长度变小，由于载流子是从源热注入的，$\langle v(0)\rangle$ 可以设为热速度 (v_T)[10]。v_T 由下式给出：

$$v_T = \sqrt{2k_B T_L / \pi m_t^*} \qquad (1-20)$$

式中，T_L 是晶格温度。纳米晶体管的漏电流可以重写为

$$I_D = W C_{ox} \sqrt{2k_B T_L / \pi m_t^*}\,(V_G - V_{TH}) \qquad (1-21)$$

该公式指出了驱动电流在载流子有效质量降低时增加，由此揭示了驱动电流与沟道应变的关系[11]。

要讨论这个话题，需要更深入地了解 MOSFET 的工作原理。图 1-10 描述了在 MOSFET 进化过程中寄生电阻和寄生电容随技术节点的变化。通常意义上，MOSFET 的结构优化就是使不希望存在的电阻和电容尽可能地降低[5]。

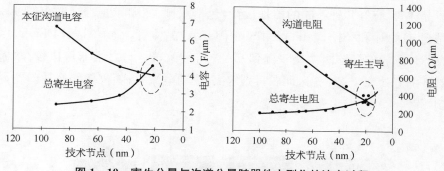

图 1-10　寄生分量与沟道分量随器件小型化的演变过程

晶体管小型化造成的沟道缩短会造成泄漏电流增加。要实现 CMOS 的工业应用，首先要保证其静态功耗可忽略。因此，对于逻辑应用，晶体管的泄漏功耗必须得到有效控制。从原理上说，对器件尺寸的缩小是没有限制的，但实际上，当栅长达到 20 nm，平面器件过高的泄漏电流会成为无法解决的问题[6]。

对于纳米晶体管，尺寸缩小使外部电阻达到与沟道电阻差不多的大小。为了提高器件密度，晶体管间距已缩小到几十纳米，而实际上，寄生电阻的快速升高就是由于相邻晶体管的间距太小造成的。在芯片中，源漏和接触

尺寸随器件尺寸等比例缩小，接触尺寸带来的寄生电阻也达到了与沟道电阻可比的量级。

纳米晶体管的寄生电阻问题是逻辑电路集成的基础性问题。当源漏体积小到跟厚度为 5～10 nm 的沟道体积差不多时，这个问题就出现了[12, 13]。接触寄生电阻问题在以碳纳米管和石墨烯纳米带作为沟道的晶体管中更加严重，因为这些晶体管的沟道厚度只有一个原子层之薄[14]。

另一个小型化带来的问题是对载流子沿沟道输运的控制。当沟道缩短，漏离源越来越近，最终漏电压使源与沟道之间的势垒降低，造成关断状态下电流泄漏。这个现象称为漏致势垒降低（drain-induced barrier lowering，DIBL），是一个典型的短沟道效应（short channel effect，SCE）。

对于平面晶体管，短沟道效应控制是个严重的问题，但它对三维晶体管的影响很小。在差不多四十年的时间里，MOSFET 都是平面器件，直到 2003 年 Intel（英特尔公司）引入了三维设计，制造了被称为多栅场效应管（multigate field effect transistor，MuGFET）的晶体管。MuGFET 是全耗尽晶体管，有好几种不同的器件设计，包括双栅、三栅、鳍型栅（FinFET）、π 型栅、Ω 型栅和环栅（gate-all-around，GAA）晶体管。如图 1 - 11 所示，多栅器件家族的栅控能力从双栅到 GAA 持续改善。与二维器件比较，多栅器件的好处在于：体掺杂问题得到解决；驱动电流大；随机掺杂扰动问题得到缓解。

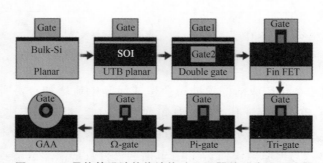

图 1 - 11　晶体管设计从传统体硅平面器件到先进三维器件的演化示意图

多栅器件在电学表现上的两个要点是底层氧化物（BOX）的厚度对沟道中载流子输运控制的影响和通过体掺杂浓度调整获得所需要的阈值电压。

对于前者,通过减小 BOX 厚度,可有效抑制 DIBL。图 1-12 展示了晶体管小型化中 BOX 厚度策略的进程。这对于控制沟道载流子输运和获得高漏电流都是至关重要的[15]。

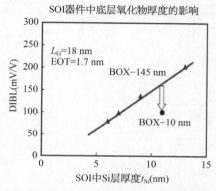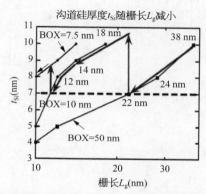

图 1-12　绝缘体上硅(silicon-on-insulator, SOI)器件中硅层厚度(t_{Si})与 BOX 的相互影响:BOX 对 DIBL 的影响(左);不同 BOX 时,栅长-硅层厚度关系,减薄 BOX 可以允许更厚硅层(右)

沿着这样的设计思路,引入了 FinFET。FinFET 结构跟其他晶体管的显著区别在于器件的沟道是一个薄的硅(锗硅、锗或Ⅲ-Ⅴ族材料)鳍,其厚度是晶体管的有效沟道长度。

原理上说,多栅晶体管的栅可以覆盖几个相邻的沟道区。通过这样的安排,增加沟道的数目,可以使晶体管的驱动电流增大。三维器件最重要的优点是其栅包围着沟道,可以形成对沟道载流子输运更好的控制。因此,小尺寸器件的短沟道效应被抑制,使晶体管的泄漏电流降低,这种泄漏在栅长达到 20 nm 后在平面器件中急剧增大[6]。

FinFET 的性能强烈依赖于鳍的物理尺寸(长、宽、高)、形状、晶体取向和体材料掺杂浓度。其宽度与短沟道效应直接相关,高度受限于刻蚀工艺。图 1-13 给出了鳍的尺寸对 DIBL 的影响。由图可见,不仅需要认真考虑鳍的宽度与栅长的相关性,还需要综合考虑栅的高度[16]。鳍的理想尺寸是其宽度应大于栅长的一半,高度大于栅长的五分之一。

硅的电导与晶格取向有关,对于 n 沟道晶体管和 p 沟道晶体管,最优的迁移率分别在(100)面和(110)面[17]。从实用化的观点出发,当鳍平行或垂

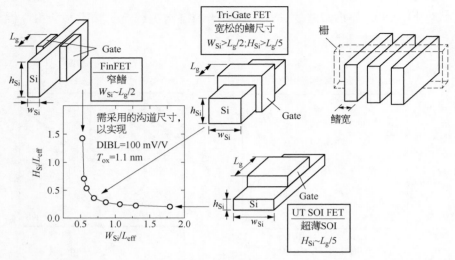

H_{Si}——沟道高度；W_{Si}——沟道宽度；L_g——栅长；L_{eff}——有效栅长；T_{ox}——栅介质等效厚度

图 1 - 13　FinFET 和超薄 SOI FET 的沟道尺寸(高和宽)和栅长的对应关系

直于晶圆切面,晶体管的沟道沿(110)晶面取向,而转 45° 则可以获得(100)取向的沟道,如图 1 - 14 所示[17]。

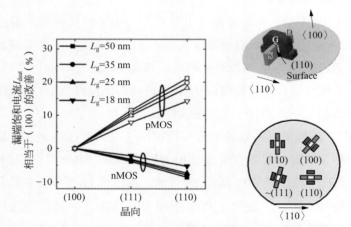

**图 1 - 14　n-FinFET 和 p-FinFET 的沟道取向对载流子输运性质
(漏端饱和电流)的影响**

1.5 小结

从 MOSFET 概念的提出,到平面器件工艺的开发,再到 CMOSFET 的发明,CMOS 技术不断成熟,最终成为极大规模集成电路(ultra large scale integration,ULSI)制造的基础。MOFET 器件的基本工作原理是在栅压作用下,靠近栅介质的硅衬底中形成反型层沟道。这样,在 CMOSFET 中,当 $V_{GS} > V_{TH}$,n 沟道导通;当 $V_{GS} < V_{TH}$,p 沟道导通,实现静态始终关断的低功耗电路。MOSFET 的开态电流对电路延迟有决定性影响,而关态电流则直接决定了电路的静态功耗。CMOS 技术的全部努力就是集中于提升器件的电学表现。

参 考 文 献

[1] Cartwright J. Intel enters the third dimension [R]. Nature 2011 - 5 - 1.

[2] Hisamoto D, Lee W-C, Kedzierski J, et al. FinFET-a self-aligned double-gate MOSFET scalable to 20 nm [R]. IEEE Transactions on Electron Devices 2000 - 2320.

[3] Radamson H H, Zhang Y-B, He X-B, et al. The challenges of advanced CMOS process from 2D to 3D [R]. Applied Sciences 2017 - 7 - 1047.

[4] Yang E S. Microelectronic Devices [M]. New York: McGraw-Hill, 1978.

[5] Thompson S E, Parthasarathy S. Moore's law: the future of Si microelectronics [R]. Review feature, Matter Today 2006 - 20.

[6] Thompson S E, Chau R S, Ghani T, et al. In search of "Forever", continued transistor scaling one new material at a time [R]. IEEE Trans Semicond Manuf 2005 - 26.

[7] Schwierz F, Wong H, Liou J J. Nanometer CMOS [M]. Singapore: Pan Stanford, 2010.

[8] Schwierz F. Graphene Transistors: Status, Prospects, and Problems [R]. IEEE proceeding. 2013 - 1567.

[9] Lundstrom M, Ren Z. Essential physics of carrier transport in nanoscale MOSFETs [R]. IEEE Trans. Electron Devices. 2002 - 133.

[10] Lundstrom M. Device physics at the scaling limit: What matters? [MOSFETs][C]. IEEE Int. Electron Devices Meeting. 2003 - 1.

[11] Mohta N, Thompson S E. Mobility enhancement: The next vector to extend the Moore's law [R]. IEEE, Circuits & Device magazine. 2005 - 11 - 1.

[12] Dixit A, Kottantharayil A, Collaert N, et al. Analysis of the parasitic S/D resistance in multiple-gate FETs [R]. IEEE Trans. Electron Devices. 2005 - 1132.

[13] Wu W, Chan M. Gate resistance modeling of multifin MOS devices [R]. IEEE Electron Device Lett. 2006 - 68.

[14] Appenzeller J, Knoch J, Derycke V, et al. Field-modulated carrier transport in carbon nanotube transistors [R]. Phys. Rev. 2002 - 126801.

[15] Faynot O. Benefits and challenges of FDSOI technology for 14 nm node [R]. IEEE 2011 International SOI Conference 2011 - 1.

[16] Yang J-W, Fossum J G. On the feasibility of nanoscale triple-gate CMOS transistors [R]. IEEE Trans. Electron. Devices 2005 - 1159.

[17] Chang L, Ieong M-K, Yang M. CMOS Circuit Performance Enhancement by Surface Orientation Optimization [R]. IEEE Transactions on Electron Devices 2004 - 10 - 1621.

第2章

器件结构小型化和演化进程

H. H. Radamson[1,2]，E. Simeon[3]，罗　军[1,2]，王桂磊[1,2]

1　中国科学院微电子研究所；2　中国科学院大学；3　比利时欧洲微电子中心

2.1　引言

　　1969 年，Intel 的创始人之一 Gordon Moore 基于降低每一项芯片功能成本的初衷提出了摩尔定律（Moore's law）[1]，他当时的经营理念是每 12 个月将单位面积上的器件数目加倍。后来，这个时间被调整为 18 个月。尽管摩尔定律从根本上来说是一个经济学规律，但它从一开始就成了半导体工业技术发展的驱动力，在很多年里甚至成为了著名的 ITRS 制定发展战略的指南。最开始，MOS 晶体管的小型化只涉及几何尺寸，通过确定一个缩放因子 λ 来实现，器件结构保持其平面设计和硅/二氧化硅材料体系不变。MOSFET 技术主导着 CMOSFET 技术一步一步的发展，每一步称为一个技术节点（technology node）。这种渐进式的变革持续到 20 世纪末，直到栅遂穿电流 I_G 对关态电流 I_{off} 的影响达到了不可被容忍的程度。正是从这时候开始，器件小型化中可以称为革命的变革才开始出现——将新的材料和工艺模块（前栅或后栅）引入 CMOS 技术，实现了金属栅/高 k 氧化物的工业应用。如后所述，用高 k 材料取代二氧化硅，可以允许更大的栅介质层厚度，同时提高栅电容密度。这样做可以极大地降低直接遂穿电流，把关态电流降低到可接受的水平。45 纳米技术代引入了二氧化铪高 k 材料。

　　图 2-1 介绍了 CMOS 尺寸缩放演进的路线图，包括新材料和工艺模块最初引入时的技术节点。这些新材料和工艺的引入很好地满足了摩尔

定律在平面器件技术发展上的需求,直到后来在某些方面已难以为继,问题还是出在 I_{off} 上,其在短沟道效应的影响下持续增大,出现了来自 DIBL 的电流和栅致漏泄漏(gate-induced drain leakage, GIDL)的电流。短沟道效应的影响迫使业界在 22 纳米技术节点放弃了平面器件,改用竖直沟道的 FinFET。第 1 章讨论过从平面器件向三栅、Ω 栅直到 GAA 过渡的原因,即需要实现栅对沟道更好的控制;另外一个候选路径是采用超薄膜层、超薄嵌入式氧化物的 SOI 器件来改善栅控能力。最终的 CMOS 基器件将采用竖直或重叠式水平纳米线结构,其沟道可能采用高迁移率 μ 的材料。

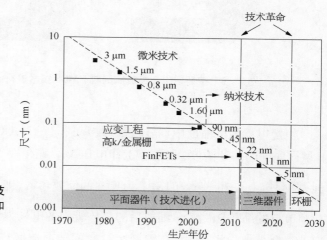

图 2 - 1　CMOS 器件技术演进历史和路线图

2.2　尺寸和结构的缩放

数十年来,器件尺寸的缩小主要依赖于光刻技术中通过使用更小的曝光光源波长实现器件中最小尺寸缩小的能力,而保持其他技术步骤不变。这意味着,在数十年时间里,平面 CMOS 晶体管的工艺较少发生变化,基本上沿用多晶硅/二氧化硅栅叠层、离子注入源漏区、自对准硅化物的栅/源/漏区的接触和器件间的隔离,其中隔离技术从硅的局域氧化(local oxidation of silicon, LOCOS)开始,到后来被浅槽隔离取代。

2.2.1 缩放原则

基本的缩放原则如图2-2所示,并在表2-1给出了详细总结。这里引入了一个不变的缩放因子$\lambda(<1)$,应用于晶体管的各个尺寸的缩小,从而使晶体管的电学性能放大λ倍[3,4]。缩放原则有3种[2]:恒定电场强度缩放;广义缩放原则;广义的选择性缩放原则。

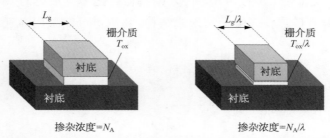

图2-2　按恒定电场缩放原则对CMOS技术进行缩放的原理示意图

恒定电场强度缩放中,晶体管参数L_{eff}、t_{ox}、N_{a}(对于n沟道晶体管,为p型衬底中的掺杂浓度)和电源工作电压V_{DD}在下一个技术节点分别缩放到$\dfrac{L_{\text{eff}}}{\lambda}$、$\dfrac{t_{\text{ox}}}{\lambda}$、$\dfrac{N_{\text{a}}}{\lambda}$和$\dfrac{V_{\text{DD}}}{\lambda}$。因子$\lambda$为尺寸的缩放参数,即从一个技术节点到下一个节点的缩放比例[2-9],缩放后的晶体管中的电场强度在技术代间保持不变。这会带来一些问题:在源漏区衬底的结上造成势垒,它们因为跟固定不变的禁带宽度绑定而不会改变;使V_{TH}因受到亚阈值摆幅S的限制而无法缩小,因为它在热力学上是由源区的玻尔兹曼载流子分布函数决定的,其因子为$k_{\text{B}}T$。

广义的缩放是引入第二个缩放因子"ε"来实现对电源工作电压的非线性缩放,对于电场强度,它是一个大于1的因子。尽管排除了一些与低电源电压相关联的问题,电场强度的增大仍需要更高的沟道掺杂浓度,并且会造成更高的晶体管功率损耗。

广义的选择性缩放原则在更近的技术代被引入,用来解释互连和配线的缩放偏离了栅长的缩放比例的事实。在此原则下可以估算功率密度和延迟的期望值,这需要使用不同的缩放规则来处理长沟道和短沟道器件,因此,没有单一的缩放方法能提供准确的解。这样一来,设计一个器件就需要很多设计者的经验和多次的迭代。

从表 2-1 可见,在现如今的缩放选择中,电场将增大,从而开态电流被提升,但同时也加剧了可靠性上的问题,如热载流子退化和 GIDL。很多制造技术创新被用来降低漏与衬底之间的结的最大场强,如低掺杂漏(又称扩展型结),它在一个高掺杂区附近注入低剂量的杂质,其边际由薄氧化物(或其他介质)的侧墙确定。这样做需要在寄生串联电阻上付出代价,即造成更大的功耗,从而限制器件电学性能的改善。

表 2-1　不同缩放情况下的技术缩放规则[2]

物理参数	恒定电场缩放因子	广义缩放因子	广义选择性缩放因子
栅长 L_G	$1/\lambda$	$1/\lambda$	$1/\lambda_d$
栅氧厚度 t_{ox}	$1/\lambda$	$1/\lambda$	$1/\lambda_d$
配线宽度	$1/\lambda$	$1/\lambda$	$1/\lambda_w$
沟道宽度	$1/\lambda$	$1/\lambda$	$1/\lambda_w$
电场	1	ε	ε
电源电压 V_{DD}	$1/\lambda$	ε/λ_d	ε/λ_d
掺杂 N_A	λ	$\varepsilon\lambda$	$\varepsilon\lambda_d$
面积	$1/\lambda^2$	$1/\lambda^2$	$1/\lambda_w^2$
电容	$1/\lambda$	$1/\lambda$	$1/\lambda_w$
栅延迟	$1/\lambda$	$1/\lambda$	$1/\lambda_d$
功耗	$1/\lambda^2$	ε^2/λ^2	$\varepsilon^2/\lambda_d\lambda_w$
功率密度	1	ε^2	$\varepsilon^2/\lambda_d\lambda_w$

2.2.2　器件结构的影响

原则上,短沟道效应会随着尺寸缩小而加剧。这一方面是由于栅长和栅氧化物厚度有一个因子为 λ 的减小,从而使电场增大。这一增大会因衬底掺杂浓度的增加而部分被抵消,其幅度为 $\lambda^{1/2}$($\sim w_d$)。可以用一个称为自然晶体管长度的参数来估算短沟道效应的影响。对于一个平面单栅体硅

晶体管,它定义为[10]

$$\lambda_b = \gamma \left[t_{ox} t_j (w_{dep} + w_d)^2 \right]^{1/3} \qquad (2-1)$$

式中,t_j 是结深,w_{dep} 是源区耗尽层宽度(通常在 $V_D > 0$ 时,小于 w_d);γ 是一个常数。(2-1)式同样适用于部分耗尽(partially depleted,PD)的 SOI MOSFET。λ_b 的意义是在保证对短沟道效应有效控制的前提下,缩放栅长以获得合适的晶体管电学性能的提升[10]。这一点为器件缩放引入了一个在表 2-1 中没有明确标定的附加条件:源漏区的结深度也必须变得更浅(t_j 同步降低)以保证良好的电学性能(详见第 6 章)。

对于全耗尽(fully depleted,FD)的 SOI,薄膜厚度 t_{Si} 小于结深,或 w_{dep} 和 w_d。在此情况下,对一个单栅平面 SOI 晶体管,式(2-1)变为[11]:

$$\lambda_1 = \sqrt{\varepsilon_{Si} t_{Si} t_{ox} / \varepsilon_{ox}} \qquad (2-2)$$

式中,t_{Si} 是硅层的厚度。图 2-3 为 FD SOI MOSFET 的截面图。

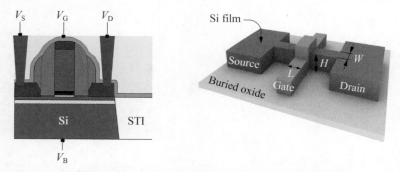

图 2-3 超薄隐埋氧化(ultra thin buried oxidation, UTBOX)超薄膜(Ultra Thin Film, UTF)SOI 晶体管截面图(左),SOI 上三栅 FinFET 侧俯视图(右)

在采用高 k 介质的晶体管中,式(2-1)和式(2-2)中的 t_{ox} 可以用等效氧化物厚度(equivalent oxide thickness,EOT)(或者,更准确地,应该是等效反型层电容厚度)替代。如图 2-3 所示,要实现对短沟道效应的有效控制,栅长应该是该厚度的 3~4 倍。对于 FD SOI 器件,这意味着硅层厚度应该按与栅长和 t_{ox} 相同的因子 λ 缩小,这样才能达到相同的短沟道效应的控制能力。改善栅对短沟道的控制存在另外的技术路径,即打破等比例缩小的规则,彻底改变器件的结构。图 2 - 4 和图 2 - 5 给出了分别采用双栅、三栅和四栅(GAA)的器件结构时,硅的厚度或宽度与栅长之间的比值随栅长变化的规律,这些是表 2 - 2 中公式总结的图示,可以用来解释在 22 纳米技术节点引入基于体硅的锥型鳍结构的原因[13-15]。在 14 纳米节点,引入了竖直的鳍结构[16]。与此有竞争关系的技术路径是在 UTB SOI 衬底上制造平面 FD SOI 器件[17-20]。FD SOI 的一个优势是可以使用背栅偏压,赢得一个附加的自由度来优化器件电学性能,这一点在低功耗的应用上尤其突出[21]。

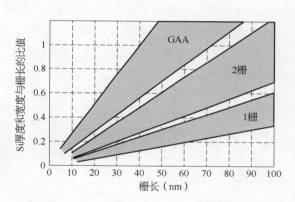

图 2 - 4 采用单栅、双栅和 **GAA** 结构时,允许的最大硅膜厚度和器件宽度与栅长的比值随栅长的变化

图 2 - 5 SOI 衬底上各种多栅结构示意图

平面双栅　　三栅　　FinFET　　GAA

金属栅

顶层硅

浅色为氧化硅

表 2 - 2 不同结构的 SOI 器件的自然长度

结构	正方形截面	圆形截面
单栅	$\lambda_1 = \sqrt{\varepsilon_{Si} t_{Si} t_{ox}/\varepsilon_{ox}}$ [11]	—
双栅	$\lambda_2 = \sqrt{\varepsilon_{Si} t_{Si} t_{ox}/2\varepsilon_{ox}}$ [11]	$\lambda_4 = \sqrt{\varepsilon_{Si} t_{Si} t_{ox}(1+\varepsilon_{ox}t_{Si}/4\varepsilon_{Si}t_{ox})/2\varepsilon_{ox}}$ [13]
GAA	$\lambda_3 = \sqrt{\varepsilon_{Si} t_{Si} t_{ox}/4\varepsilon_{ox}}$	$\lambda_5 = \sqrt{(2\varepsilon_{Si} t_{Si}^2 \ln(1+2t_{ox}/t_{Si})+\varepsilon_{ox}t_{Si}^2)/16\varepsilon_{ox}}$

2.2.3 无结型晶体管

晶体管小型化的一个挑战是结深的减小。随着结深减小,在相同掺杂情况下,面电阻增大,这意味着寄生串联电阻和由此带来的功耗和性能退化不断加剧。一个解决方案是通过极短时间(ns 级或 ms 级)的退火,增加活化掺杂浓度至高于平衡固溶度的水平,这部分内容将在第 6 章中讨论;另外的可选方案有采用肖特基势垒接触取代传统的源漏结,或使用无结型器件结构。肖特基势垒接触的问题在于要在电子和空穴同时实现低势垒,而这个要求在实际应用上很难达到。通常,需要使用两种不同的低势垒金属接触来满足 n 型和 p 型电导要求。另一个更简单的方案是制造如图 2-6 所示的无结型晶体管[22, 23]。

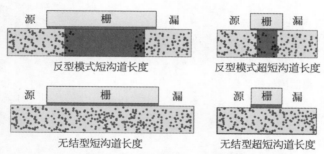

图 2-6 传统器件反型沟道和无结型器件不同长度沟道中源漏掺杂示意图

这种器件最早是为 SOI 结构引入的,其沟道通过大剂量离子注入实现均匀的掺杂,掺杂浓度范围在 1×10^{19} cm² 到 1×10^{20} cm² 之间。沟道必须足够薄,这样,在阈值之下沟道可以完全耗尽,这需要有合适的金属栅的功函数相配合。施加一个更大的正的栅电势,将会使耗尽层变薄,把电子吸引到表面(对应晶体管的累积状态)。除了工艺简单,无结型纳米线器件已经被证明在实际的 CMOS 环境中可以获得更好的电学性能[24]和可靠性[25]。无结型器件与碰撞离子化效应结合,可以给出更低的亚阈值摆幅[23]。无结型器件的问题是高沟道掺杂浓度产生的库仑散射会造成迁移率的退化,以及与之相关的性能不均一性。

2.3　光刻

从 20 世纪 50 年代开始,光刻技术就被半导体产业广泛地应用于晶体管和超大规模集成电路(very large scale integration，VLSI)的制造。就目前工艺水平下的集成电路而言,光刻技术是制造工艺各个模块中的第一大挑战。因此,IC 产业给予光刻技术发展越来越多的关注。

光刻技术是一个图形转移过程,它将设计好的掩模版上的图像转移到预先涂覆在衬底上的光刻胶即光阻之上。光刻系统的分辨率定义为能够分辨的最小临界尺寸(critical dimension，CD),分辨率由瑞利判据(Rayleigh's law)确定[26]:

$$R = k_1\lambda/NA \tag{2-3}$$

式中,R 是分辨率,λ 是光源波长,k_1 是一个跟光刻工艺复杂度相关的常数,而 NA 是数值孔径。式(2-3)表明光刻系统的分辨率可以通过减小 λ 和 k_1 并增大 NA 来改善。

2.3.1　增强分辨率

2.3.1.1　降低光源波长

晶体管尺寸的准确性取决于光刻的分辨率,这是 CMOS 晶体管小型化的关键问题。获得更小器件特征尺寸的主要方法就是在光刻系统中使用更小的光源波长。在集成电路制造技术的发展过程中,为了满足器件小型化的需要,光刻系统中使用的光源波长从近紫外(near ultraviolet，NUV)区的436 nm、405 nm 和 365 nm 逐渐降低到深紫外(deep ultraviolet，DUV)的248 nm、193 nm。早期的光源使用汞灯,汞灯提供 436 nm、405 nm 和365 nm 3 个谱线,分别称为 G 线、H 线和 I 线。

在工业开发中,连续的小型化路线图需要不断降低器件尺寸,以获得更高的器件密度和更低的制造成本。随着器件尺寸的缩小,汞灯很快就达到了分辨率极限,被后来开发的 DUV 激光光源取代。这些激光从波长为248 nm 的氟化氪(KrF)激光发展到波长为 193 nm 的氟化氩(ArF)激光[27]。

现在,大部分 IC 芯片的制造环节都使用 DUV(248 nm 和 193 nm)光刻技术。KrF 步进式光刻机最早应用于 0.25 μm 技术节点,并延续到 130 nm 节点。之后,ArF 步进式光刻机是 0.11 μm、90 nm 和 65 nm 3 个技术节点的主要机型。得益于分辨率的提高,193 nm 浸没式光刻技术满足了 45 nm 技术节点的需求[28]。再后来,193 nm 浸没式光刻机与多次图形化技术结合,应用于 22 nm 及以下技术代[29]。

2.3.1.2 增大 NA

浸没式光刻技术在镜头和衬底之间注入特殊纯化的水,其折射率 n 显著高于空气,这样,光束被聚焦后可对纳米图形给出高分辨率[30]。换句话说,是镜头的数值孔径 NA 增大,从而改善了分辨率。

最近,有建议使用陶瓷材料如镥铝石榴石(LuAG)作为透镜材料,可以具有高达 2.14 的折射率。将这样的透镜与高折射率液体结合完成的 193 nm 浸没式光刻可以获得很高的分辨率,有望满足 10 nm 技术代的光刻需求[31]。

2.3.2 二次图形化技术

二次图形化(double patterning,DP)是一类光刻分辨率增强方法,用以提高集成电路的器件密度。与通过缩小掩模上图形尺寸的做法不同,二次图形化技术是通过使用两张相互补偿的掩模分别曝光,随后进行晶圆刻蚀步骤[32]。二次图形化是半导体工业 32 nm 和 22 nm 技术节点的关键[33]。

二次图形化技术有几个不同的种类,从二次曝光(double exposure,DE)到自对准侧墙、双刻蚀(double etch,DE^2)[34, 35],DE 是在同一个光阻层,分别用两个掩模依次曝光,用来处理图形密度和间距容易造成分辨率困难的区域。图 2-7 描述了二次曝光光刻的流程。DE 方法特别适合不同尺

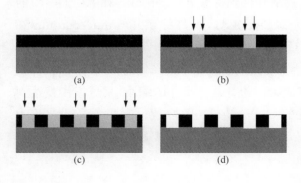

图 2-7 二次曝光光刻工艺流程

(a) 涂胶; (b) 第一次曝光;
(c) 第二次曝光; (d) 显影

寸但间距特别小的图形的光刻。只要两次曝光之间的对准错位在可接受的范围内,DE 就是一个有效的方法,比自对准侧墙和 DE^2 更有优势,因为它不需要增加更多的工艺步骤。

自对准侧墙图形化方法采用在预先形成的牺牲结构侧面上沉积保型性好的薄膜,如图 2-8 所示,最后将这些侧墙用作刻蚀的硬掩模。曝光的线宽度由两个侧墙之间的宽度决定。自对准侧墙被广泛用于 FinFET 中鳍的图形化。侧墙一般选用介质材料(氮化硅和二氧化硅),刻蚀后的图形质量通常优于采用光阻的光刻后刻蚀图形,可获得更小的线条边缘粗糙度。

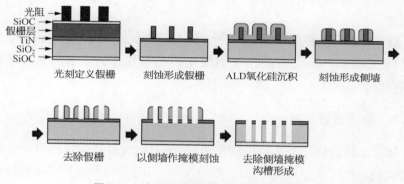

图 2-8　自对准侧墙图形化光刻工艺流程

在自对准图形化技术中,自对准二次图形化和自对准四次图形化可以更进一步地改善光刻质量,可能在 7 nm 技术节点之后得到应用[34]。

2.3.3　极紫外光刻技术

极紫外光刻(extreme ultraviolet lithography,EUVL)技术是目前最先进的光刻技术,采用 13.5 nm 的极短波长紫外光作为光源,将在 10 nm 以下技术节点应用于生产。EUVL 只需要使用一个掩模,不必再用多次图形化。可是,要实现大规模量产,还有 3 个问题需要解决:光源、光阻和掩模制造。其中最大的困难是制造满足经济的量产能力需求的、稳定的光源。对于一个每小时生产 125 片的 12 in 生产线,目前的 EUVL 需要有 200 W 的光源功率[36]。

开发出适用于 EUVL 的光阻材料是另一项关键技术问题。它必须同时具有以下几个方面优越性能:高分辨率、高敏感性、低线条边缘粗糙度和低的气体释放特性[37, 38]。

当 EUVL 进入大规模量产,如何制造无缺陷的反射型光掩模成为关键[39]。之前的 NUV 和 DUV 光刻机都使用透镜制造光学系统,而 EUV 在材料中的透射率非常低,因此无法使用透镜系统。其光学系统都是采用反射镜构成的。同理,其光掩模也只能采用反射式。制造这样的掩模需要引入新的材料和表面,可能造成表面颗粒吸附问题[40]。因此,会需要在表面设计一个薄层以保护掩模表面,使之在使用中不会吸附颗粒。这层膜的引入又会带来另外的问题,如该薄层中产生的应力可能会造成图形漂移,它还会影响整个膜层的光吸收,使下面的膜不再吸收光,造成宝贵的 EUV 功率的浪费。

除了 EUV 技术,非常极端的短波长光刻技术如使用 1 nm 波长的 X 射线光刻[41]和 0.1 nm 波长的深 X 射线光刻[42]也在作为未来的光刻解决方案被研究。

2.3.4 掩模增强技术

随着晶体管特征尺寸的持续微缩,掩模制造变得越来越困难。各种掩模增强技术(reticle enhancement techniques, RET)被开发和应用到掩模设计中,以避免衍射问题。光学临近修正(optical proximity correction, OPC)是 RET 的一种,用来优化掩模图形,改善在衬底上的图形准确性,其原理如图 2-9 所示[43]。OPC 被用来补偿亚波长(subwavelength)光刻造成的图形误差。所谓亚波长光刻,意指图形尺寸小于使用的波长。这些图形误差

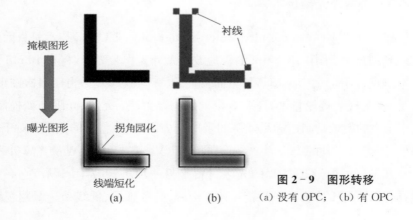

图 2-9 图形转移
(a) 没有 OPC; (b) 有 OPC

包括角的园化、线条终端变短和处于独立模式或密集图形中时线条宽度的变化。可以对这些效应建模,使用复杂的软件修正设计数据[44]。如图 2-9 所示,OPC 通过改变掩模设计,对角的圆化和线条终端变短做了成功的修正。

另一种 RET 是相移掩模,用来增强步进式和扫描式光刻机的分辨能力和图像反差。相移掩模通过使用相差产生的干涉增强光刻的图形分辨率。相移掩模有交替式和衰减式两类。相移掩模修正的原理是当光穿过透明材料时会发生相改变,其大小是材料光学厚度的函数[45]。

2.4　电子束光刻

电子束光刻(electron-beam lithography,EBL)使用聚焦的电子扫描,直接把图形写在对电子敏感的光阻表面[46]。电子束改变光阻的溶解性,这样就可以通过把光阻浸没在溶剂中,去除光阻暴露或未暴露(取决于使用的是正胶还是负胶)的区域。

电子束的优点是可以直写任何图形,并获得小于 10 nm 的分辨率,但是该技术的产率非常低,因为扫描需要大量时间,因此未来能否应用于生产是受到怀疑的[47]。

EBL 的另一个局限性是在写小尺寸图形时,需要减少束流中电子数量,因为这些电子引起的入射噪声效应会带来剂量的不稳定。

新一代电子束光刻技术使用二次电子作为主要束流。高能电子从原子中引出电子,形成二次电子束流。这一类电子的能量很低,产生的与束流有关的缺陷数量要小很多。

2.5　应变工程

45 纳米技术节点引入高 k 介质层,减轻了栅遂穿漏电流问题,却带来另一个问题。从图 2-9 可见,采用多晶硅/二氧化铪的 n 沟道晶体管出现了反型电子迁移率降低的问题[48]。正如我们将在第 4 章中讨论的,出现这一现象的原因是栅介质质量的下降(与二氧化硅相比俘获缺陷密度更高)及其与硅之间的界面缺陷问题。可以通过制造一个高质量的界面层,通常是二氧化硅,来降低界面态密度 D_{it},同时补偿介质层中高俘获缺陷密度的影响。尽管如此,高 k 的使用所带来的附加散射机理仍不可避免地带来反型载流子迁移率的降低。例如,多晶硅/二氧化铪界面存在高 D_{it} 引起的费米能级钉扎(Fermi-level pinning,FLP)、多晶硅耗尽/散射和阈值电压偏离理想值的问题,这些问题可以通过用金属栅取代多晶硅来解决,这些金属栅应该具有适当的功函数以调节 V_{TH}。图 2 - 10 的结果显示金属栅的使用去除了一部分远区散射,改善了迁移率。另一个可用的方法是在沟道中引入力学应变,如使用应变硅衬底(strained-silicon,sSi)。应变工程从 90 nm 就开始应用[49-51],这被认为是"超越几何尺寸微缩"的提升器件性能的方法。

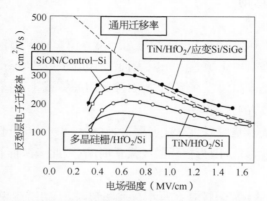

图 2 - 10 不同栅堆叠的 nMOSFET 反型层迁移率随场强的变化规律,包括与传统硅沟道和通用迁移率的比较[48]

2.6 小型化的影响

从平面器件转化为鳍型结构对应变工程产生了特殊的需求。第一个大的改变是超细的鳍沟道面从(100)变成了(110),改变了低场强情况下的迁移率和应变对迁移率的影响。其次,超细的鳍的横向应变会释放掉,使二维的应力变成一维应力,这意味着,大多数在平面器件中行之有效的应力源无法直接应用到 FinFET 中。因此,使用计算机辅助设计方法对不同应变工程做评估和筛查至关重要[52]。分析表明在平面器件中常用的应变工程方法,如接触刻蚀停止层,对于超细鳍不再有效。另一方面,用化学气相沉积法(chemical vapour deposition,CVD)制造的提升源漏在 FinFET 沟道应变工程中依然有效。对于 pMOSFET,可使用 $Si_{1-x}Ge_x$ 源漏区作为应力源(详见第 3 章);对于 nMOSFET,高度掺杂的 n 型 Si:C 源漏是很好的选择[53-58]。作为候选方案,在 n^+ 的 CVD 薄层中作高浓度的磷掺杂,已被证明可以明显引入张应力,图 2‑11 中的高分辨率 X 射线衍射(X-ray diffraction,XRD)结果对此做出了充分的证明[59]。这个方案在以下两点上遇到了困难:即要保证对掺杂的活化热处理以降低方块电阻,又要在溶质晶格替代位置上保持尽可能多的磷掺杂来获得高的张应力[60,61]。实验表明在采用激光退火强化了源漏电导后,张应变会消失,这一现象被解释为一方面退火减少了非活性的 PV_n 复合,另一方面形成了填隙(或沉淀)的磷[61]。

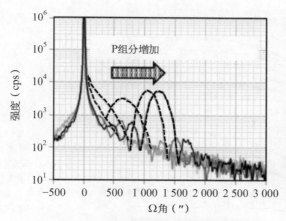

图 2‑11　不同磷组分膜层的摇摆曲线[59]

除了优化单个晶体管的应变,还需要考虑在实际电路中密集器件区域里相邻器件之间的相互影响[62]。作为例子,图 2‑12 展示了 pMOSFET 和 nMOSFET 中分别采用 $Si_{1-x}Ge_x$ 和 Si:C 作为应力源的沟道应变随多晶硅-多晶硅间距 $L_{p/p}$ 改变的规律,这些结果是采用有限元模拟获得的[62]。从中可以很清楚地看到,集成度越高即 $L_{p/p}$ 越小,两种 MOSFET 中的最大绝对沟道应力越低。由此可见,不仅是工艺技术,电路设计对改善小型化 CMOS 晶体管的最终电学性能也有重要作用。

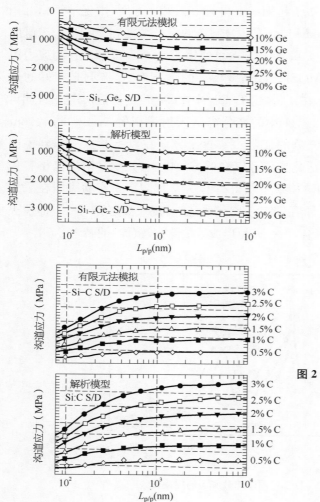

图 2-12 采用 $Si_{1-x}Ge_x$ 应力源的 pMOSFET（上）和 Si:C 应力源的 nMOSFET（下）沟道内的应力随平面晶体管尺寸的变化。器件采用了 20 nm 多晶硅栅[62]

2.7 后 CMOS 和后硅 CMOS 器件

后 CMOS 和后硅 CMOS 器件中，最引人注目的是隧穿场效应晶体管（tunnel field-effect transistor，TFET）和自旋电子学器件。在下一节中，对这两类器件做一个简短的讨论。

2.7.1　TFET

　　TFET 是一类仍处在实验阶段的晶体管。尽管器件结构与 MOSFET
十分相似,但其工作原理却完全不同。TFET 有望用作低功耗电子学器件。
图 2-13 给出了一个基本的 p-i-n TFET 结构及其能带图。与 MOSFET 的
区别在于,MOSFET 中的载流子是在源端通过热注入,越过一个势垒进入
沟道的,而在 TFET 中,载流子注入是通过能带间的遂穿实现的。具体说,
载流子在一个重掺杂的 pn 结之间,从一个区的能带传输到另一个。其中,
能带间的遂穿可以依靠在沟道区的栅上加的偏压对能带弯曲的控制来实现
开态和关态之间陡直的切换。这个操作可以通过在 p-i-n 结构中建立反型
来实现。TFET 是双极器件,在空穴导电为主导时表现出 p 型特征,在电子
导电为主导时则为 n 型特征。

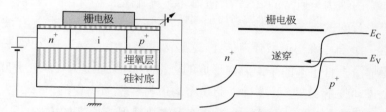

图 2-13　TFET 器件结构(左)及其开态能带结构(右)示意图[63]

　　TFET 最大的挑战是如何实现高 I_{on},因为它的 I_{on} 完全依赖于载流子
穿过能带间势垒的转换概率。为了在 TFET 中实现高遂穿电流和陡直的坡
度,对于一个小的栅压改变,源一侧的遂穿概率要接近于 1。Wiener-
Kramers-Brillouin(WKB)近似建议要获得较高的势垒透透度,禁带宽度
E_G、有效载流子质量 m^* 和屏蔽遂穿长度 λ_{tun} 都必须最小化。尽管 E_G 和
m^* 都只与所选择的沟道材料有关,λ_{tun} 却与很多物理量有很强的依存关
系,例如器件几何结构、尺寸、掺杂分布和栅电容。小 λ_{tun} 会使栅压对沟道
能带的调节能力增强,而要得到一个小 λ_{tun},小 EOT 的高 k 层是必不可少
的。此外,还有以下因素需要在设计高 I_{on} 的 TFET 时加以考虑:沟道厚度
必须很薄,最好的结果出现在一维电子输运过程中;遂穿结附近掺杂的前阵
线应该越陡直越好,也就是说,栅区的高掺杂水平必须在尽可能短的距离上
降低到本征水平。目前,采用硅、Ⅲ-Ⅴ族半导体和碳基沟道材料制造的

TFET 已经获得了实验验证[64]。

2.7.2 自旋电子学

自旋电子学(或称为自旋输运电子学或基于自旋的电子学)技术不再使用电子的电荷,而是使用其自旋传送信息,因此有望把传统的 CMOS 技术与依赖自旋的效应相结合,制造新型集成电路器件。这些依赖于自旋的效应来自于电子自旋与材料的磁学性质的相互作用。

自旋电子学技术不仅可以用来制造存储器件,也可以用于制造逻辑器件。跟 CMOS 器件比,自旋电子学器件在众多方面有优势,如数据的非挥发性、更快的数据处理速度、更小的功耗和更高的集成度[65]。1990 年,Datta-Das 展示了如图 2-14 所示的作为自旋电子学逻辑器件的自旋场效应晶体管(spin field-effect transistor, SFET)样品。在该晶体管中,源、漏、沟道和栅的结构与通常的 FET 类似,其源(自旋注入器)和漏(自旋检测器)是磁矩平行的铁磁金属或半导体,注入的电子的自旋被极化,具有波矢量 k,沿着一个准一维沟道做弹道传输,这些沟道是由 InGaAs/InAlAs 异质结或石墨烯沿垂直于 n 的平面方向形成的。由于自旋-轨道耦合,电子自旋沿着一个进动矢量 Ω 进动,这种进动是由沟道材料性质决定的。Ω 的大小由栅压 V_G 调节。如果到达漏的电子自旋大多数都保持原来的方向(图 2-14 中的上排,全部向右),电流大;如果自旋方向随机分布(图 2-14 中的下排),电流小。重要的一点是自旋进动的周期要比电子飞行的时间大得多。栅的作用是基于沟道材料中自旋-沟道耦合效应,产生一个指向图 2-14 中 Ω 方向的有效磁场。这个有效磁场造成了电子自旋的进动。通过调节栅压,控制沟道内电子自旋的进动,导致到达漏的电子自旋处于平行或反平行

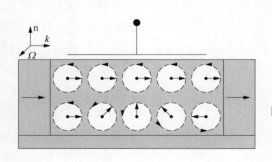

图 2-14 自旋场效应
管(SFET)示
意图[66]

状态,以此有效地控制漏电流。

实验和理论计算表明,自旋逻辑器件的主要问题包括如何优化沟道中电子自旋的寿命,以及如何检测在纳米尺寸结构中自旋相干性和如何使自旋极化载流子在有相关长度和异质界面的栅区内有效传输。要实现高性能的 SFET[66, 67],至少要满足以下四方面的要求:

(1) 在铁磁源区需要实现对自旋已被极化的载流子向二维电子气通道的高效注入;

(2) 需要去除异质界面上有害电场,实现沿沟道对自旋极化电子的弹道输运,获得一个沿沟道均匀分布的结构反型非对称系数;

(3) 保证栅压对结构反型非对称系数的有效控制;

(4) 结构反型非对称性必须在体反型非对称性中起支配作用,而自旋进动时间必须足够长,以保证弹道输运时间不超过半个进动周期。

采用铜和石墨烯的 SFET 因为满足上述要求中的大部分,受到研究者的广泛关注[68, 69]。

2.8　小结

在 CMOS 技术的发展进程中,始终瞄准四大目标:通过提升 I_{on} 来减小电路延迟;增加电路的器件密度以实现更复杂的功能;不断降低功耗;保持器件的可靠性以满足十年寿命的基本使用需求。在早期的平面 CMOS 时代,实现这些目标的手段主要是推动光刻技术的进步来实现器件的小型化,即每个技术代的器件尺寸是前一个技术代的 0.7,由此获得 50% 的面积缩小,其他器件尺寸和电学参数或缩或放,遵从相同的线性缩放比例。在实际的缩放实践中,有许多需要处理的问题,需要更复杂的缩放规则,如结的势垒问题、V_{th} 的缩小和如何同时处理长沟道和短沟道器件问题等。随着器件的持续缩小,短沟道效应日趋严重,催生了用高 k 材料/金属栅技术取代传统的氧化硅/多晶硅栅的重大技术变革,以及彻底舍弃平面结构转向多栅器件的革命。未来的器件结构除了沿着目前的道路继续前行到 GAA 器件之外,还有一些其他可能的选择,如 TFET 和 SFET 等。

参考文献

[1] Moore G. Cramming more components onto integrated circuits [C]. Proc. of the IEEE 1998 - 1 - 82.

[2] Wong H-S P, Frank D J, Solomon P M, et al. Nanoscale CMOS [C]. Proc. of the IEEE 1999 - 537.

[3] Dennard R H, Gaensslen F H, Yu H-N, et al. Design of ion-implanted MOSFET's with very small physical dimensions [R]. IEEE J, Solid-State Circ. 1974 - 256.

[4] Baccarani G, Wordeman M R, Dennard R H. Generalized scaling theory and its application to a ¼ micrometer MOSFET design [R]. IEEE Trans, Electron Devices 1984 - 452.

[5] Wilk G D, Wallace R M, Anthony J M. High-k gate dielectrics: current status and materials properties considerations [R]. J. Appl. Phys. 2001 - 5243.

[6] Tsuno M, Suga M, Tanaka M, et al. Physically-based threshold voltage determination for MOSFET's of all gate lengths [R]. IEEE Trans, Electron Devices 1999 - 1429.

[7] Ortiz-Comde S N G A, García Sánchez F J, Liou J J, et al. A review of recent MOSFET threshold voltage extraction methods [R]. Microelectron. Reliab. 2002 - 583.

[8] Eneman G, De Jaeger B, Simoen E, et al. Drain extension leakage in a scaled bulk germanium PMOS technology [R]. IEEE Trans, Electron Devices, 2009 - 3115.

[9] Hoeneisen B, Mead C A. Fundamental limitations in microelectronics — I. MOS technology [R]. Solid-State Electron 1972 - 819.

[10] Brews J R, Fichtner W, Nicollian E H, et al. Generalized guide for MOSFET miniaturization [R]. IEEE Electron Device Lett 1980 - 2.

[11] Yan R H, Ourmazd A, Lee K F. Scaling the Si MOSFET: From bulk to SOI to bulk [R]. IEEE Trans, Electron Devices 1992 - 1704.

[12] Colinge J-P. Multiple-gate SOI MOSFETs [R]. Solid-State Electron 2004 - 897.

[13] Suzuki K, Tanaka T, Tosaka Y, et al. Scaling theory for double-gate SOI MOSFET's [R]. IEEE Trans, Electron Devices 1993 - 2326.

[14] Auth C P, Plummer J D. Scaling theory for cylindrical fully-depleted, surrounding-gate MOSFET's [R]. IEEE Electron Device Lett. 1997 - 74.

[15] Auth C, Allen C, Blattner A, et al. A 22 nm high performance and low-power CMOS technology featuring fully-depleted tri-gate transistors, self-aligned contacts and high density MIM capacitors [C]. Symp. on VLSI Technol. Dig. of Techn. 2012 - 131.

[16] Natarajan S, Agostinelli M, Akbar S, et al. A 14 nm logic technology featuring 2nd-generation FinFET transistors, air-gapped interconnects, self-aligned double patterning and a 0.058 8 m^2 SRAM cell size [C]. IEDM Tech Dig. 2014 - 71.

[17] Fenouillet-Béranger C, Denorme S, Perreau P, et al. FDSOI devices with thin BOX and ground plane integration for 32 nm node and below [R]. Solid-State Electron 2009 - 730.

[18] Morvan S, Andrieu F, CasséM, et al. Efficiency of mechanical stressors in planar FDSOI n and p MOSFETs down to 14 nm gate length [C]. Symp. on VLSI Technol. Dig. of Techn. 2012 - 111.

[19] Khakifarooz A, Cheng K, Nagumo T, et al. Strain engineered thin SOI (ETSOI) for high-performance CMOS [C]. Symp. On VLSI Techno. Dig. Of Techn. 2012 - 1117.

[20] Planes N, Weber O, Barral V, et al. 28 nm FDSOI technology platform for high-speed low-voltage digital applications [C]. Symp. on VLSI Technol. Dig. of Techn. 2012 - 133.

[21] Xu N, Andrieu F, Ho B, et al. Impact of back biasing on carrier transport in ultra-thin-body and BOX (UTBB) fully depleted SOI MOSFETs [C]. Symp. on VLSI Technol. Dig. of Techn. 2012 - 113.

[22] Colinge J-P, Lee C-W, Afzalian A, et al. Nanowire transistors without junctions [R]. Nature Nanotechnol. 2010 - 225.

[23] Duffy R. The (r)evolution of the junctionless transistor [R]. ECS Trans. 2016 - 115.

[24] Veloso A, Hellings G, Cho M J, et al. Gate-all-around NWFETs vs. Triple-gate FinFETs: Junctionless vs. Extensionless and conventional junction devices with controlled EWF modulation for multi-VT CMOS [C]. Symp. on VLSI Technol. Digest of Techn. 2015 - T138.

[25] Cho M, Hellings G, Veloso A, et al. On and off state hot carrier reliability in junctionless high-K MG gate-all-around nanowires [C]. IEDM Tech. Dig. 2015 - 366.

[26] Pfund A. H. Rayleigh's Law of Scattering in the Infrared [R]. JOSA, 1934 - 6 - 143.

［27］ Williamson D. DUV or EUV, that is the question［C］. Proc. SPIE, 2000 - 4146.

［28］ Mistry K, Allen C, Auth C, et al. A 45 nm Logic Technology with High-k + Metal Gate Transistors, Strained Silicon, 9 Cu Interconnect Layers, 193 nm Dry Patterning, and 100% Pb-free Packaging［C］. Electron Devices Meeting, IEDM, 2008 - 247.

［29］ Pikus F, G, Torres A. Advanced multi-patterning and hybrid lithography techniques［C］. Proceedings of the 2016 21st Asia and South Pacific Design Automation Conference (ASP-DAC), 2016 - 25.

［30］ Sewell H, Graeupner P, McCafferty D, et al. An update on the progress in high-n immersion lithography［R］. J. Photopolymer Sci. Technol. 2008 - 613.

［31］ Liberman Y, Rothschild M, Palmacci S T, et al. High index immersion lithography: preventing lens photocontamination and identifying the optical behavior of LuAG［C］. Proc. of SPIE, 2008 - 692416.

［32］ Levinson M. Double double, toil and trouble, Microlithography World［R］. Article 2007 - 286361.

［33］ Bencher C, Chen Y, Dai H, et al. 22 nm half-pitch patterning by CVD spacer self-alignment double patterning (SADP)［R］. Optical Microlithography XXI 2008 - 69244E.

［34］ Yaegashi H. Pattern Fidelity control in Multi-patterning towards 7 nm node［C］. Proceedings of the 2016 IEEE 16th International Conference on Nanotechnology (IEEE-NANO) 2016 - 08 - 22.

［35］ Basker V S, Standaert T, Kawasaki H, et al. A 0.063 μm^2 FinFET SRAM cell demonstration with conventional lithography using a novel integration scheme with aggressively scaled fin and gate pitch［C］. VLSI Technology (VLSIT) 2010 - 19.

［36］ Pirati A, Peeters R. EUV lithography performance for manufacturing: Status and outlook［C］. in Extreme Ultraviolet (EUV) Lithography VII, SPIE 2016 - 9776.

［37］ Simone D D, Mao M. Metal Containing Resist Readiness for HVM EUV Lithography［R］. J. Photopolym. Sci. Technol. 2016 - 501.

［38］ Mamezaki D, Watanabe M. Development of the Transmittance Measurement for EUV Resist by Direct Resist Coating on a Photodiode［R］. J. Photopolym. Sci. Technol. 2016 - 749.

［39］ Antohe A O, Balachandran D. SEMATECH produces defect-free EUV mask blanks: Defect yield and immediate challenges［C］. in Extreme Ultraviolet (EUV) Lithography VI, SPIE 2015 - 94221B.

［40］ Leading at the Edge［M］. Technology and Manufacturing Day (Intel). Available online: https://www. intc. com/default. aspx? SectionId = 817fbab8282844a291a0f10cb8ac2b03&-LanguageId = 1&-EventId = 637d959b-e595-4f0e-843e-5ee9af9d6520 (accessed on 20 June 2017).

［41］ Vladimirsky Y, Bourdillon A, Vladimirsky O, et al. Demagnification in proximity x-ray lithography and extensibility to 25 nm by optimizing Fresnel diffraction［R］. J. Phys. D: Appl. Phys. 1999 - 114.

［42］ Meyer P, Schulz J, Saile V. Deep X-ray lithography (DXRL) with 0. 1 nm wavelength［M］. Elsevier 2020 - 202.

［43］ Grobman W, Thompson M, Wang R. Reticle enhancement technology: implications and challenges for physical design［C］. Design Automation Conference. ACM 2001 - 73.

［44］ Wong A. Resolution Enhancement Techniques in Optical Lithography［C］. SPIE Press, Bellingham, Washington, 2001.

［45］ Petersen J S, Socha R J, Naderi A R, et al. Designing dual-trench alternating phase-shift masks for 140 - nm and smaller features using 248 - nm KrF and 193 - nm ArF lithography［C］. Photomask Japan '98 Symposium on Photomask and X-Ray Mask, Technology V. International Society for Optics and Photonics, 1998.

［46］ McCord M A, Rooks M J. SPIE Handbook of Microlithography, Micromachining and Microfabrication 2000.

［47］ Parker N W, Brodie A D, McCoy J H. High-throughput NGL electron-beam direct-write lithography system［C］. Proc. SPIE 2000 - 713.

［48］ Datta S, Dewey G, Doczy M, et al. High mobility Si/SiGe strained channel MOS transistors with HfO2/TiN gate stack［C］. IEDM Tech. Dig. 2003 - 653.

［49］ Chan V, Rengarajan R, Rovedo N, et al. High speed 45 nm gate length CMOSFETs integrated into a 90 nm bulk technology incorporating strain engineering［C］. IEDM Tech. Dig. 2003 - 77.

［50］ Ghani T, Armstrong M, Auth C, et al. A 90 nm high volume manufacturing logic technology featuring novel 45 nm gate length strained silicon CMOS transistors［C］. IEDM Tech. Dig. 2003 - 978.

［51］ Thompson S E, Armstrong M, Auth C, et al. A logic nanotechnology featuring strained-silicon［R］. IEEE Electron Device Lett. 2004 - 191.

［52］ Eneman G, Witters L, Mitard J, et al. Stress techniques and mobility enhancement in FinFET architectures

[R]. ECS Trans. 2012 - 9 - 47.

[53] Ang K-W, Chui K-J, Bliznetsov V, et al. Enhanced performance enhancement in 50 nm NMOSFET with silicon-carbon source/drain regions [C]. IEDM Tech. Dig. 2004 - 1069.

[54] Verheyen P, Machkaoutsan V, Bauer M, et al. Strain enhanced nMOS using in situ doped embedded Si1 - xCx S/D stressors with up to 1.5% substitutional carbon content grown using a novel deposition process [R]. IEEE Electron Device Lett. 2008 - 12061208.

[55] Zhou Q, Koh S-M, Thanigaivelan T, et al. Contact resistance reduction for strained NMOSFETs with silicon-carbon source/drain utilizing aluminum ion implant and aluminum profile engineering [R]. IEEE Trans. Electron Devices 2013 - 1310.

[56] Lee M H, Chen P-G, Chang S T. Analysis of Si:C on relaxed SiGe by reciprocal space mapping for MOSFET application [R]. ECS J. Solid-State Sci and Technol. 2014 - P259.

[57] Chuang Y-T, Hu K-H, Woon W-Y. On the doping limit for strain stability retention in phosphorus doped Si:C [R]. J. Appl. Phys. 2014 - 033503/1.

[58] Hartmann J M, Aubin J, Barraud S, et al. Atmospheric pressure selective epitaxial growth of heavily in situ phosphorous-doped Si(:C) raised sources and drains [R]. ECS J. Solid-State Sci. and Technol. 2017 - P52.

[59] Rosseel E, Profijt H B, Hikavyy A, et al. Characterization of epitaxial Si:C:P and Si:P layers for source/drain formation in advanced bulk FinFETs [R]. ECS Trans. 2014 - 6 - 977.

[60] Rosseel E, Dhayalan S, Hikavyy A, et al. Selective epitaxial growth of high-P Si:P for source/drain formation in advanced Si nFETs [R]. ECS Trans. 2016 - 8 - 347.

[61] Dhayalan S K, Kujala J, Slotte J, et al. On the manifestation of phosphorus-vacancy complexes in epitaxial Si:P films [R]. Appl. Phys. Lett. 2016 - 082101/1.

[62] Eneman G, Simoen E, Verheyen P, et al. Gate influence on the layout sensitivity of Si1 - xGex and Si1 - yCy S/D transistors including an analytical model [R]. IEEE Trans. Electron Devices 2008 - 2703.

[63] Turkane S M Kureshi, A K. Review of tunnel field effect transistor (TFET)[R]. Int. J. Appl. Engineering Res. 2016 - 4922.

[64] Ionescu A M, Riel H. Tunnel field-effect transistors as energy-efficient electronic switches [R]. Nature 2011 -329.

[65] Fong X Y, Kim Y S, Yogendra K, et al. Spin-transfer torque devices for logic and memory: prospects and perspectives [R]. IEEE Trans. Comput. -Aided Design Integr. Circuits Syst. 2016 - 1.

[66] Žutič I, Fabian J, Das Sarma S. Spintronics: Fundamentals and applications [R]. Rev. Modern Phys. 2004 -323 - 410.

[67] Wolf S A, Awschalom D D, Buhrman R A, et al. Spintronics: A spin-based electronics vision for the future [R]. Science 2001 - 1488.

[68] Han W, Kawakami R K, Gmitra M, et al. Graphene spintronics [R]. Nat. Nanotechnol. 2014 - 794.

[69] Chang S-C, Iraei R M, Manipatruni S, et al. Design and analysis of copper and aluminum interconnects for all-spin logic [R]. IEEE Trans. Electron Devices. 2014 - 2905.

第 3 章

应变工程

H. H. Radamson

中国科学院微电子研究所,中国科学院大学

3.1 引言

对于半导体单晶材料,当材料中存在应变,其电学、光学和力学性质都会随之发生变化。应变的定义是当晶体点阵受到外力作用而发生的机械畸变。因此,受力的大小和方向对引入应变的影响至关重要。对于 CMOS 晶体管,应力源材料在沟道中产生的作用力会改变载流子的输运特性。这可以由在源漏区挖出凹槽后选择再外延生长 $Si_{1-x}Ge_x$ 和 $Si_{1-y}C_y$ 来实现[1-10],或者通过在晶体管上表面沉积一个氮化硅双应力衬垫层实现[3, 11-16]。还有采用沟道区应力记忆技术(stress memorization technology, SMT)[17-22]和高 k/金属栅应力技术[23]产生沟道应变。

应力源的外延生长采用 CVD 技术在源漏区精心设计的凹槽中实现。在这些晶体管中,也会同时采用上述其他应变技术产生更多的应变。

在上述应变工程技术中,高 k/金属栅应力技术具有简便而高效的优点。开始,Intel 在其 45 nm 技术的 nMOSFET 中使用铝和氮化钛作为栅区的填充金属来引入压应变以提高晶体管的开关速度[4]。可是,当进入 22 纳米技术代,假栅沟槽的高宽比变大,用传统的铝填充技术很难填满沟槽。近年,采用硅烷和乙硼烷作为前驱体的钨原子层沉积(atomic layer deposition, ALD)被用作假栅填充材料。由 ALD 钨薄膜引入的应变对晶体质量很敏感,并与所采用前驱体的种类有关[23]。

3.2 应变种类的基本定义和设计

通常情况有两种应变,压应变和张应变。考虑一个立方晶体中的 x、y 和 z 坐标,如果一个向内压的应力作用在 $x-y$ 方向上,立方体在 z 方向就会被拉长,产生的这种应变称为压应变。同样的,如果在 $x-y$ 方向上受到一个向外的应力,立方体在 z 方向就会被缩小,产生的应变为张应变。产生压应变和张应变的材料实例分别为在硅上外延生长的 $Si_{1-x}Ge_x$ 和 $Si_{1-y}C_y$(或者是应变释放后的 $Si_{1-x}Ge_x$)。

应变可以分解为垂直($\varepsilon_\perp$)和面内($\varepsilon_\parallel$)两个分量:

$$\varepsilon_\perp = \frac{(a_\perp - a_b)}{a_b} \tag{3-1a}$$

$$\varepsilon_\parallel = \frac{(a_\parallel - a_b)}{a_b} \tag{3-1b}$$

其中,晶格参数如图 3-1 所示,应变分量的正负号取决于应变种类。如图 3-1所示,压应变的两个分量分别为 $\varepsilon_\perp > 0$ 和 $\varepsilon_\parallel < 0$;对于张应变,两个分量分别为 $\varepsilon_\perp < 0$ 和 $\varepsilon_\parallel > 0$。

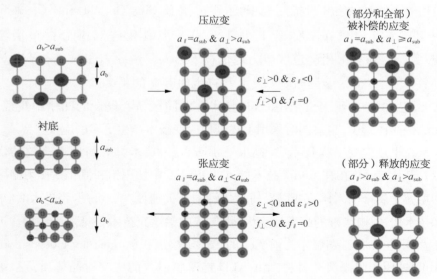

图 3-1　在立方半导体合金中产生应变的不同途径

在很多情况下,可以测量晶格适配分量,并将其转换成晶格参数。单晶薄膜之间晶格失配的垂直和面内分量可以记为

$$f_\perp = \frac{(a_\perp - a_b)}{a_{sub}} \qquad (3-2a)$$

$$f_{/\!/} = \frac{(a_{/\!/} - a_b)}{a_{sub}} \qquad (3-2b)$$

在发生了应变的材料中,膜层的面内分量与衬底晶格对准,故 $f_{/\!/}=0$。而其垂直分量,对于压应变,$f_\perp > 0$;对于张应变,$f_\perp < 0$。对于未应变材料,如果泊松比 ν 已知,初始的晶格失配可以写成 $f_\perp$ 和 $f_{/\!/}$ 的函数[24-26]:

$$f = (f_{/\!/} - f_\perp)\{(1-\nu)/1+\nu\} + f_{/\!/} \qquad (3-3)$$

应变弛豫量 R 也是一个重要的参数,它定量地给出弛豫条件下有多少应变被释放。R 值可以表述为百分数,$R = (f_{/\!/}/f) \times 100\%$。

式(3-3)中,ν 值是与晶体相关的特征参数,指示着材料对所受作用力的弹性反应。因此,ν 值与弹性常数有关(见表 3-1)[31]:

$$\nu = c_{12}/(c_{12} + c_{11}) \qquad (3-4)$$

对于合金,弹性常数 c_{ij} 需要计算才能获得。如对于 $Ge_{1-x}Si_x$ 合金,c_{ij} 可用下式求出:

$$c_{ij}(Ge_{1-x}Si_x) = (1-x)c_{ij}(Ge) + xc_{ij}(Si) \qquad (3-5)$$

合金的成分可以从 Vegard 定律(或其他抛物线方程)求出。例如,对于硅锗合金,锗组分可以从锗和硅的晶格参数按式(3-6)解出:

$$f(x) = 3.675 \times 10^{-2} x - 5.01 \times 10^{-3} x^2 \qquad (3-6)$$

如果在合金晶格中再引入原子,而这种原子的晶格参数与先引入应变的原子的作用方向相反,则先引入的应变会因此而得到补偿。应变补偿可以发生在三元或四元系统合金中,例如,$Si_{1-x-y}Ge_xC_y$ 和 $Ge_{1-x-y-z}Sn_xSi_yC_z$,或高度掺杂如硼掺杂的 $Si_{1-x}Ge_x$。

表 3 - 1　Ⅳ族材料的弹性常数

弹性常数	Ge[27]	Sn[28]	Si[29]	C[30]
c_{11} (Mbar)	1.26	0.69	1.67	10.79
c_{12} (Mbar)	0.44	0.29	0.65	1.24

要估算一个三元半导体的晶格常数,通常需要更复杂的公式。例如,$\mathrm{Ge_{1-x-y}Sn_xSi_y}$ 的晶格常数可以用下面的公式来求:

$$a_{\mathrm{Ge_{1-x-y}Sn_xSi_y}} = a_{\mathrm{Ge}} + x\Delta_{\mathrm{SnGe}} + y\Delta_{\mathrm{SiGe}} \tag{3-7}$$

式中,$\Delta_{\mathrm{SnGe}} = a_{\mathrm{Sn}} - a_{\mathrm{Ge}}$;$\Delta_{\mathrm{SiGe}} = a_{\mathrm{Si}} - a_{\mathrm{Ge}}$[34]。

3.3　MOSFET 中的应变设计

对于 MOSFET 应用,可以引入双轴(二维或全局的)应变或单轴(一维或局部的)应变。双轴应变技术先把应力源材料沉积在整个晶圆,之后把它用作沟道材料。而单轴应变,应力源被嵌入源漏区,产生的应力在晶体管沟道中产生应变。图 3 - 2 描绘了把这两种应变应用到晶体管中的方法。

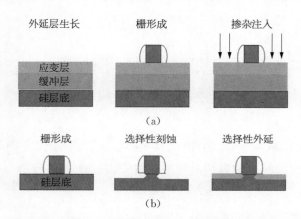

图 3 - 2　在 MOSFET 结构的沟道区形成应变的工艺路径示意图
(a) 双轴;　(b) 单轴

最早在 MOSFET 中的应变工程是尝试先制造应变释放的硅锗虚拟衬底上,再在其上生长双轴张应变的硅作为沟道材料。这种设计的一个缺点是需要有相对较厚的含有锗组分梯度（1 μm，10％锗）的硅锗以产生虚拟衬底。这意味着，要产生高的张应力，将需要数 μm 的硅锗层。这在实际的工艺集成中是不现实的，因此该设计在提出几年后即被淘汰。

在晶体管中引入应变的目的是减少载流子的有效质量及其在沟道中输运时的散射。例如，由于压应变的影响，HH 能带和 LH 能带的曲率（有效质量）改变，导致态密度和能带内散射率（与声子有关）降低。其他结果还有造成 HH 和 LH 能带的分裂，从而降低能带间的散射（与光声子有关）。当 HH‐LH 能带之间的分裂与光声子能量差不多，这种散射率就不能忽视。

总体来说，MOSFET 沟道迁移率的退化与很多因素有关，包括缺陷和界面态、表面粗糙度、掺杂浓度、沟道材料和沟道应变。有两个主要的参数会强烈影响载流子迁移率，如式（3‐8）所示：

$$M = q\langle\tau\rangle/m^* \tag{3-8}$$

式中，m^* 是有效质量，$\langle\tau\rangle$ 是载流子散射时间。

要提升迁移率，就要减小有效质量，增大散射时间。后者与多个不同的散射机理如半导体的晶格（即声子）散射和离子散射有关。

通过在晶格中引入应变，可以使其能带结构向降低有效质量和减少散射的方向转化。要获得合理的载流子迁移率提升，需要产生大于 1 GPa 的应变，这相当于在 $Si_{1-x}Ge_x$ 中的 $x > 0.25$[34, 35]。

在 20 世纪 90 年代早期，许多研发中心将研究焦点聚集到双轴应变硅沟道的 MOSFET 的应变工程。该设计背后的理念是同时在 pMOSFET 和 nMOSFET 中获得载流子迁移率提升（图 3‐3）[36, 37]。后来，衬底制造企业为了高迁移率应用研发了一系列特殊晶圆，如在绝缘层上的应变硅和锗（sSOI 和 GOI）。

还有一些工作尝试使用绝缘体上硅锗晶圆[38]。这些晶圆采用高温下对硅锗外延层氧化的方法制造，硅原子被氧化，锗原子被推到更下层的硅锗材料中。这样，就获得了一个富含锗的无应变的硅锗层。再把表面氧化层与一个硅载片键合、研磨、抛光后，就制成了 SGOI 衬底。该衬底可以作为虚拟衬底再外延生长高度张应变的硅或硅锗[39-41]。它也可以用作绝缘层上双沟道异质结构（dual channel heterostructure on insulator，DHOI）或体硅上双沟道异质结构（dual channel heterostructure on bulk Si，DHOB），直接制造 p-MOFFET 和 n-MOFFET。s-Si 层可以根据需要被刻蚀,留下硅锗用于 DHOI 或 DHOB 设计中,应变的硅和硅锗层分别起到电子和空穴沟道的作用(见图 3-3)。

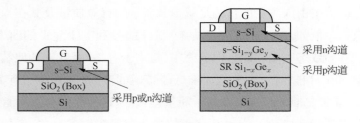

图 3-3 MOSFET 中不同的双轴应变硅沟道的设计

进一步研究表明,在源漏区嵌入应力源材料产生单轴应变可以产生比双轴应变更出色的效果。2003 年,Intel 在其 90 nm 技术中引入了单轴应变概念,在源漏区选择性外延硅锗。采用这项革命性技术的原因如下(图 3-4):

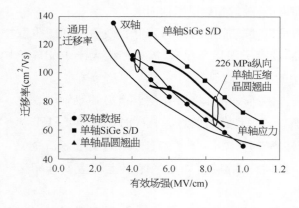

图 3-4 采用双轴和单轴应变硅沟道的 pMOSFET中空穴迁移率随垂直电场的变化

(1) 单轴应力在低和高场强下都表现出明显高于双轴应变的空穴迁移率,这跟 HL 和 HH 能带之间表面限制上的差异有关;

(2) 单轴应变硅的高驱动电流对于短沟道晶体管非常有用,其原因在于单轴应变的高驱动电流源于有效质量的减小,而不是像双轴应变那样,源于散射的降低;

(3) 单轴应变在 nMOSFET 中阈值电压漂移降低了差不多一半,这一点对于器件电学性能至关重要,因为通常需要调整沟道掺杂浓度才能降低这个漂移量[1],式(3-9)和(3-10)给出了阈值电压与应变 σ 的相关性:

双轴　$q\Delta V_{\mathrm{T}}(\sigma) = \Delta E_{\mathrm{C}}(\sigma) + (m-1)[\Delta E_{\mathrm{g}}(\sigma) + kT\ln(N_{\mathrm{V}}(0)/N_{\mathrm{V}}(\sigma))]$

$$(3-9)$$

单轴　$q\Delta V_{\mathrm{T}}(\sigma) = (m-1)[\Delta E_{\mathrm{g}}(\sigma) + kT\ln(N_{\mathrm{V}}(0)/N_{\mathrm{V}}(\sigma))]$

$$(3-10)$$

式中,ΔE_{C} 代表导带漂移,ΔE_{g} 为禁带宽度的改变量,N_{V} 是价带态密度。式(3-9)和(3-10)揭示了应变改善阈值电压漂移的两个原因:

(1) 跟单轴应变相比,双轴应变在硅沟道内产生了更大的 ΔE_{C} 和 ΔE_{g},在双轴应力下,最大能带是 LH 能带,而在单轴应力下,是 HH 能带;

(2) 式(3-10)中,ΔE_{C} 可忽略,因为在单轴应变情况下,只有晶体管的栅区有应变。

由于上述原因,与双轴应变相比,单轴应变在逻辑应用中优势明显。在摩尔定律的技术路线图中,单轴应变在改善载流子迁移率方面扮演着核心角色。

半导体工业为了增加沟道迁移率,将多种应力源方法应用到工艺集成中,包括在源漏区嵌入硅锗层作为应力源材料,以及氮化硅压力衬垫层和混合衬底技术。所谓混合衬底是指使用包括具有(110)晶向的晶圆[2, 3]。

还有其他获得沟道高迁移率的方法,包括集成新的沟道材料,如硅、锗、锡和硅上 Ⅲ-Ⅴ 族和二维材料。尽管这些材料有出色的电学性质,但它们有各自的问题,比如难以与高 k 材料集成、膜层质量较差等。这些将在第 5 章中详细讨论。

为了描述 MOSFET 沟道中载流子输运性质,例如在混合衬底中,迁移率的变化可以写为压阻系数的函数:

$$\Delta\mu/\mu \approx |\pi_{/\!/}\sigma_{/\!/} + \pi_{\perp}\sigma_{\perp}| \qquad (3-11)$$

其中,$\pi_{/\!/}$ 和 $\pi_{\perp}$ 分别表示纵向和横向的压阻系数,$\sigma_{/\!/}$ 和 $\sigma_{\perp}$ 为纵向和横向的应力。压阻系数可以进一步定义为基本立方压阻系数 π_{11}、π_{12} 和 π_{44},或者对于某个特定方向,定义为它们的组合[42]。

对于压应变,在(001)和(110)晶圆中,空穴沿〈110〉方向的压阻系数最高。因此,半导体工业中的 pMOSFET 沟道常沿着〈110〉方向[42, 43]。

3.4 在 CMOS 中引入应变的方法

3.4.1 应力源材料的外延生长

分别在晶体管的源漏区嵌入硅锗(pMOS 中的压应变)[1, 2, 4-7]和 Si:C (nMOS 中的张应变)[8-10]的方法已得到广泛应用从 90 纳米技术代到 22 纳米技术代,pMOSFET 中硅锗的锗组分不断增加,从 17% 上升到 40%[1, 2, 4-7]。引入的应变随着凹陷的设计从圆形截面变成"Σ"形而进一步增大。通过这种设计,硅锗离沟道区更近[44, 45],因此可以更有效地在沟道中引入应变。图 3-5 展示了"Σ"形凹陷中嵌入硅锗的源漏区应变分布的模拟结果。

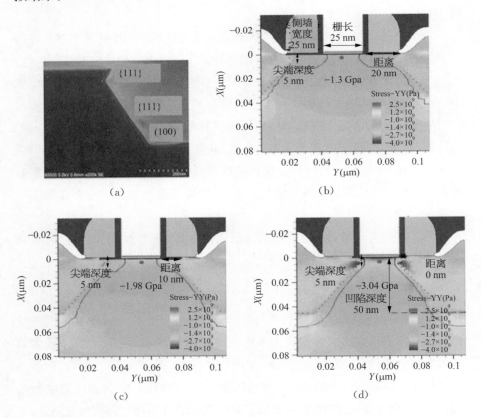

(a)　　　　　　　　　　　(b)

(c)　　　　　　　　　　　(d)

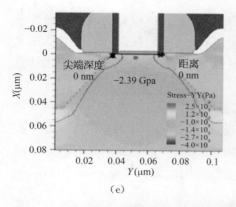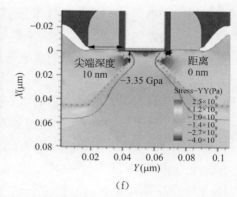

(e)　　　　　　　　　　　　　　(f)

图 3-5　pMOSFET 中的源漏区"Σ"形凹槽和填充硅锗之后产生的应力(参见文末彩图)

（a）凹槽的 SEM，从中可见各个晶面和凹槽尖端位置；　（b）～（f）模拟计算给出的栅长为 25 nm 器件的应力分布，其中标出的应力值为沟道中心黑点位置的应力；　（b）～（d）尖端深度恒定为 5 nm，而尖端离沟道的距离分别为 20、10 和 0 nm；　（d）～（f），尖端离沟道的距离恒定为 0 nm，而深度分别为 5、0、10 nm

在 FinFET 中，硅锗生长在硅鳍上以提升源漏区。在这种情况下，硅鳍的形状设计可以从圆形变成三角形以强化应变。

硅锗层的选择性生长通常采用减压化学气相沉积（reduced pressure chemical vapor deposition，RPCVD）技术。生长温度在 650～700 ℃ 之间，气压在 10～40 torr，分别使用二氯氢硅作为硅的前驱体，氢化锗作为锗的前驱体。生长过程中，氯化氢气体被引入以刻蚀在二氧化硅表面形成的生长核，以保证生长是选择性的。

硅锗层的选择性生长可能会出现几个问题，如微载荷效应和图形依赖效应[46-52]。这些问题可以通过优化外延生长条件大幅降低[46-48]，但图形依赖性很难完全消除。

图形依赖性现象背后的原因是芯片内或晶圆内晶体管的尺寸和密度（或者说，暴露的硅表面积）的变化，其结果是不同区域反应气体分子的消耗量不均匀，从而影响硅锗生长。例如，当晶圆边缘存在的二氧化硅面积更多时，晶圆中央的芯片中硅锗的前阵线（或应变）与晶圆边缘不同。在同一个芯片内，如果不同的晶体管阵列之间在暴露的硅表面积上存在差异，也会存在图形依赖性[7, 53-56]。

图 3-6 描绘了在平面 pMOSFET 和 FinFET 上硅锗外延生长中的气

体分子动力学过程。前驱体气体分子在 CVD 腔体中沿着离晶圆表面有一定距离的路径传输，其路径取决于腔体中气体压强。在晶圆表面附近建立起一个气体界面，此时，暴露的硅表面悬挂键对气体分子施加一个指向其自身的吸引力。

硅锗前阵线与气体消耗量有关，包括气体分子从垂直方向和平行方向向晶圆衬底的气流，以及在凹槽之外和晶体管之间区域二氧化硅表面上吸附的基团（来自二氯氢硅、氢化锗和氯化氢前驱体）沿表面向暴露的硅区域的运动。因此，总的生长率（R_{tot}）是从不同方向而来的气流贡献的总和，如图 3-6(a) 所示：

$$R_{tot} = R_{Si}^V + R_{Si}^{LG} + R_{Si}^{SS} + R_{Si}^{SC} + R_{Ge}^V + R_{Ge}^{LG} + R_{Ge}^{SS} + R_{Ge}^{SC} - R_E^V$$
$$- R_E^{LG} - R_E^{SS} - R_E^{SC}$$

$$(3-12)$$

式中各项的定义在图中给出。如果芯片内（或不同芯片之间）的版图设计改变，R^{LG}、R^{SS} 和 R^{SC} 各项不同，图形依赖性出现。

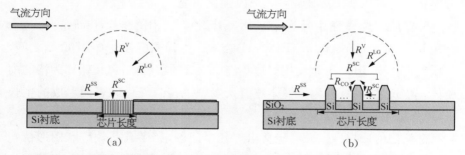

图 3-6 气体在芯片表面的流动示意图（虚线表示气体分子被芯片上氧化物开口或鳍阵列吸引的体积）

(a) 含有源漏氧化物开口的芯片； (b) 含有硅鳍的芯片

将式(3-12)做一定调整即可适用于三维晶体管中硅鳍上硅锗的生长，即加上一个新的项，R^{CO}。该项来自分子沿硅鳍表面的扩散。这样，式(3-12)将改写为[7]

$$R_{tot} = R_{Si}^V + R_{Si}^{LG} + R_{Si}^{CO} + R_{Si}^{SS} + R_{Si}^{SC} + R_{Ge}^V + R_{Ge}^{LG} + R_{Ge}^{CO} + R_{Ge}^{SS} + R_{Ge}^{SC}$$
$$- R_{HCl}^V - R_{HCl}^{LG} - R_{HCl}^{CO} - R_{HCl}^{SS} - R_{HCl}^{SC}$$

$$(3-13)$$

R^{CO} 项产生了一个三维晶体管硅锗生长的特殊状态,此时,分子可以沿硅鳍表面扩散,实现更均匀的生长。另一项要点是外延生长之前必须保持待生长硅表面的绝对清洁,不能有任何氧化物或碳的残留。不清洁表面会造成硅锗外延层中应力全部释放。

作为例子,图 3 - 7(a)～(f)展示了硅表面清洗中从 825 到 740 ℃的不同热处理条件对硅鳍所起到的明显不同的烘烤效果。图 3 - 7(b)表明 825 ℃热处理会对硅鳍造成损伤,造成鳍上不均匀的应变分布(据模拟数据,未在此给出)。另一方面,740 ℃热处理的温度过低,不足以去除表面氧化物,形成三维生长。此时硅锗产生的应变将被部分释放。

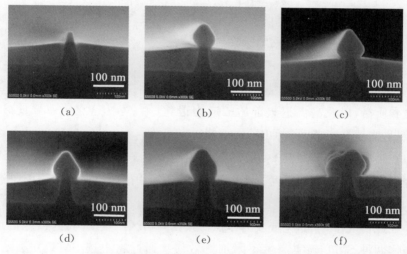

图 3 - 7　硅鳍上选择性生长硅锗工艺中,原位退火对外延生长质量的影响
(a) 无退火;　(b) 825 ℃;　(c) 800 ℃;　(d) 780 ℃;　(e) 760 ℃;　(f) 740 ℃

3.4.2　应力记忆技术

在这个方法中,首先沉积一个高张应变的氮化硅薄膜,之后,在高温下(>1 000 ℃)做热处理。传统的 SMT,氮化硅层沉积在整片晶圆上,在 nMOS 区保留,在 pMOS 区选择性去除。应变通常在对源漏做活化热处理时产生并被记忆。应用 SMT 之后,在硅化物之前采用湿法腐蚀去除氮化硅层。

关于 SMT 的机理,有一系列的理论解释[17, 18]。被普遍接受的是在氮化硅层上面的 n 型多晶硅在竖直方向引入压应力,造成了应力记忆效应。如图 3-8 所示,多晶硅在热处理时,体积膨胀,由此在 nMOS 沟道的水平方向产生张应力。

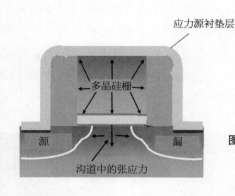

图 3-8　晶体管中产生应力的材料和应力方向

SMT 的结果受几个因素影响,例如在注入时发生的非晶化,氮化硅的厚度和质量,以及高温退火前后的应力退化[17-22] 等。这意味着要使 SMT 有效果,需要全面考虑各种因素。

在很多情况下,降低 SMT 的工艺温度有利好影响,由此对标准 SMT 流程做了调整,在较低温度下沉积氮化硅帽层,并把高温退火移到离子注入产生非晶化之后[23]。温度区间在 600～900 ℃。

在此情况下,非晶化造成的体积膨胀在源漏区产生应力,并被记忆。已经证实两种 SMT 确实产生了附加的效应。通过将上述 SMT 方法结合,nMOS 的驱动电流可以有大于 27% 的提升。

3.4.3　沉积应力源衬垫层

沉积应力源衬垫层(deposition of stressor liner, DSL)是指通过在晶体管上覆盖氮化硅衬垫层将应变引入沟道区的应变技术。DSL 技术最早应用于 90 纳米技术节点[12, 13],该技术中氮化硅衬垫层可以同时在 nMOSFET 中引入张应力,在 pMOSFET 中引入压应力。跟其他应变工程技术比,这是一个突出优点。在工艺流程中,DSL 在硅化反应完成之后才实施,此时,在整个晶圆上沉积一层高度张应变的氮化硅。该氮化硅层经图形化和刻蚀,pMOSFET 上的部分被去除。之后,再沉积一层高度压应变的氮化硅。第二次氮化硅经图形化和刻蚀,其在 nMOS 区域上的膜层被去除。在一些应用中,只希望有一层氮化硅衬垫层,在这种情况下,选择性离子注入可以按需求将部分区域应力释放[14]。

在 DSL 工艺中,用等离子反应离子刻蚀(reactive ion etching,RIE)技术来选区去除氮化硅。RIE 的工艺参数必须优化,避免任何对硅化物的损伤和因此带来的接触电阻的退化。有必要指出的是 RIE 优化是个需要特别专注的工作,因为栅的高度、源漏区嵌入硅锗和侧墙尺寸都会对它产生影响。图 3-9 展示了一个优化的 DSL 在 65 nm 的 CMOS 技术中的应用[15]。

图 3-9　应用了 DSL 的 nMOS 和 pMOS 的截面透射电镜照片

最近的报告显示,类似于金刚石结构的碳膜应用在 MOS 晶体管中,获得了非常大的压应力(>6 GPa)[16]。这一发现开启了未来 CMOS 技术中应力源材料研究的新方向。

DSL 引入的应力可以通过应用一种补偿方法进一步地增强,即所谓应力临近技术(stress proximity technique,SPT),其主要目标是通过刻蚀侧墙使应力衬垫层更加靠近晶体管沟道,以使应力最大化。图 3-10 比较了使用和未使用 SPT 技术的 MOSFET 的 SEM 剖面图。在栅工艺中,采用氮化硅侧墙遮挡源漏注入或硅化反应,氮化硅可以在 SPT 之前被去除。通过调整侧墙和衬垫层厚度可以进一步增大应力。例如,45 nm 的 CMOS 技术中,SPT 技术的应用在 pMOS 中获得了 20% 的驱动电流增强,应用到 nMOS 中,获得的增强在 3% 左右。

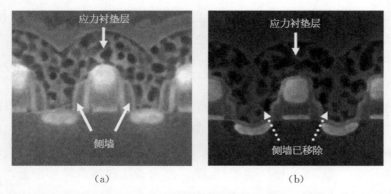

应力衬垫层 | 应力衬垫层

侧墙 | 侧墙已移除

（a） （b）

图 3 - 10　32 nm MOSFET 的截面透射电镜照片（应力衬垫层下）

（a）有侧墙；　（b）无侧墙

SPT 中最关键的工艺是去除侧墙的 RIE。尽管 SPT 跟 DSL 都用到了 RIE 去除氮化硅，与 DSL 相比，SPT 需要的 RIE 中刻蚀气体和条件有很大不同。这是因为 DSL RIE 需要去除的是 pMOS 区的全部张应力衬垫层，而 SPT RIE 要去除的是 nMOS 和 pMOS 的栅侧墙。为了避免对硅化物造成损伤，需要使用反复调试选出的刻蚀菜单。

3.5　嵌入 nMOS 的 $Si_{1-y}C_y$（$eSi_{1-y}C_y$）

嵌入硅锗 pMOS 中的应用从一开始就很顺利，而 $Si_{1-y}C_y$ 在 nMOS 中的应用却遇到了很大的困难。在将其集成到器件中时，人们发现，如果不能很好地控制工艺，很容易发生应变释放[8]。碳原子可以通过离子注入或外延生长的办法添加到硅晶格中。在 65 nm 的基线工艺中，采用离子注入后再固相外延（solid-phase epitaxy，SPE）的方法，获得了 1.65% 替位碳原子的器件，实现了 6% 的驱动电流增强[9]。尽管 SPE 方法在节约成本上有优势，但它需要使用高能量高剂量的离子注入，存在在 $Si_{1-y}C_y$ 源漏与沟道之间的界面上引入缺陷的风险。

外延生长的含 1.85% 替位碳原子的 $eSi_{1-y}C_y$，被应用到 45 nm 基线工艺的 nMOS 源漏中，成功地获得了 9% 的驱动电流提升（图 3 - 11）。该技术在引入应变方面比其他方法，如 SMT 或张应变衬垫层（tensile liner，TL）都要优秀，这一点从图 3 - 12 的比较可以看出[10]。

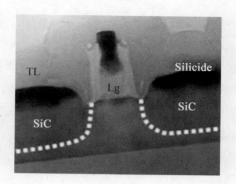

图 3 - 11　45 nm 基线工艺中采用 $eSi_{1-y}C_y$ 的 nMOSFET 的 TEM 截面图

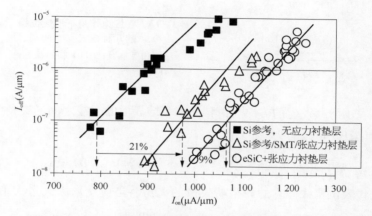

图 3 - 12　45 nm nMOS 的驱动电流（I_{on}）-关态电流（I_{off}）曲线

外延生长嵌入 Si∶C 的主要问题是其相对低的产率，每小时只能生产 3 个晶圆，而嵌入硅锗每小时产能大于 6 片。此外，能够引入的替代碳原子浓度极限也较低，只有 2%。高于该值，就会引入大量缺陷。

3.5.1　应变和临界厚度

所有种类的应变合金都包含着一定的机械能积累，而当其厚度超过了临界值，机械能就会释放掉。该临界厚度取决于应变层与衬底之间的晶格失配度，而对采用外延生长获得的应变合金层，应变材料的厚度必须小于临界厚度，否则，应变就会释放。应变释放的结果是产生大量的失配位错，造成电学和光学性质的退化。因此，建立一个模型来预测不同合金的临界厚度十分必要。

历史上第一个计算硅与锗层之间临界厚度的模型是由 Matthews-Blakeslee(MB)在 40 多年前提出的[57]。该模型一开始被用于估算硅锗外延层在完整的硅衬底上的临界厚度。MB 模型,也称为均衡模型,考虑了外延生长过程中两个对立的力之间的平衡:失配应变施加的力 F_a 和越过位错线的张力 F_T(图 3 - 13)。这些力可以用公式表达为剪切模量 G、泊松比 ν、博格斯矢量 b 和应变 ε 的函数:

$$F_a = 2G[(1+\nu)/(1-\nu)]bh\varepsilon\cos\lambda \qquad (3-14)$$

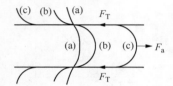

图 3 - 13 在应力作用下形成位错的几种模式
(a) 层间相互耦合; (b) 临界状态;
(c) 层间不再耦合

式中 λ 表示滑移发生的方向与滑移面和膜层界面的交线之间的夹角。经过数学简化,F_T 可以写为

$$F_T = [Gb/4\pi(1-\nu)](1-\nu\cos^2\alpha)[\ln(h/b)+1] \qquad (3-15)$$

式中 α 代表位错线和它的博格斯矢量的夹角。当应变增大到最大值,如图 3 - 13 所示的 3 种情况就会发生。事实上,当应变 $\varepsilon = \dfrac{1}{f}$($f$ 为失配量)时,达到其最大值 ε_{max}。这 3 种情况分别是:(1) $F_{\varepsilon_{max}} < 2F_T$,螺形位错具有图 3 - 13(a)的几何特征,外延层界面相互粘连,应力释放被迟滞;(2) $F_{\varepsilon_{max}} = 2F_T$,螺型位错的形成过程开始,即处于图 3 - 13(b)的临界状态;(3) $F_{\varepsilon_{max}} > 2F_T$,螺型位错形成图 3 - 13(c)的几何分布。位错的运动终止了界面粘连状态。临界厚度可以从情况(2)求出,公式如下:

$$h_c = [b(1-\nu\cos^2\alpha)/2\pi(1+\nu)\cos\lambda][\ln(h_c/b)+1] \qquad (3-16)$$

几年以后,当硅锗外延层的锗组分可以在一个宽的范围内调节,上述公式计算出来的 h_c 与实验数据产生了很大差异。该差异出现的原因是 MB 理论中的简化模型只考虑了形成失配位错的两个作用力之间的平衡,而其他过程,如失配位错的传播、成核和相互作用则被忽略。因此,获得的硅锗外延层的临界厚度值明显偏离了实验值。

后来,People 和 Bean 等人提出一个经验模型,将公式改写为:

$$h_c = [(1-\nu)\sqrt{2}b^2/(1+\nu)32\pi\alpha f^2]\ln(h_c/b) \qquad (3-17)$$

公式(3-17)与(3-16)之间的区别来自模型假设的不同。式(3-17)中,最早的位错以随机的形式出现。这样做可以更多地考虑应力释放的动力学过程,即把位错的产生看成是克服一定势垒的过程,而不是像在平衡模型中,认为位错以一个规则的长方形阵列的形式出现。

Dodson 和 Tsao(DT)提出了一个更精确的模型,把 MB 理论中的不同力之间平衡的概念用过度应变 σ_{ex} 的概念取代,σ_{ex} 与这些力之间的差有关[59,60]。因此,把 σ_{ex} 设为零时,应变释放。这样,MB 公式被改写为非平衡状态下 σ_{ex} 的表达式:

$$\sigma_{ex}/\mu = 2\varepsilon[(1-\nu)/(1+\nu)] - [b(1-\nu\cos^2\theta)/2\pi(1-\nu)]\ln(4h/b)$$

$$(3-18)$$

其中,ε 是弹性应变,μ 是剪切模量。图 3-14 显示采用该式计算出的硅锗层的临界厚度与实验数据。图中实验数据与计算结果曲线以下的区域称为亚稳态。因此,硅锗外延层的亚稳态区域是由平衡和非平衡理论求解出来的。图 3-14 显示了实际薄膜临界厚度与锗组分之间的相关性。在许多器件应用中,应变层的厚度都选在亚稳态区域。

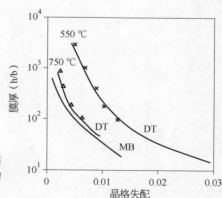

**图 3-14　硅锗材料临界层
厚度随锗组分的
变化**

另一个对临界厚度曲线有不可忽视影响的参数是生长温度。通常情况下,高温生长更利于应力的释放,其需要克服的势垒低。这意味着温度高,

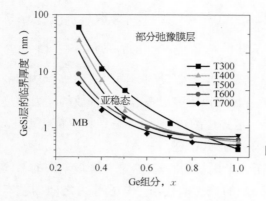

图 3 - 15 硅锗层临界厚度随锗
组分和生长温度的变
化[61]

亚稳态区小,温度低,亚稳态区变大,如图 3 - 15 所示。

3.5.2 硅锗合金在图形化衬底上的临界厚度

到现在为止,关于硅锗/硅临界厚度的讨论都还仅限于整片晶圆衬底上的膜层。可是,当硅锗在一个被绝缘体(氧化物或氮化物)包围的硅表面作选择性生长,形成图形之后,临界厚度会非常不同[61]。

在一个氧化物开口中的硅锗的应变呈不均匀分布。在开口中央,膜层完全应变,而在靠近氧化物的边缘,应变部分被释放。这样的应变分布提供了一种可能,即位错在部分释放区内耗尽,于是不能在整个膜层中传播。结果,选择性生长的应变硅锗膜层厚度可以高于体硅上膜层的临界厚度(图 3 - 16)。

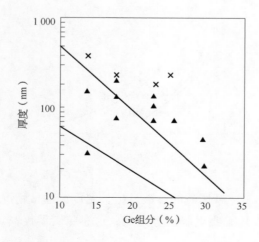

图 3 - 16 实验测得的完全应变
(▲)和部分应变(×)
的硅锗层厚度随锗组
分的变化[61]

类似的临界厚度扩展的现象也发生在纳米区域上生长的硅锗材料[62]。例如,在 FinFET 中,硅锗膜层被选择性沉积到硅鳍上以提升源漏区高度。在这样的结构中,或者膜层的应变释放对应的厚度远高于体材料的临界厚度(图 3-17)。硅鳍的形状对硅锗膜层中应变分布有重要影响,因为位错在一{111}面内的滑移所需要的能量最小。在先进工艺中,会努力避免出现这样的晶面以防止位错运动。因此,产生的最大应变随着鳍的厚度而不是直接随着硅锗的厚度变化。

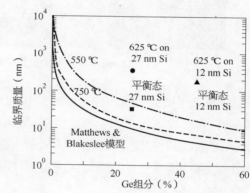

图 3-17　在不同尺寸的硅鳍上生长的硅锗层临界厚度随锗组分的变化[62]

3.5.3　应变测量

纳米尺寸晶体管中的应变分布可以应用高分辨率透射电镜(high-resolution transmission electron microscope,HRTEM)中的纳米束衍射(nanobeam diffraction,NBD)技术研究。在应变的情况下,晶格畸变,衍射图形会随应变大小而改变。在 NBD 分析中,测量(220)面族的面间距,之后,通过将测量值与计算值比较确定应力。

作为例子,图 3-18 给出了 22 纳米技术代平面晶体管中各不同部分的晶面和衍射图形。其中的 ALD 钨金属栅是分别采用硅烷和乙硼烷作为还原剂前驱体获得的。后者在生长过程中会引入一定量的硼掺杂。

这个 NBD 分析选取了晶体管上两个区域采用电子束进行测量。从金属栅区域获得的衍射图形的强度很弱,呈弥散的爱丽环和少数衍射斑点,表明材料为多晶甚至非晶态。沟道中的应变从沟道衍射数据计算。两个样品的

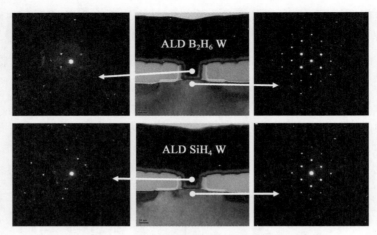

图 3 - 18　22 nm 平面器件的金属栅和沟道的 NBD 图形

比较显示掺杂了硼的 ALD 钨在沟道中产生的应变更大,数值高达 5 GPa。

尽管 NDB 技术对于纳米尺寸结构应变的测量给人的影响深刻,然而其结果正确与否很大程度上取决于 TEM 样品的制备。因为在使用聚焦离子束制备样品时,需要把样品减薄到满足 HRTEM 要求的厚度,在此过程中,极易造成应变的部分释放。

另一个测量应变的技术是聚焦 XRD。由于束斑尺寸有一定限制(1~10 mm),这种应变测量方法只能给出晶体管阵列中应变的平均值,不能像 HRTEM 那样给出单个晶体管中的应变情况。XRD 检测的基础是对入射光束(ω 角)扫描,同时检测器移动,以扫描的方式接收衍射光束(2θ 角),即所谓 ω - 2θ 摇摆曲线方法。

当满足布拉格方程($2d\sin\theta=\lambda$,其中 d 是晶面间距,λ 是 X 射线的波长),就会出现衍射光束。在一个 ω - 2θ RC 检测中,分别来自衬底和外延层的两个衍射峰会在 ω 和 2θ 满足布拉格方程时出现[25, 26]。应变大小可以从两个峰值之间的弧度差推算。

一个更精确的应变测量方法是高分辨率倒易晶格分布图(high resolution reciprocal lattice map,HRRLM)。用它可以测量晶格失配在面内和垂直方向的分量($f_{/\!/}$ 和 $f_\perp$),即测量在某个反射方向(即倒易空间中的某个倒易格点)周围的衍射强度。反射方向的选择是一个必须考虑的要点,因为不同的入射角可能造成不同的 X 射线的穿透深度。以硅为例,(113)面在 2.8°的反射峰对于靠近表面的缺陷比 8.7°的(224)和 31.7°的(115)更敏感。

衬底峰的角度(ω_{sub} 和 θ_{sub})和膜层峰的角度(ω_{lay} 和 θ_{lay})由 HRRLM 测出,失配参数通过下面的公式计算:

$$f_\perp = [\sin\theta_{sub}\cos(\omega_{sub}-\theta_{sub})/\sin\theta_{lay}\cos(\omega_{lay}-\theta_{lay})]-1 \quad (3-19)$$

$$f_{/\!/} = [\sin\theta_{sub}\sin(\omega_{sub}-\theta_{sub})/\sin\theta_{lay}\sin(\omega_{lay}-\theta_{lay})]-1 \quad (3-20)$$

HRRLM 可以用来检测在硅锗晶格中的替代硼原子浓度,也可以测出不同工艺步骤造成的应变释放,例如掺杂活化热处理和硅化反应热处理。正常情况下,一个成功的工艺流程必须能够保留沟道中的应变,即应变释放可以忽略[25-27]。

例如,分析表明源漏区硅化物的形成会导致硅锗膜层的应变释放[63,64]。这是因为在硅化反应过程中,部分硅被消耗掉,造成相当数量的点缺陷。大部分锗会被推到底部硅锗膜层中,形成富锗层。结果导致硅化物下面的硅锗中的应变部分释放。该问题的解决方案是在硅锗上方再沉积一层硅作为牺牲层,用来跟上部的金属反应生成硅化物[64]。

图 3-19 介绍了一项应用 HRRLM 测量应变的实验工作,分别给出了 22 纳米技术代平面晶体管中源漏区的(113)反射周围的 HRRLM 的 3 种情况:(1)本征 $Si_{0.65}Ge_{0.35}$;(2)硼掺杂 $Si_{0.65}Ge_{0.35}$;(3)硼掺杂 $Si_{0.65}Ge_{0.35}$ 上覆盖镍硅锗[65]。其中,镍硅锗的形成是由一个 $Si_{0.80}Ge_{0.20}$ 牺牲帽层与上层镍发生硅化反应形成的,硅化反应条件为快速热退火(rapid thermal annealing, RTA):500 ℃,30 s,N_2 气氛。

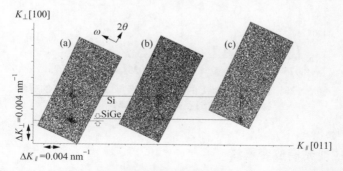

图 3-19   从 22 nm MOSFET 中源漏区的 $Si_{0.65}Ge_{0.35}$ 上获得的 HRRLM

(a) 本征外延层; (b) 硼掺杂外延层; (c) 硼掺杂 $Si_{0.65}Ge_{0.35}$ 上覆盖镍硅锗[65]

图 3 - 19(a)和(b)中,硅锗峰与硅峰沿 $K_\perp$ 方向对准,显示在硅锗中的应变释放非常小。图 3 - 19(b)中,硼掺杂的硅锗峰向硅峰方向有一个小的漂移,来自硼原子在硅锗晶格中形成替位产生的应变改变,即补偿效应。从漂移量和硼在硅中的收缩系数 $[(6.3 \pm 0.1) \times 10^{-24} \ cm^3/atom]$,可以推算出硼的掺杂浓度为 $2 \times 10^{20} \ cm^{-3}$。

图 3 - 19(c)中,硅锗峰的位置与图 3 - 19(b)相比没有改变,说明在硅化反应过程中,硼掺杂硅锗的应变没有进一步释放。

尽管上述采用传统的 XRD 设备的 HRRLM 方法已广泛应用于纳米晶体管的应变检测,它却无法测量 FinFET 中非常小体积硅锗的应变,因为获得的信号太弱。要测量 FinFET 结构中的 HRRLM,需要用同步辐射装置产生单束 X 射线[56]。高强度的光束产生的信号可以有几十个级别的提升,使检测小硅锗晶体中失配参数成为可能。图 3 - 20 中,硅锗峰与硅峰沿 $K_\perp$ 方向对准,表明应变释放值可以忽略。

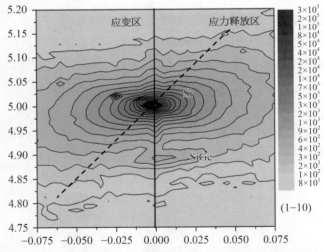

图 3 - 20 14 nm FinFET 的源漏区上选择性外延生长的硅锗
材料在(-115)反射的 HRRLM

3.5.4 拉曼光谱应变测量

拉曼光谱技术作为一种快速且非破坏性方法被广泛地应用于外延层中

的应变分析,分辨率可达到亚微米。如果使用近场方法,分辨率还可提升至 100 nm[66]。拉曼光谱的原理建立在光由于晶格震荡和电子激发而产生的非弹性散射。当晶格中存在应变,散射光的频率会改变,其大小反映了膜层的状态。

在分析硅锗/硅结构时,如图 3-21 所示,3 个峰的位置分别对应硅-硅、硅-锗和锗-锗的声子模式[67]。光谱中硅-硅、硅-锗和锗-锗震荡的相对能量和强度依赖于合金中这些键的相对数量和畸变,两者分别给出合金的成分和应变[68]。声子频率与硅锗膜层中应变的关系可以从下式获得:

$$\omega_{SiSi} = 520.2 - 62x - 815\varepsilon \tag{3-21}$$

$$\omega_{SiGe} = 400.5 + 14.2x - 575\varepsilon \tag{3-22}$$

$$\omega_{GeGe} = 282.5 + 16x - 385\varepsilon \tag{3-23}$$

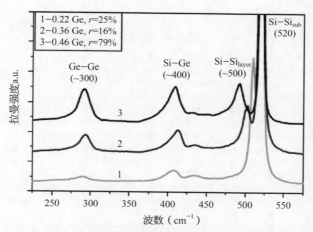

图 3-21 不同锗组分的应变硅锗/硅样品的拉曼光谱

尽管现在的拉曼光谱仪在横向空间分辨率上还不能满足直接研究 MOSFET 沟道中应变的要求,它可以有效地检测尺寸在 100 nm 的测试结构中的应变。一般集成电路的设计版图中都会留出拉曼检测结构,以方便对应变的检测。拉曼测量需要对测量数据进行建模分析,因为信号不能直接给出与应变分布相关的全部矩阵信息。

3.6 小结

CMOS 技术中,将单晶材料中载流子迁移率随晶格尺寸而改变的物理学现象巧妙地运用于 MOSFET 的器件制造,有效地提升了器件的电学表现。其中,在 pMOS 中引入单轴压应变、在 nMOS 中引入单轴张应变都可有效地增大器件的开态电流。这种称为应变工程的工艺技术可将多种应力源方法应用到工艺集成中,包括在源漏区嵌入硅锗或碳化硅层作为应力源材料、采用氮化硅压力衬垫层和混合衬底技术等。从 90 纳米技术代引入源漏工程,其对 CMOS 器件,特别是 pMOS 的 I_{on} 增长的贡献度不断增加。应变工程的应用一直延伸到 FinFET 中。由于应力源中的应变在工艺过程中存在释放的可能,对纳米尺寸样品中应变的测量变得十分重要。本章的部分篇幅用于对纳米区应变测量的综述。

参 考 文 献

[1] Thompson S E, Sun G, Wu K, et al. Key differences for process-induced uniaxial vs. substrate-induced biaxial stressed Si and Ge channel MOSFETs [C]. IEDM Tech. Dig. 2004 - 221.

[2] Ghani T, Thompson S E, Bohr M, et al. A 90 nm high volume manufacturing logic technology featuring novel 45 nm gate length strained silicon CMOS transistors [C]. IEDM Tech. Dig. 2003 - 11. 6. 1.

[3] Pidin S, Mori T, Inoue K, et al. A novel strain enhanced CMOS architecture using selectively deposited high tensile and high compressive silicon nitride films [C]. IEDM Tech. Dig. 2004 - 213.

[4] Auth C, Allen C, Blattner A, et al. A 22 nm high performance and low-power CMOS technology featuring fully-depleted tri-gate transistors, self-aligned contacts and high density MIM capacitors [C]. IEEE Symposium on VLSI Technology 2012 - 131.

[5] Mistry K, Allen C, Auth C, et al. A 45 nm logic technology with high-k+ metal gate transistors, strained silicon, 9 Cu interconnect layers, 193 nm dry patterning, and 100% Pb-free packaging [C]. IEEE IEDM 2007 - 247.

[6] Packan P A, Akbar S, Armstrong M, et al. High Performance 32 nm Logic Technology Featuring 2 nd Generation High-k+ Metal Gate Transistors [C]. IEEE IEDM 2009 - 1.

[7] Wang G, Abedin A, Moeen M, et al. Integration of highly-strained SiGe materials in 14 nm and beyond nodes FinFET technology [R]. Solid-State Electronics 2015 - 222.

[8] Yang B F, Ren Z, Takalkar R, et al. Recent progress and challenges in enabling embedded Si:C technology [C]. ECS Meeting, 2008 - 317.

[9] Liu Y, Gluschenkov O, Li J, et al. Strained Si channel MOSFETs with embedded silicon carbon formed by solid phase epitaxy [C]. Symp VLSI Tech Dig. 2007 - 44.

[10] Yang B, Takalkar R, Ren Z, et al. High-performance nMOS with in situ phosphorus-doped embedded Si:C (ISPD eSi:C) source-drain stressor [C]. IEDM Tech Dig. 2008 - 51.

[11] Pidin S, Mori T, Nakamura R, et al. MOSFET current drive optimization using Silicon nitride capping layer for 65 - nm technology node [C]. Symp. VLSI Tech Dig. 2004 - 54.

[12] Bin Y, Ming C. Advanced strain engineering for state-of-the-art nanoscale CMOS technology [R]. Science

China, 2011 - 946.

[13] Yang H, Malik R, Narasimha S, et al. Dual stress liner for high performance sub-45 nm gate length SOI CMOS manu-facturing [C]. IEDM Tech Dig. 2004 - 1075.

[14] Lee W, Waite A, Nii H, et al. High performance 65 nm SOI technology with enhanced transistor strain and advanced-low-k BEOL [C]. IEDM Tech Dig 2005 - 61.

[15] Tan K, Zhu M, Fang W, et al. A new liner stressor with very high intrinsic stress (>6 GPa) and low permittivity comprising diamond-like carbon (DLC) for strained P-channel transistors [C]. IEDM Tech Dig. 2007 - 127.

[16] Chen X, Gao W, Dyer T, et al. Stress proximity technique for performance improvement with dual stress liner at 45 nm technology and beyond [C]. In: Symp VLSI Tech Dig. (2006) 60 - 61.

[17] Ortolland C, Okuno Y, Verheyen P, et al. Stress memorization technique | fundamental understanding and low-cost integration for advanced CMOS technology using a nonselective process [R]. IEEE Trans Electr Dev. 2009 - 1690.

[18] Chen C, Lee T, Hou T, et al. Stress memorization technique (SMT) by selectively strained nitride capping for sub-65 nm high-performance strained-Si device application [C]. In: Symp VLSI Tech Dig. (2004) 56 - 57.

[19] Eiho A, Samuki T, Morifuji E, et al. Management of power and performance with stress memorization technique for 45 nm CMOS [C]. Symp VLSI Tech Dig. 2007 - 218.

[20] Ortolland C, Morin P, Chaton C, et al. Stress memorization technique (SMT) optimization for 45 nm CMOS [C]. Symp VLSI Tech Dig. 2006 - 78.

[21] Wei A, Wiatr M, Gehring A, et al. Multiple stress memorization in advanced SOI CMOS technologies [C]. Symp VLSI Tech Dig. 2007 - 216.

[22] Ito S, Namba H, Yamaguchi K, et al. Mechanical stress effect of etch-stop nitride and its impact on deep submicron transistor design [C]. IEDM Tech Dig. 2000 - 247.

[23] Wang G, Luo J, Liu J, et al. pMOSFETs Featuring ALD W Filling Metal Using SiH4 and B2H6 Precursors in 22 nm Node CMOS Technology [R]. Nanoscale Research Letters 2017 - 306.

[24] Radamson H H, Hållstedt J. Application of high-resolution x-ray diffraction for detecting defects in SiGe(C) materials [R]. J. Phys. Condens. Matter 2005 - S231517.

[25] Hansson G V, Radamsson H H, Ni W-X. Strain and relaxation in Si-MBE structures studied by reciprocal space mapping using high resolution X-ray diffraction [R]. J. Mater. Sci. Mater. Electron. 1995 - 292.

[26] Fewster P F. X-ray Scattering from Semiconductors [M]. London: Imperial College Press 2000.

[27] Nikanorov S P, Kardashev B K. Elasticity and Dislocation Inelasicity of Crystals [M]. Moscow: "Nauka" Publ. House 1985.

[28] Moontragoon P, Ikonić Z, Harrison P. Band structure calculations of Si_Ge_Sn alloys: achieving direct band gap materials [R]. Semicond. Sci. Technol. 2007 - 742.

[29] Nikanorov S P, Burenkov Y A, Stepanov A V. Elastic properties of silicon [R]. Sov. Phys. Solid State 1971 - 2516.

[30] McSkimin H J, Andreatch P. Elastic moduli of diamond as a function of pressure and temperature [R]. J. Appl. Phys. 1972 - 2944.

[31] Wortman J J, Evans R A. Young's modulus, shear modulus and Poisson's ratio in silicon and germanium [M]. J. Appl. Phys. 1965 - 153.

[32] Herzog H-J. X-Ray Analysis of Strained Layer Configurations [R]. Solid State Phenomena 1993 - 523.

[33] Aella P, Cook C, Tolle J, et al. Structural and optical properties of SnxSiyGe1 - x-y alloys [R]. Appl. Phys. Lett. 2004 - 888.

[34] Leitz C W, Currie M T, Lee M L, et al. Hole mobility enhancements and alloy scattering-limited mobility in tensile strained Si/SiGe surface channel metal_oxide_semiconductor field-effect transistors [R]. J. Appl. Phys. 2002 - 3745.

[35] M Chu, Y Sun, Aghoram U, et al. Strain: a solution for higher carrier mobility in nanoscale MOSFETs [R]. Annu. Rev. Mater. Res. 2009 - 203.

[36] Chaudry A, Joshi G, Roy J N, et al. Review of current strained silicon nanoscaled MOSFET structures [R]. Acta Tech. Napocensis Electron. Telecommun. 2010 - 15.

[37] Olsen S H, O'Neill A G, Driscoll L S, et al. High-performance nMOSFE Ts using a novel strained Si/SiGe CMOS architecture [R]. IEEE Trans. Electron Devices 2003 - 1961.

[38] Norris D J, Cullis A G, Paul D J, et al. High-performance nMOSFETs using a novel strained Si/SiGe CMOS architecture [R]. IEEE Trans. Electron Devices 2003 - 1961.

[39] Takagi S. Understanding and engineering of carrier transport in advanced MOS channels [R]. IEEE 52(2) 2008 - 263.

[40] Mizuno T, Takagi S, Sugiyama N, et al. Electron and hole mobility enhancement in strained-Si MOSFETs on SiGe-on insulator substrates fabricated by SIMOX technology [R]. IEEE Electron Device Lett. 2000 - 230.

[41] Lee M L, Fitzgerald E A. Optimized strained Si/strained Ge dual channel heterostructures for high mobility p- and nMOSFETs [C]. IEDM 2003 - 18. 1 - 4.

[42] Smith C S. Piezoresistance effect in germanium and silicon [R]. Phys. Rev. 1954 - 42.

[43] Giles M D, Armstrong M, Auth C, et al. Understanding stress enhanced performance in Intel 90 nm technology [C]. VLSI Symp. Tech. Dig. 2004 - 118.

[44] Tamura N, Shimamune Y. 45 nm CMOS technology with low temperature selective epitaxy of SiGe [J]. Applied Surface Science 2008 - 6067.

[45] Qin C, Yin H, Wang G, et al. Study of sigma-shaped source/drain recesses for embedded-SiGe pMOSFETs [R]. Microelectronic Engineering 2017 - 22.

[46] Radamson H H, Kolahdouz M. Selective epitaxy growth of Si1 - x Gex layers for MOSFETs and FinFET [R]. Journal of Materials Science: Materials in Electronics 2015 - 4584.

[47] Loo R, Caymax M [C]. Appl. Surf. Sci. 2004 - 24.

[48] Hartmann J, Clavelier L, Jahan C, et al. Selective epitaxial growth of boron- and phosphorus-doped Si and SiGe for raised sources and drains [J]. J. Cryst. Growth 2004 - 36.

[49] Bodnar S, de Berranger E, Bouillon P, et al. Selective Si and SiGe epitaxial heterostructures grown using an industrial low-pressure chemical vapor deposition module [R]. J. Vac. Sci. Technol. B. Microelectron. Nanometer Struct. 1997 - 712.

[50] Tamura N, Shimamune Y. 45 nm CMOS technology with low temperature selective epitaxy of SiGe [R]. Surf. Sci. 2008 - 6067.

[51] Mujumdar S, Maitra K, Datta S. Layout-dependent strain optimization for p-channel trigate transistors [R]. IEEE Trans. Electron Devices 2012 - 72.

[52] Chau R, Datta S, Doczy M, et al. Benchmarking nanotechnology for high-performance and low-power logic transistor applications [R]. IEEE Trans. Nanotech. 2005 - 153.

[53] C Qin, G Wang, M Kolahdouz et al. Impact of pattern dependency of SiGe layers grown selectively in source/drain on the performance of 14 nm node FinFETs [R]. Solid-State Electronics 2016 - 10.

[54] Kolahdouz M, Maresca L, Ghandi R, et al. Kinetic model of SiGe selective epitaxial growth using RPCVD technique [R]. J. Electrochem. Soc. 2011 - H457.

[55] Kolahdouz M, Maresca L, Ostling M, et al. New method to calibrate the pattern dependency of selective epitaxy of SiGe layers [R]. Solid State Electron. 2009 - 858.

[56] Wang G, Moeen M, Abedin A, et al. Impact of pattern dependency of SiGe layers grown selectively in source/drain on the performance of 22 nm node pMOSFETs [R]. Solid-State Electronics 2015 - 43.

[57] Matthews J W, Blakeslee A E. Defects in epitaxial multilayers. I. Misfit dislocations [R]. J. Cryst. Growth 1974 - 118.

[58] People R, Bean J C. Calculation of critical layer thickness versus lattice mismatch for GexSi1 - x/Si strained-layer heterostructures [R]. Appl. Phys. Lett. 1985 - 229.

[59] Dodson B W, Tsao J Y. Stress dependence of dislocation glide activation energy in singlecrystal silicon-germanium alloys up to 2. 6 GPa [R]. Phys. Rev. B 1988 - 12383.

[60] Dodson B W, Tsao J Y. Scaling relations for strained-layer relaxation [R]. Appl. Phys. Lett. 1989 - 1345.

[61] Yue L, Nix W D, Griffin P B, et al. Critical thickness enhancement of epitaxial SiGe films grown on small structures [R]. J. Appl. Phys. 2005 - 43519.

[62] Radamson H H, Bentzen A, Menon C, et al. Observed critical thickness in selectively and non-selectively grown Si1 - xGex layers on patterned substrates [R]. Physica Scripta 2002 - 42.

[63] Nur O, Willander M, Hultman L, et al. CoSi2/Si1 - xGex/Si(001) heterostructures formed through different reaction routes: Silicidation-induced strain relaxation, defect formation, and interlayer diffusion [R]. Journal of Applied Physics 1995 - 7063.

［64］ Alonso M I, Winer K. Raman spectra of c-$Si_{1-x}Ge_x$ alloys ［R］. Phys. Rev. B 1989 - 10056.

［65］ Hallstedt J, Blomqvist M, Persson P O. A, et al. The effect of carbon and germanium on phase transformation of nickel on $Si_{1-x-y}Ge_xC_y$ epitaxial layers ［R］. Journal of Applied Physics 2004 - 2397.

［66］ Hecker M, Zhu L, Georgi C, et al. Analytics and metrology of strained silicon structures by Raman and Nano-Raman spectroscopy. AIP Proc. 931 (Frontiers of Characterization and Metrology for Nanoelectronics) 2007 - 435.

［67］ Perova T S, Wasyluk J, Lyutovich K, et al. Composition and strain in thin $Si_{1-x}Ge_x$ virtual substrates measured by micro-Raman spectroscopy and x - ray diffraction ［R］. J. Appl. Phys. 2011 - 033502.

［68］ Tsang J C, Mooney P M, Dacol F, Chu J O. Measurements of alloy composition and strain in thin Ge_xSi_{1-x} layers ［R］. J. Appl. Phys. 1994 - 8098.

［69］ Chen H, Li Y K, Peng C S, et al. Crosshatching on a SiGe film grown on a Si(001) substrate studied by Raman mapping and atomic force microscopy ［R］. Phys. Rev. B 2002 - 233303.

［70］ Groenen J, Carles R, Christiansen S, et al. Phonons as probes in self-organized SiGe islands ［R］. Appl. Phys. Lett. 1997 - 38.

第4章

高 k 介质和金属栅

赵　超[1,2]，王晓磊[1,2]，王文武[1,2]

1　中国科学院微电子研究所；2　中国科学院大学

4.1　引言

　　1930 年，Lilinfeld 申请了 FET 的第一个专利[1]。30 年以后，到 20 世纪 60 年代，FET 器件的概念终于在采用 Si—SiO$_2$ 制成的 MOSFET 中得到应用[2]。后来，发明了互补型 MOSFET（CMOSFET），把 nMOSFET 和 pMOSFET 的栅和漏连接在一起，使 MOSFET 成为逻辑集成电路中最基础的器件。CMOS 逻辑电路最重要的优点是低功耗，因为在 CMOS 处于静态，不管是"1"还是"0"，总有一个 MOSFET 处于关断状态，于是没有驱动电流流过整个 CMOSFET。只有在非常短的时间间歇里，开关转换正在进行时，才有电流流过，产生功耗。这个优点可以总结为 CMOS 的"零静态功耗"。CMOS 满足一系列应用要求，包括高性能（开关速度）、低静态（关态）功耗、宽的电源范围和输出电压[3]。从 20 世纪 80 年代开始，与不断减小电路中器件尺寸（小型化）的努力相结合，CMOS 带来了集成电路工业的飞速发展。在过去的 50 年时间里，小型化战略成为技术发展最主要的推手，不断地改善电路速度、减小功耗、增加器件密度[4]。

　　摩尔定律认为集成电路上晶体管的数量每 12 个月增加 1 倍。在过去的 50 年时间里，这个简单又深刻的描述成为"铁律"，并成为业界制定半导体技术路线图的准则。它促成了一代又一代个人计算机和移动智能终端的出现，为世界范围内的信息技术革命提供了燃料。图 4－1 描绘了 Intel 各代处理器芯片中晶体管数量（点）和摩尔定律（线）的关联性。

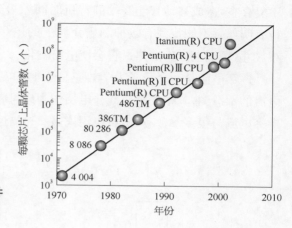

图 4 - 1 Intel 处理器芯片上器件
数和摩尔定律的关系

4.2 二氧化硅栅和多晶硅栅

4.2.1 二氧化硅栅介质

传统的 MOSFET 中的栅叠层主要包含重掺杂的多晶硅作为栅电极，二氧化硅作为栅介质和硅衬底，如图 4 - 2 所示。二氧化硅作为优异的栅绝缘体，在 CMOS 中的应用已经有 40 多年历史。如第 1 章所述，为了提升器件性能，二氧化硅的厚度随整个器件的尺寸按相同比例缩小，以在给定的工作电压下在沟道中集聚足够多的反型电荷浓度，获得足够大的工作电流，同时避免短沟道行为。可是，随着器件尺寸的快速缩小，二氧化硅厚度从 30 年前引入应用时的 $90\sim100$ nm 减小到 1.2 nm，这样薄的厚度意味着在垂直薄膜方向上只有几个原子层。这一趋势带来一个严重的问题，即穿过二氧化硅介电层的遂穿电流呈指数式增加，使 CMOS 在低静态功耗上的优势

图 4 - 2 使用二氧化硅作为栅介质，
多晶硅作为栅电极的 MOS
晶体管结构

不复存在,造成移动智能终端的待机时间缩短到不能接受的水平。模拟分析表明如果不能找到有效抑制栅介质上的遂穿电流,再继续按摩尔定律缩小尺寸,栅漏电产生的热量将会使电路融化。

遂穿电流是一个量子力学效应。图 4-3 给出了 MOSFET 栅叠层遂穿电流的示意图,其中二氧化硅介电层作为硅衬底中电子或空穴输运的势垒。遂穿电流与很多参数有关,可以用式(4-1)描述[6]:

$$J_g = (A/T_{ox}^2)^{-2T_{ox}\sqrt{\left(\frac{2m^*q}{\hbar^2}\right)\left(\Phi_B - \frac{V_{ox}}{2}\right)}} \tag{4-1}$$

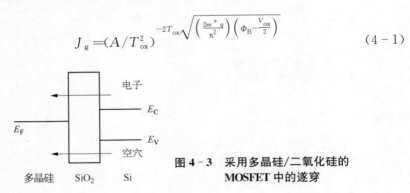

图 4-3 采用多晶硅/二氧化硅的 MOSFET 中的遂穿

式中,A 是一个实验常数,T_{ox} 为二氧化硅介电层的物理厚度,Φ_B 为金属和衬底之间的势垒高度,V_{ox} 是介电层上的电压降,m^* 为载流子有效质量,q 为电子电量,$\hbar$ 为普朗克常数。对于一个没有缺陷的介电层,Φ_B 取决于二氧化硅和硅衬底之间的能带对准。图 4-4 给出了二氧化硅和硅衬底之间的能带图。对于电子输运,势垒为两者导带底的能量差 ΔE_C。对于空穴输运,则为价带底的能量差 ΔE_V。由式(4-1)可见,栅泄漏电流密度与势垒高度的平方根成指数关系。这个势垒还受介质中缺陷密度的影响。对于高缺陷密度的介质,电子可以被缺陷俘获,这意味着在二氧化硅的禁带中引入了缺陷能级。此时,主导电子输运的机理为陷阱能级辅助机理,即 Frenkel-Poole 发射或称为跳跃传导[6]。

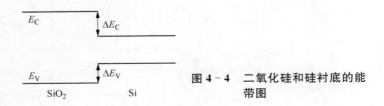

图 4-4 二氧化硅和硅衬底的能带图

　　介电层的厚度是影响其绝缘性能的另一个重要因素。图4-5给出了遂穿电流对二氧化硅物理厚度的依赖关系[7]。对于厚度小于1 nm的栅介质层,超高的栅泄漏电流将使晶体管不再具有开关特性,或者换句话说,器件将永远无法关断。

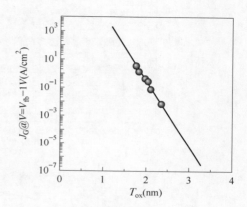

图4-5　栅泄漏电流密度随二氧化硅物理厚度 T_{ox} 的变化[7]

　　ITRS给出了不同逻辑技术可以接受的栅泄漏电流密度的极限和传统栅介质的遂穿电流密度的演进趋势,包括低待机功耗逻辑芯片、低运算功耗逻辑芯片和高性能逻辑芯片,如图4-6所示。其中,能够允许的栅泄漏电流密度极限曲线被标为 J_g-limit。显然,二氧化硅和氮氧化硅栅介质的栅漏电在2006年将不再满足要求。如果不能找到方案解决栅介质遂穿电流问题,摩尔定律将就此终结。

4.2.2　多晶硅栅电极

　　与栅介质持续减薄有关的问题,除了栅遂穿泄漏电流之外,还包括重掺杂多晶硅栅电极带来的问题,如多晶硅耗尽效应和硼渗透问题[9-11]。传统的采用n＋/p＋双栅CMOS技术的工艺要求带来了在多晶硅栅中实现电学激活的掺杂浓度上的折中方案[12]。多晶硅掺杂的离子注入和退火条件的选择必须十分谨慎,以避免其中的掺杂离子在栅介质上的渗透,同时还要考虑保持源漏结深度和横向扩散长度,满足小型化的规则。如果多晶硅中的活化掺杂浓度不够高,在给栅加偏压以实现强反型沟道时,靠近多晶硅和栅介质的界面附近的多晶硅中就会形成较厚的耗尽层,造成晶体管开态电流

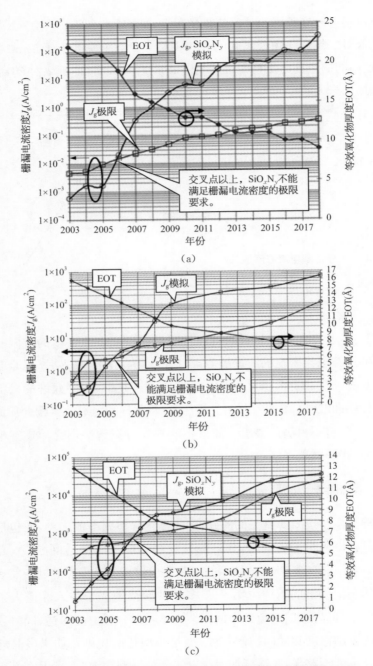

图 4-6　由于直接遂穿产生的栅电流密度和模拟的栅漏电极限

（a）低待机功率逻辑器件；（b）低工作功率逻辑器件；（c）高电学性能逻辑器件[8]

的退化。图 4-7 描绘了这一称为多晶硅耗尽效应的现象。这一效应使器件的有效介电层厚度增加 $3\sim4$ Å，对 $0.1\ \mu m$ 以下技术代的器件电学表现产生明显影响[13]。在实际工艺层面，对于 n＋多晶硅，电学活化的掺杂浓度很少能超过 $10^{20}/cm^3$，而对于 p＋多晶硅，一般低于 $0.5\times10^{19}/cm^3$。这意味着靠提升掺杂浓度改善器件性能的能力非常有限。假设真能通过有效的掺杂和退火提高 p＋多晶硅栅中硼的浓度来减小耗尽效应，同时降低栅介电层厚度，高浓度硼掺杂也会造成硼在介电层中扩散的问题。渗出的硼掺杂离子在 n 硅衬底积聚，造成阈值电压的改变，使器件可靠性降低，最终使器件质量降级到不能接受的程度[14]。对于多晶硅栅，还有另一个担心，就是它与新引入的高 k 栅介质的兼容性。可以预见，多晶硅与绝大多数高 k 材料的界面存在稳定性问题，在界面生成金属硅化物。因此，多晶硅栅在65 纳米技术代已走到了尽头，必须被金属栅取代。

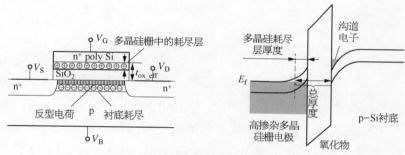

图 4-7　多晶硅耗尽效应能带示意图

4.3　高 k 和金属栅的基本概念和材料选择

　　由于硅/二氧化硅/硅栅叠层无法适应 MOS 器件尺寸持续小型化的步伐，有必要采用替代的栅叠层。在替代栅叠层中，介电层将采用介电常数更高的材料，这样可以在保持栅电容的前提下使用比二氧化硅物理厚度更高的栅介质。叠层中的栅电极采用金属，可以避免耗尽层的形成和掺杂渗透问题。大量的研究工作集中在寻找合适的栅叠层材料上，除了要满足应用的需要，还希望不要过多地增加集成工艺流程的复杂度，以满足大规模生产的成本需求。

4.3.1　高 k 栅介质

如 4.2.1 节所述,栅介质遂穿电流由势垒高度和介电层厚度决定。介电层越薄,泄漏电流越大。这是泄漏电流随着 MOS 器件尺寸缩小不断增加,并在厚度达到纳米尺寸时越过容忍极限的原因。增加二氧化硅介电层厚度,很容易就可以降低泄漏,可这样做将增大栅介质电容,导致器件电学性能下降。因此,在不牺牲电学性能的前提下抑制遂穿电流的唯一方法是使用介电常数更高的材料,这样从介电常数提高获得的电容增大可以弥补介质厚度增加对栅介电层电容的影响。

如果忽略量子力学效应,并且不考虑衬底与栅电极中的耗尽层,栅电容可以用下式表示:

$$C = \frac{k\varepsilon_0 A}{t} \qquad (4-2)$$

式中,k 是材料的介电常数(或称为相对电容率),ε_0 是自由空间的电容率($=8.85\times10^{-12}\,F/m$),A 表示电容面积,t 代表介电层厚度。这个公式也可以重写为等效氧化物厚度 t_{eq} 和 k_{ox}(二氧化硅的介电常数,~3.9)的函数。t_{eq} 代表的是与采用新介质层获得的电容相同的二氧化硅介电层的厚度。例如,如果介电层是二氧化硅,$t_{eq}=3.9\varepsilon_0(A/C)$,而电容密度 $C/A=34.5\,fF/\mu m^2$ 就对应一个等效厚度 $t_{eq}=1\,nm$。一个物理厚度为 $t_{high\text{-}k}$,介电常数为 $k_{high\text{-}k}$ 的替代栅介质要获得与厚度为 t_{eq} 的二氧化硅相同的电容密度,需满足下式:

$$t_{eq}/k_{ox} = t_{high\text{-}k}/k_{high\text{-}k} \qquad (4-3)$$

如果一个介质层的介电常数为 16,其物理厚度为 4 nm 时,等效氧化物厚度约为 1 nm。如前所述,实际 CMOS 栅叠层的电学表现不只直接决定于介电层尺寸,因为还有量子力学效应和耗尽效应[15]。考虑到如式(4-1)所述的遂穿电流密度与物理厚度的关系,介质层物理厚度的增大可以在保持驱动电流不变的情况下降低栅介质层遂穿泄漏电流。这时,介电常数 k 的增加使栅电容增大,晶体管的开关性能得到改善,即关断状态下的漏电流减小,开态下的漏电流增加。

选择高 k 材料,除了介电常数 k,还要考虑许多其他因素,如禁带宽度,能带对准,热稳定性,与金属栅电极的兼容性及其对沟道载流子迁移率的影响[16-18]。介电层的禁带宽度或载流子遂穿的势垒高度倾向于随介电常数的增加而变小[16]。图 4 - 8 和图 4 - 9、表 4 - 1 总结了大多数高 k 材料的介电常数、实验测得的禁带宽度和能带偏离的数据[16, 19]。禁带宽度减小使得能带偏离(即势垒高度)变小,从而使泄漏电流增大。这可能会抵消因高 k 介电层物理厚度增加带来的栅泄漏电流的降低。因此,有必要在 k 值和禁带宽度之间寻找一个平衡点。基于这个原因,像二氧化锆、二氧化铪、氧化镧和氧化铝这样的材料作为高 k 候选材料受到研究者的广泛关注。这些材料有足够高的 k 值和足够大的能带差。

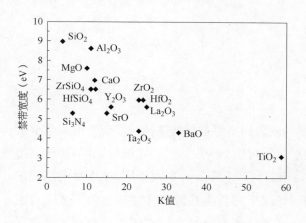

图 4 - 8 不同高 k 材料的禁带宽度与介电常数之间的关系[1]

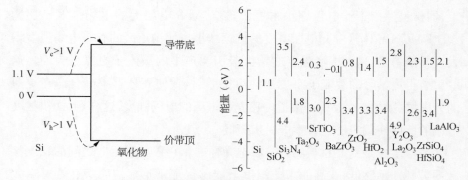

图 4 - 9 不同高 k 材料在硅上的导带和禁带边台阶和能带示意图[1]

表 4 - 1　高 k 候选材料的禁带宽度、相对介电常数和导带台阶的实验值

介质材料	介电常数	禁带宽度 E_g(eV)	导带台阶(eV)
Si	11.9	1.1	
SiO_2	3.9	8.9	3.5
Si_3N_4	7.9	5.3	2.4
Al_2O_3	9.5～12	5.6	2.8
ZrO_2	12～16	5.7～5.8	1.4～15
$ZrSiO_4$	10～12	～6	1.5
HfO_2	16～30	4.5～6	1.5
$HfSiO_4$	～10	～6	1.5
La_2O_3	20.8	～6	2.3
Ta_2O_5	25	4.4	0.36
TiO_2	80～170	3.05	～0

　　高 k 介电层和下层硅之间的界面质量是材料选择时需要考虑的重要因素。首先，如果在高 k 介电层沉积时生长一层质量很差的界面层，同样会增大漏电流[18]。界面附近的缺陷起到一个降低势垒的作用，使遂穿电流问题恶化。其次，界面质量在恒场情况下对沟道载流子迁移率至关重要。对于理想的器件小型化，工作电压和器件各部分尺寸按相同比例缩小。而实际上，器件尺寸比工作电压缩小得更快，造成栅介电层上的电场强度迅速增大。CMOS 晶体管中介电层厚度的持续减小也使沟道区的有效电场强度增大。其结果是，这些电场强度的增大吸引沟道中的载流子更靠近界面。这些束缚得更紧密的载流子有更强的声子散射，致使其迁移率降低。在更薄的介电层（如 $t_{eq} < 1$ nm）沟道中建立起很高的电场强度，这样，界面粗糙度造成的散射使载流子迁移率进一步降低。

　　热稳定性是高 k 材料的另一项选择标准。它跟二氧化硅之间的相互扩散系数必须足够低，在高的工艺温度下能够保证不形成混合氧化物。事实上，有众多的氧化物具有高于二氧化硅的 k 值，其范围从 k 值为 7 的氮化硅,到 k 值高达 1 400 的 PbLaTiO$_x$[20, 21],他们中的绝大部分与硅之间的界面在高温下都不稳定,即它们会在高温下与硅发生反应。其他需要考虑的性质还有介质要有高的击穿电压,与衬底和上层金属栅之间好的粘附性,适当的沉积温度和能够使用现有光刻技术实现图形化。综合考虑了所有这些因素之后,只有一部分过渡金属如铪、锆和稀土元素的氧化物和硅酸盐化合物被选出来做重点研究[22-25]。基于这些材料的 MOSFET 表现出了优异的总体特性,有望满足高 k 材料的要求。

4.3.2　金属栅电极

除了高 k 介电层,还需要找到新的金属栅电极材料替代传统的多晶硅栅电极以避免多晶硅耗尽、硼渗透和与高 k 材料不兼容带来的问题。对金属栅材料的第一项要求是功函数,以获得 pMOS 和 nMOS 所需的阈值电压 V_T[6],这一目标可以通过使用功函数在禁带中间的单一金属实现,如图 4 - 10(a)所示;或者使用两种不同功函数的金属,其一的功函数靠近硅衬底能带的导带底,另一个则靠近价带顶,如图 4 - 10(b)所示。

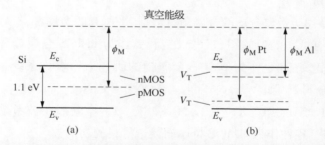

图 4 - 10　nMOS 和 pMOS 器件的金属栅功函数 Φ_M 与阈值电压之间的关系
（a）单金属栅；　（b）双金属栅

多晶硅栅电极在许多年里深深地植根于 CMOS 技术。需要寻找高 k 和金属栅材料及其制造工艺的想法使秉持"尽可能保持传统"这一哲学的工业界十分不安。因此,最早被选中的金属栅方案是找一个功函数在禁带中间的金属[6]。人们希望该金属在 nMOS 和 pMOS 中的极化在大小上差不多相同,而方向相反,以满足两者对阈值电压 V_T 的要求。采用中带金属的最大优点是其对于 nMOS 和 pMOS 有近乎对称的 V_T 值,另一个优点是

CMOS 工艺集成简便，只需要一个光刻掩模和一种金属，且不需要离子注入。可是从器件的电学性能上考虑，该方案对于平面 MOSFET 并不可行，原因非常简单：中带功函数引入一个 0.5 V 的阈值电压，使开态电流完全不能达到要求。

需要特别强调的是，上面关于单金属栅的讨论只适用于平面体硅 CMOS 技术。对于近几年引入量产的新结构器件，如 FinFET 和 FDSOI，结论可能不同[26]。FDSOI 使用键合在二氧化硅绝缘体上的超薄单晶硅层作为平面 MOSFET 的沟道。FinFET 为具有多栅型超薄沟道结构的 MOSFET。对于它们，nMOS 和 pMOS 都可以采用无掺杂的沟道，于是中带功函数可能是一个好的选择[27]。在这些器件中，nMOSFET 的 V_T 可以设置为几百 eV，而 pMOSFET 为差不多大小的负值。因此，接近中带的功函数，可以满足应用需求。

图 4-10(b)中的双金属栅方案中，选用两种金属，使其功函数 Φ_M 分别与硅衬底的导带底和价带顶接近。包括了量子力学效应在内的关于器件驱动电流的模拟结果显示栅电极的 Φ_M 对于 nMOS 和 pMOS 来说，应分别大约在 4 eV 和 5 eV[28]。

为了寻找功函数合适的金属栅材料，几乎所有的金属都被认真考虑过。其中，对具有低功函数的钽、钒、锆、铪和钛作为 nMOS 金属栅和具有高功函数的钼、钨、钴和金作为 pMOS 金属栅的研究工作堪称系统。金属的氮化物和合金材料，如 WN_x、TiN_x、MoN_x、TaN_x、$TaSi_xN_y$、Ru-Ta、Ru-Zr、Pt-Hf、Pt-Ti、Co-Ni 和 Ti-Ta 等也都在被考虑之列。图 4-11 总结了各种作为 CMOS 金属栅候选材料的功函数[29]。

进一步的实验表明从候选材料中选出合适的金属栅电极远比想象的要复杂得多。人们发现用金属的真空功函数作为选择标准评估金属栅与高 k 介电层集成之后的性质不仅不够充分，有时甚至会产生误导。原因是当把金属栅、高 k、界面层和硅衬底集成在一起形成栅叠层之后，它们的能带结构与它们独立存在于真空中时十分不同。金属栅的能带结构不仅取决与其自身性质，还取决于与之接触的高 k 材料。为了简化对能带对准的分析，有必要引入一个新的概念——有效功函数（effective work function，EWF）。

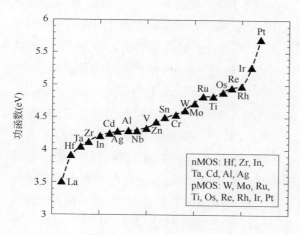

图 4 - 11 CMOS 器件栅电极用备选金属的功函数[29]

图 4 - 12 给出了金属、高 k、界面层硅和硅衬底在独立存在时和处于栅叠层中时的能带结构。在分离状态,4 种材料的真空能级相同,费米能级不同。当它们被集成到叠层中,它们的真空能级发生偏移,以保证费米能级相同,如图 4 - 12(b)所示。真空能级弯曲是许多不同因素共同作用的结果,包括高 k/二氧化硅界面上电荷密度和偶极子、高 k 介电层中电荷密度和金属栅/高 k 界面处 FLP。金属栅的 EWF 定义为从 E_F 到硅衬底的真空能级的能量差,不同于其真空功函数,后者为从 E_F 到金属栅真空能级的能量差。

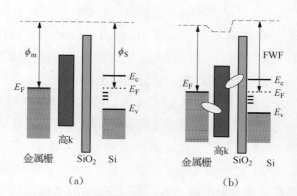

图 4 - 12 金属栅/高 k/二氧化硅/硅叠层的能带图

(a) 各层形成接触之前; (b) 各层形成接触之后

当引入 EOT 来表述高 k 介电层,EWF 就成为金属栅/高 k 叠层与多晶硅/二氧化硅叠层"等效"的功函数。用 EOT 替代高 k 的物理厚度,EWF 替代金属栅的真空功函数,所有在多晶硅/二氧化硅栅叠层中建立的公式和模型就都可以直接应用于金属栅/高 k 叠层的理论分析,指导 CMOS 器件的栅工程。

除了 EWF,金属栅与传统的 CMOS 技术的兼容性问题是其实际应用中遇到的又一个,也是更严峻的挑战。例如,在一个双金属栅工艺中,需要一层接一层地沉积这两种薄膜,然后,对它们做选择性刻蚀。在对高 k 上的金属栅层刻蚀时,需要实现完全的刻蚀去除,同时避免任何可能对栅介质的等离子体损伤。由于 V_T 对于界面态密度非常敏感,任何刻蚀剩余物和损伤都会造成 V_T 的漂移。考虑到每个晶圆中晶体管的数量和量产中晶圆的数量,很容易理解保持好的 V_T 的片内均匀性和片间均匀性的困难。针对所选定的高 k/金属栅的材料性质,提出了很多特殊的工艺方案。例如,在其中一个方案中,第一层适合于 nMOS 的金属首先沉积,之后沉积 pMOS 的金属栅膜层;然后,通过热处理使之形成合金层[30],在热处理之前,第二层金属从 nMOS 区刻蚀掉,只留下第一层金属。这样,就避免了从高 k 上直接去除第一层金属带来的损伤风险。又比如,另一个方案建议分别使用金属及其氮化物充当 nMOS 和 pMOS 的金属栅。这样,只需要将金属膜层沉积后,采用光刻技术将两种 MOSFET 之一暴露出来,向其中注入 N 离子,再通过高温退火形成氮化物[31]即可。

高温过程中金属的化学稳定性对于金属栅的应用有关键性影响。在传统的 CMOS 工艺中,温度最高的步骤是源/漏/栅区掺杂离子的活化退火工艺,它通常采用快速热工艺(rapid thermal annealing,RTP)在 900 ~ 1 100 ℃之间的温度下进行。在活化退火过程中,金属栅须保持稳定。如前所述,金属栅可以是元素金属、氧化物、氮化物、硅化物或者是两种及以上金属的合金。其中很多材料与二氧化硅或高 k 材料的接触界面不稳定[32, 33]。在活化退火后,它们的 EWF 会发生漂移,使集成失败。这样的稳定性问题在与二氧化硅或高 k 材料集成的 nMOS 金属中非常常见。

克服高温工艺中金属栅与高 k 界面不稳定问题的一个办法是采用后栅工艺[34]。在沉积了高 k 介电层之后,先采用传统的多晶硅栅工艺形成多晶硅栅,之后进行源漏掺杂活化退火。活化退火工艺的温度最高,被称为整个工艺流程的"热预算"。该退火完成之后,多晶硅会被去除,留下一个栅槽。

这时再将功函数金属和导电金属填充到栅槽中,随后依靠化学机械平整化将上表面磨平,最终形成金属栅。在这样的集成方法中,源漏活化退火在金属栅电极之前完成,因此可以成功地避免金属栅高温不稳定造成的 V_T 漂移。该工艺还有另外一个优点,即由于去除了多晶硅,会在晶体管中引入应力增强效应。这样获得的应变有助于改善器件的电学性能[35, 36]。

4.4　铪基高 k 介电层

理想的高 k 材料应该有 10～30 的介电常数,禁带宽度大于 5 eV,跟半导体衬底的能带偏离大于 1 eV。它还必须在热预算条件下保持稳定,这样才能形成跟半导体衬底相适应的电学界面。这些选择标准首先筛除了早期作为存储器应用的高 k 候选材料,如五氧化二钽[37, 38]。

在充分平衡了对栅介电层的所有相关要求之后,铪基材料脱颖而出,成为进入实用化的高 k 材料。

4.4.1　二氧化铪

2007 年,二氧化铪高 k 材料成功进入量产[38]。它的介电常数适中(25),禁带较宽(5.7 eV),生成热高(271 kcal/mol,高于二氧化硅的 218 kcal/mol),与硅接触界面的热学和化学稳定性高,界面势垒高。在 1～1.5 V 的工作电压下,一个等效氧化物厚度在 0.9～2 nm 范围内的二氧化铪介电层的遂穿电流可以比二氧化硅低几个数量级[34, 37]。

二氧化铪有 3 种不同的晶体形态——单斜、四方和立方。它在常压、室温下为单斜相;随着温度升高,在 1 022 ℃转化为四方相;在 2 422 ℃从四方相转化为立方相。不同晶相的二氧化铪介电常数不同,单斜相约为 18[40],四方相约为 28[37, 40, 41],而立方相可高达 50[42]。有几种办法被尝试用来增大二氧化铪薄膜的介电常数,包括控制热处理条件[40, 43]或掺杂稳定剂元素进入二氧化铪晶格来获得高介电常数晶相[40, 43-46]。例如,据报道,向二氧化铪中掺杂硅能够稳定四方相二氧化铪,在 700 ℃热退火后获得高达 26 的介电常数[47]。在二氧化铪中加入镧形成合金也有类似效果[48]。

二氧化铪与硅的能带偏离＞1 eV,构成足够高的界面势垒,可以在 45 纳米及以下技术节点有效降低栅漏电,实现器件小型化目标[45]。实验表明,介电层化学组成、晶体结构和缺陷都对二氧化铪与硅的能带对准有显著影响[48, 49]。如图 4-13 所示,理论计算得到的二氧化铪/硅界面处价带顶的能量偏离在 2.69 到 3.60 eV 之间,其导带底的能量偏离在 1.54~1.89 eV之间,其大小与界面成分和配位数有关。在实际的二氧化铪/硅叠层中,两者之间总是存在一个界面层,可以是二氧化硅或硅酸铪,这样的界面层会进一步改变能带对准。图 4-14 和 4-15 分别给出了界面层为二氧化硅和硅酸铪的二氧化铪/叠层的能带对准。对于二氧化铪/二氧化硅/硅叠层,价带顶的能量偏离,硅/二氧化硅界面处为 4.75 eV,二氧化硅/二氧化铪界面处为 2.53 eV[50]。在二氧化铪/硅酸铪/硅叠层中,该能量偏离在硅/硅酸铪界面为 3.0 eV,而硅酸铪/二氧化铪界面处为 3.8 eV[51]。在做沉积后热处理时,由于介电层/半导体界面的化学组成可能会发生改变,也会对其能带对准产生影响,这一点可以从如图 4-16 中的例子看出[50]。

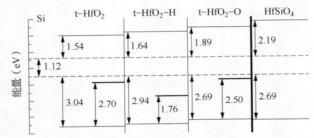

图 4-13 化学计量的和偏离化学计量的金属氧化物与硅界面的能带图(图中粗横线表示化学计量界面的部分占据态和其他界面的部分占据态)

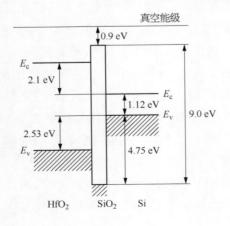

图 4-14 XPS 价带结构分析测得的二氧化铪/二氧化硅/硅能带结构示意图

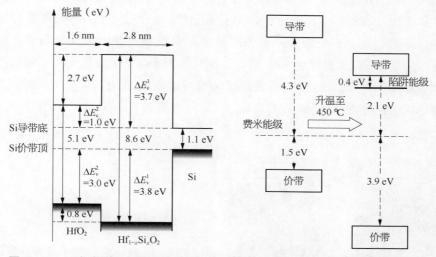

图 4－15　二氧化铪/硅酸铪/硅异质结
构的能带

图 4－16　不同温度下退火的二氧化
硅的能带结构

　　将二氧化硅应用于 CMOS 工艺集成需要面对的一个主要挑战是二氧化铪/硅接触面的热稳定性。实验发现,二氧化铪与硅之间很容易形成界面层,如图 4－17 所示[37, 52]。如果不能很好地控制界面层的厚度和介电常数,EOT 目标就无法达到,这一点对于未来的器件进一步小型化的影响尤为突出。

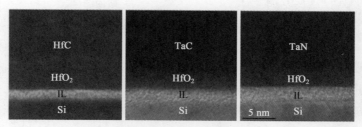

图 4－17　二氧化铪上碳化铪、碳化钽和氮化钽在 950 ℃ 退火 30 s 后的 TEM 截面图

　　一项理论研究[53]表明二氧化铪/硅系统在热力学上是稳定的。在硅上直接外延生长二氧化铪的实验证据已见于报道[37]。在该实验中,首先在硅(111)面上采用 ALD 技术沉积非晶薄膜,再在严格控制的退火条件下做热

处理。二氧化铪重结晶，形成外延生长的单晶体，二氧化铪外延层与硅之间无氧化层，如图 4 - 18 所示。二氧化铪外延层为立方相，介电常数可达 50[54]。在二氧化铪上覆盖一个帽层被证明有助于吸除二氧化铪与硅之间界面层中的氧，从而产生一个没有界面层的叠层，实现超低 EOT，例如图 4 - 19 的结果[54-58]。这些实验工作证明有可能实现在硅上直接生长超高 k 值得二氧化铪，获得超薄 EOT。

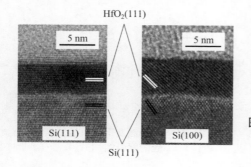

图 4‑18　由 ALD 加 1 000 ℃ 快速退火在硅（111）和硅（100）上制备的二氧化铪膜

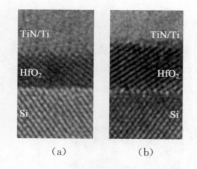

图 4‑19　氮化钛/钛/ALD‑二氧化铪/硅栅叠层在 910 ℃ 退火后的 TEM 截面图

（a）2.4 nm 单晶二氧化铪；　（b）3.2 nm 单晶二氧化铪

　　上述消除界面层的实验都是在超高真空中完成的。与之相比，更现实的方法是产生一个 k 值比二氧化硅高的界面层。在二氧化铪与硅的界面处形成硅酸铪或氮氧化硅的界面层能够有效地减小 EOT。高 k 介电层和界面层的 k 值可以通过测量一系列不同厚度的高 k 介电层样品的 C‑V 特性来提取。把 EOT 作为纵坐标，物理厚度作为横坐标，画出如图 4‑20 所示的坐标图，很容易从图中直线的斜率求出高 k 材料的 k 值，并从直线与 EOT 轴的截距与 TEM 给出的界面层厚度的比较中求得界面层的 k 值。

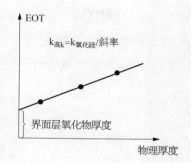

图 4 - 20　EOT 物理厚度曲线

作为目前唯一应用于工业生产的高 k 材料,二氧化铪在降低栅遂穿泄漏电流上获得巨大成功。图 4 - 21 比较了 Intel 报道的在相似器件中使用氮氧化硅/多晶硅栅叠层和高 k/金属栅叠层的栅泄漏电流的结果。在 nMOS 和 pMOS 中的栅漏电都有大幅降低。

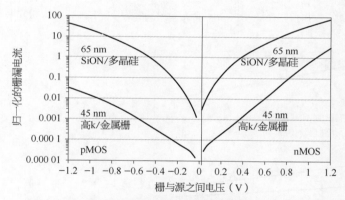

图 4 - 21　高 k/金属栅技术使栅漏电降低 25〜1 000 倍[34]

4.4.2　铝酸铪

铝酸铪(Hf$_x$Al$_y$O)曾经作为高 k 候选材料受到研究者的广泛注意,期望借此获得非晶态的栅介质[59-62]。实验表明,由 ALD 沉积的二氧化铪和氧化铝的混合膜层的结晶温度高达 900 ℃,跟硅之间的能带偏离大于 1 eV[62]。铝酸铪还有一个更重要的特性,它能够调整与之相匹配的金属栅的 EWF,使功函数向正方向漂移[59-62]。如图 4 - 22 所示,当在二氧化铪和金属栅之间插入一个氧化铝帽层,可以使 V_T 向正方向移动 0.1〜

$0.3 \text{ eV}^{[63]}$。氧化铝帽层对 V_T 的调节作用被认为是由于铝融入了二氧化铪层，因为上述两项研究都清楚地看到氧化铝与二氧化铪层之间的成分混合，铝掺杂导致功函数漂移的物理机理仍然存在争议（图 4-23）。

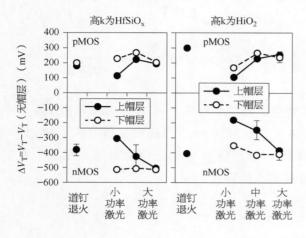

图 4-22　帽层造成的 V_T 漂移与帽层位置、退火方法和介电层的关系

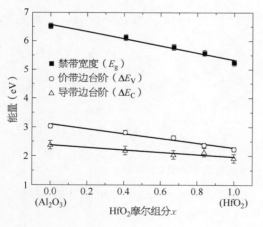

图 4-23　$(HfO_2)_x(Al_2O_3)_{1-x}$ 的禁带宽度、价带边台阶和导带边台阶随铪组分的变化

　　在二氧化铪之上覆盖氧化铝对栅叠层还有另外一个有益的影响，它能够抑制沉积后退火导致的界面层二氧化硅的生长。在一个 1.2 nm 氧化铝/2.6 nm 二氧化铪/0.35 nm 二氧化硅的叠层中，实验观察表明经过高于 900 ℃ 退火，其二氧化硅层的厚度没有增加[37]。氧化铝还被用作二氧化铪与硅之间的缓冲层，用来阻止在使用多晶硅栅时硼掺杂的渗透，同时在高达 750 ℃ 的热退火过程中，避免二氧化硅界面层的形成[64,65]。

铝酸铪的缺点与氧化铝相同,首先是它们的介电常数相对较低(16)[66],其次是无法避免在铝酸铪和硅之间生成界面层[64, 67],这样就很难达到降低 EOT 的目标。其功函数调节上的优势使它特别适合于作为双高 k 集成方案中的 pMOS 的高 k 候选材料,但也正是这一点非常不利于 nMOS 的性能提升。这也是铝酸铪不可能在单介电层集成方案中得到应有的根本原因。

4.4.3 镧酸铪

镧酸铪(Hf_xLa_yO)作为适合于 nMOS 的高 k 候选材料吸引了研究者的广泛注意。它的 k 值较高(18~23 之间)[37, 64, 68],同时有很强的对金属栅 EWF 调节的能力,可以帮助把金属栅功函数调到硅衬底的导带边[62, 69, 69-73]。图 4 - 24 给出了可靠的证据,表明在氮氧硅铪化合物(HfSiON)基的高 k 膜层中提高镧的掺杂浓度,可以将其平带电压 V_{FB} 向负方向调节。

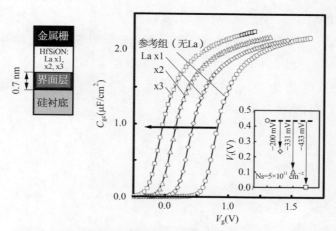

图 4 - 24 添加镧的氮氧硅铪化合物介质中,镧组分对 C - V 曲线的影响

在一项关于 22 nm 低运行功耗芯片的研究工作中,采用镧酸铪作为高 k 介电层[74]完成了工艺集成。如图 4 - 25 所示,在氮氧硅铪化合物/金属栅上覆盖氧化镧帽层制备的 nMOFET 获得 0.31 eV 的 $V_{T, lin}$,器件载流子迁移率高,界面态密度和片内均匀性满足要求,器件可靠性优良。比较没有氧

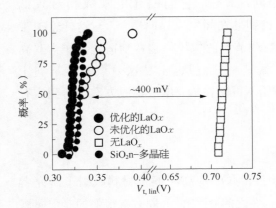

图 4 - 25　优化的氧化镧（LaO$_x$）帽层工艺获得了需要的 V_T，同时减小了 V_T 的波动范围

化镧帽层的参考器件，可以看到两者之间有 400 mV 的 V_T 漂移。

　　另一项工作[75]系统研究了氧化镧帽层对氮氧硅铪化合物/氮化硅钽基栅叠层的作用。其中，氧化镧帽层用 ALD 技术沉积，生长速率很慢（0.036 nm/循环）。叠层的 EOT 得到很好控制（<0.7 nm），同时还获得很高的载流子迁移率和优秀的 V_T 值（<0.31 V）。实验结果如图 4 - 26 所示。氧化镧帽层造成的 V_T 漂移增大了 nMOSFET 的漏电流。可靠性测试表明器件的正偏压温度不稳定性在 $V_g = +1.0$ V 条件下满足 10 年寿命要求。 镧酸铪在功函数调节能力上与铝酸铪类似，适合在双高 k 集成方案中作为 nMOSFET 的介电层材料。

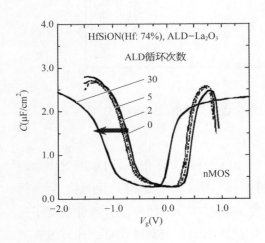

图 4 - 26　氮氧硅铪化合物上不同厚度氧化镧帽层给出的 $C - V$ 曲线

4.5 二氧化铪与金属栅的集成

高 k 和金属栅的集成有几种不同的解决方案,包括单金属/单介质、单金属/双介质、双金属/单介质和双金属/双介质等。单金属/单介质方案最简单,通过对金属栅做掺杂来实现两者金属栅功函数以同时满足 nMOS 和 pMOS 的要求,这一点跟多晶硅栅类似;对于单金属/双介质方案,只使用一种金属,nMOS 和 pMOS 栅叠层中不同的 V_T 靠分别使用不同的高 k 介质实现。例如,前述的铝酸铪和镧酸铪有向相反方向调节金属栅功函数的能力,因此很适合单金属/双介质集成应用[62];对于双金属/单介质方案,分别使用两种不同功函数的金属在同一种高 k 介质上,获得适合于 nMOS 和 pMOS 的 V_T;对于双金属/双介质来说,nMOS 和 pMOS 各自有自己的金属栅和高 k 介质,所以需要引入 4 种新的材料。

目前主流的高 k/金属栅技术是由 Intel 在其 45 纳米技术中首次引入量产的,使用的是双金属/单高 k 叠层。高 k 介质为二氧化铪,nMOS 和 pMOS 的功函数金属分别为铝化钛和氮化钛[34, 76]。为了避免在高温下进行源漏掺杂活化退火时引起金属栅的性能退化,使用了后栅工艺集成方案。在后栅工艺中,首先进行传统的多晶硅 CMOS 工艺流程直到完成源漏活化退火。之后,多晶硅被从栅槽中去除,然后铝化钛和氮化钛金属栅分别沉积在栅槽底部,再用导电金属如铝或钨将栅槽填满。这里,在选择金属栅材料时显然充分考虑了尽可能使用最简单的工艺流程和现有的设备降低制造成本的原则。

实验工作表明二氧化铪上氮化钛的 EWF 随着工艺条件和金属层厚度在 $4.4 \sim 4.9$ eV 之间浮动[77],因此是一个 pMOS 金属栅理想的候选材料。氮化钛在传统的集成电路工艺中有广泛的应用,如作为钨接触塞的衬垫层。这一点打消了业界对引起沾污的担心。氮化钛可以很容易地采用现有的工业标准的装备进行沉积、刻蚀和清洗。

在氮化钛中掺杂铝可以把氮化钛的功函数从硅的导电边推移到价带边[78]。因此通过控制铝的掺杂浓度,就可以得到适合 nMOS 的 EWF。

图 4-27 描述了一个替代栅的工艺流程,其中的高 k 和功函数金属都

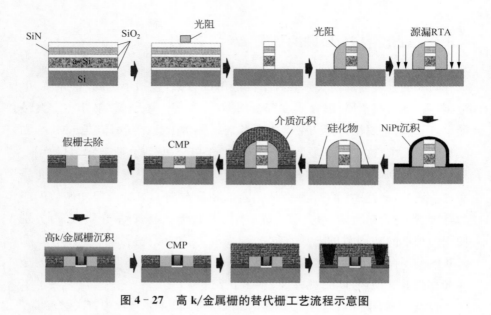

图 4 - 27   高 k/金属栅的替代栅工艺流程示意图

是在去除多晶硅假栅之后才被沉积在替代栅栅槽内的。

　　要实现 CMOS 工艺集成,可以采用图 4 - 28 所示的栅叠层工艺流程。在去除了 pMOS 和 nMOS 的假栅之后,首先对栅槽内暴露的沟道表面做表面处理,形成一层超薄的 SiO_x,其表面由一层氢氧基团形成钝化,这样的表面对于使用四氯化铪和水蒸气进行 ALD 成核是必不可少的。经过一定的 ALD 生长周期之后,形成所需厚度的二氧化铪。这时,一层超薄氮化钛沉积在二氧化铪上作为帽层,接着沉积氮化钽、钛和氮化钛。氮化钽的作用是刻蚀阻挡层,钛金属的作用是吸出二氧化铪和硅之间的氧以控制 EOT,而这一层氮化钛则为 pMOS 的功函数金属。为了形成 nMOS 金属栅,采用光刻图形化方法把 pMOS 区用光阻覆盖,之后通过刻蚀去除在 nMOS 区的氮化钛功函数金属和钛金属。薄氮化钽层的存在保证了上面的氮化钛/钛的完全去除,同时避免下面的高 k 和氮化钛帽层受到刻蚀环境或等离子体的损伤。这一步完成后,pMOS 区的光阻被去除,nMOS 的功函数金属铝化钛合金被沉积,同时覆盖 nMOS 和 pMOS 区域,之后沉积第三层氮化钛作为衬垫层,再用钨或铝把栅槽剩余部分填满。铝可以采用高温物理气相沉积

(physical vapour deposition，PVD)方法，高温下铝原子会沿表面迁移，形成再流动，将栅槽填充，而钨则采用 ALD 沉积[79，80]。经过化学-机械平坦化，上部溢出的材料被去除，留下一个平滑的填充金属表面，镶嵌在高 k 和栅侧墙形成的栅槽中间。图 4-29 中的 TEM 为 nMOS 的横切面。基于上述工艺的器件和电路有很好的电学表现。

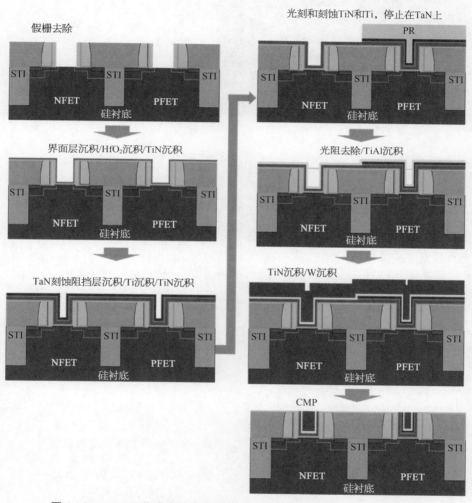

图 4-28　CMOS 集成中的高 k/金属栅工艺流程示意图(参见文末彩图)

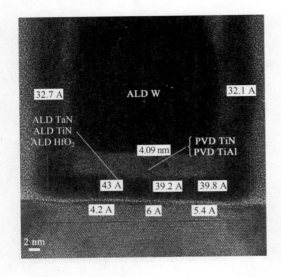

图 4 - 29　采用图 4 - 28 中 CMOS 流程制备的 nMOSFET 的替代栅叠层的 TEM 截面图

4.6　用于 FinFET 的高 k/金属栅

将高 k/金属栅技术应用于 FinFET 时,遇到了特殊的挑战。图 4 - 30 展示了体硅 FinFET 器件结构,由平面 MOSFET 转变成三维 FinFET 的目的是为了改善栅压对沟道的控制[81]。通过使用这样一个由 3 个栅围住的超薄沟道构成的 FinFET 器件,短沟道效应可以得到有效抑制[82]。

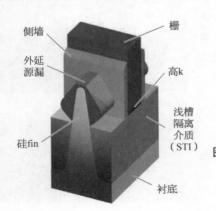

图 4 - 30　采用了高 k/金属栅和外延源漏的体硅 FinFET 结构示意图(参见文末彩图)

与平面器件中水平覆盖沟道的栅叠层不同,FinFET 中的栅叠层需要从 3 个方向上沉积并形成对鳍的均匀覆盖。这意味着,高 k 和金属栅中的薄膜沉积工艺必须有很好的保型性,或者换句话说,在鳍的侧面和上表面的沉积要有相同的速率。众所周知,ALD 具有在竖直结构侧面获得高保型性的能力[83, 84],CVD 的保型性逊于 ALD,但仍可满足需求。PVD 技术的保型性很差,因此很难被用来在鳍上沉积栅叠层材料。在 4.5 节中介绍的高 k/金属栅工艺流程中,几乎所有的材料都是由 ALD 和 CVD 沉积的,但铝化钛合金层是用 PVD 从合金靶上溅射沉积的,因此保型性差。FinFET 中替代栅的栅槽高宽比比平面器件要大得多,因为栅槽的高度要包括鳍的高度加上鳍上部为保证下一步的化学机械平整化(chemical-mechanical planarization,CMP)有足够的工艺窗口而留出的部分。大高宽比加剧了上述保型性困难,保型性差会造成 V_T 的一致性变差。因此,要把高 k/金属栅技术应用于 FinFET,需要找到新的金属栅,替代 PVD 的氮化钛。

为了满足 nMOS 对金属栅的需求,铝化钛基金属膜层的 ALD 吸引了研究者的广泛关注。Ragnarsson 等人采用一种新的铝化钛 ALD 工艺在体硅 FinFET 器件中获得高保型性的低 V_T 金属栅[85]。Cho 等人使用含钽的前驱体和作为混合反应气体的甲烷/氢气,采用等离子体增强原子层沉积(plasma enhanced ALD,PEALD)制造氮化碳钽(TaC_xN_y)薄膜。通过引入 $1.5\%\sim2.5\%$ 的甲烷,获得了具有低功函数的氮化碳钽。最低 EWF 达到 4.373 eV[86]。Triyoso 等人采用 PEALD 沉积碳化钽(TaC_y),获得的 EWF 在 4.54~4.77 eV 之间[87]。

所有上述工艺都使用了 PEALD 技术,因此需要面对等离子体损伤的风险。热 ALD 不使用等离子体,因此更适合于在高 k 介质层上沉积金属栅的工作。作者所在的研究小组近年来采用四氯化钛、三甲基铝(trimethylaluminum,TMA)和铵作前驱体和反应剂,对热 ALD 沉积铝化钛基金属栅的可行性做了系统研究[88]。研究表明,在铵参与反应时,沉积的薄膜倾向于形成 TiAlN(C)膜,而 ALD 序列里没有铵时,薄膜为 TiAlC。TiAlC 在二氧化铪上的 EWF 比 TiAlN(C)小得多。其功函数可以通过改变生长温度、TMA 剂量和薄膜厚度在 4.49~4.79 eV 之间调节[89]。进一步研究表明在二氧化铪上 TiAlC 膜层中的铝含量增加,则 EWF 降低。我们还发现,三乙基铝(triethylaluminum,TEA)与四氯化钛反应生成的 TiAlC 合金膜含有更高的铝组分[90]。研究者认为 TEA 作为金属有机前驱体,含有一种特殊的 β-氢,有利于氢的脱离,从而在膜层中产生含铝中间体。这些中间体更容易在高温下分解,增强了铝在最后产物中的含量[90]。使用 TEA,通过调节生长温度和膜层厚度,可获得在 $4.24\sim4.46$ eV 之间的 EWF。这样的膜层非常有希望用作金属栅,取代平面器件工艺中的 PVD 膜层。

ALD TiAlC 膜层作为 nMOS 功函数金属已经被集成在 FinFET 的高 k/金属栅堆叠中,如图 4 - 31 所示,堆叠结构与在平面 CMOSFET 中完全相同,其优异的保型性一目了然。图 4 - 32 比较了使用 PVD TiAl 和 ALD TiAlC 的 n - FinFET 的电学性能($I_{on}-I_{off}$ 数据),除了金属栅沉积技术之外,两者所有的工艺细节完全相同,左边的数据出现了很大的离散性,而右图的数据有较好的一致性。这种不同可以归因于鳍上金属栅的台阶覆盖不同造成的 V_T 的离散性差异。图 4 - 33 比较了两种器件 V_T 随栅长变化的曲线,采用 PVD TiAl 的器件,V_T 随栅长变化的曲线看起来异常。对于正常的器件,当沟道足够长时,V_T 不随栅长变化,而在短沟道器件中,V_T 随栅长减小而降低(roll off)。由图 4 - 33 可见,长沟道器件的 V_T 也随栅长发生剧烈变化。同时在短沟道器件中 V_T 的离散性非常大。这些结果都表明 PVD 沉积金属栅出现了随沟道长度变小覆盖率变差的现象。采用全 ALD 栅叠层,器件的 V_T - 栅长曲线恢复正常,V_T 的离散性降低,电学性能一致性提高效果明显。ALD TiAlC 不仅对于高 k/金属栅叠层在 FinFET 中的应用至关重要,对于未来即将进入量产的环栅纳米线器件(GAA - FET)更是必不可少。在 GAA - FET 中,栅叠层需要从悬空的纳米线沟道的背面沉积,因此,全 ALD 栅叠层成为唯一选择。

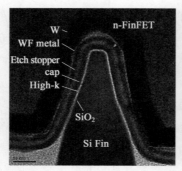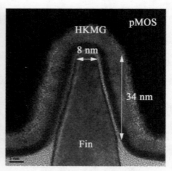

图 4 - 31 采用了非 PVD 栅叠层的体硅 FinFET 的 TEM 截面图

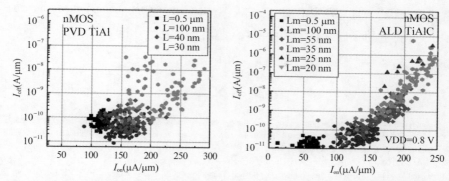

图 4-32 采用了 **PVD - TiAl** 和 **ALD - TiAlC** 的 **nMOS FinFET** 的电学性能比较(参见文末彩图)

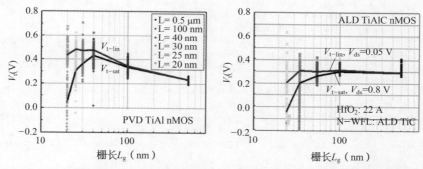

图 4-33 采用了 **PVD - TiAl** 和 **ALD - TiAlC** 的 **nMOS FinFET** 的电学性能比较

4.7 小结

综上所述,高 k/金属栅技术成功地解决了平面体硅 CMOS 在栅介电层缩小到 1 nm 以下时产生的严重的遂穿泄漏电流问题,使摩尔定律和器件微缩策略得以继续。高 k/金属栅叠层是如此复杂,以至于任何一个工艺细节上小的偏离都可能造成整个工艺的失败。经过数十年艰苦努力,基于双金属单介质叠层的高 k/金属栅技术已成功地应用于工业生产,其中,氮化钛作为 pMOS 功函数金属,铝化钛作为 nMOS 功函数金属,而二氧化铪为栅介电层。为了避免在源漏活化高温退火中栅叠层的热稳定性问题,需要用后栅工艺流程,即把高 k/金属栅的沉积后移到活化退火之后,将其沉积到替代栅槽内。通过全 ALD 技术,高 k/金属栅也已成功地运用于 FinFET 技术中,并将应用于后续技术代中 GAA 器件的制造之中。

参考文献

[1] Lilienfeld L. Method and apparatus for controlling electric currents [P]. USA: US1745175A10/08/1926.

[2] Kahng D, Atalla M. Silicon-silicon dioxide field induced surface devices, presented at the IRE [C]. Solid-State Device Research Conference. 1960.

[3] Hor i T. Gate Dielectrics and MOS ULSIs [M]. New York: Springer, 1997.

[4] Critchlow D L. Mosfet Scaling-the Driver of VLSI Technology [C]. Proceedings of the IEEE 1999 – 659.

[5] Moore G E. Cramming More Components onto Integrated Circuits [C]. Proceedings of the IEEE 1998 – 82.

[6] Wilk G D, Wallace R M, Anthony J M. High-κ gate dielectrics: Current status and materials properties considerations [R]. Journal of Applied Physics 2001 – 5243.

[7] Hokazono A, Ohuchi K, Takayanag i M, et al. 14 nm gate length CMOSFETs utilizing low thermal budget process with poly-SiGe and Ni silicide [C]. IEEE International Electron Devices Meeting 2002 – 639.

[8] The international Technology Roadmap for Semiconductor-2004.

[9] Wakabayashi H, Saito Y, Takeuchi K, et al. A novel W/TiN$_x$ metal gate CMOS technology using nitrogen-concentration-controlled TiNx film [C]. IEEE International Electron Devices Meeting1999 – 253.

[10] Stewar t E J, Carroll M S, Sturm J C. Suppression of boron penetration in p-channel MOSFETs using polycrystalline Si$_{1-x-y}$/Ge$_x$C$_y$ gate layers [R]. IEEE Electron Device Letters 2001 – 574.

[11] Chang-Hoon C, Chidambaram P R, Khamankar R, et al. Gate length dependent polysilicon depletion effects [R]. IEEE Electron Device Letters 2002 – 224.

[12] Pfiester J R, Baker F K, Mele T C, et al. The effects of boron penetration on p+ polysilicon gated PMOS devices [R]. IEEE Transactions on Electron Devices 1990 – 1842.

[13] Huang C L, Arora N D, Nasr A I, et al. Effect of polysilicon depletion on MOSFET I-V characteristics [R]. Electronics Letters 1993 – 1208.

[14] Wu E Y, Nowak E, Han L K, et al. Nonlinear characteristics of Weibull breakdown distributions and its impact on reliability projection for ultra-thin oxides [C]. IEEE International Electron Devices Meeting 1999 – 441.

[15] Rios R, Arora N D. Determination of ultra-thin gate oxide thicknesses for CMOS structures using quantum effects [C]. IEEE International Electron Devices Meeting 1994 – 613.

[16] Robertson J. Band offsets of wide-band-gap oxides and implications for future electronic devices [R]. Journal of Vacuum Science & Technology B 2000 – 1785.

[17] Brar B, Wilk G D, Seabaugh A C. Direct extraction of the electron tunneling effective mass in ultrathin SiO$_2$ [R]. Applied Physics Letters 1996 – 2728.

[18] Vogel E M, Ahmed K Z, Hornung B, et al. Modeled tunnel currents for high dielectric constant dielectrics [R]. IEEE Transactions on Electron Devices 1998 – 1350.

[19] Robertson J, Chen C W. Schottky barrier heights of tantalum oxide, barium strontium titanate, lead titanate, and strontium bismuth tantalite [R]. Applied Physics Letters 1999 – 1168.

[20] Ma T P. Making silicon nitride film a viable gate dielectric [R]. IEEE Transactions on Electron Devices 1998 – 680.

[21] Dey S K, Lee J J. Cubic paraelectric (nonferroelectric) perovskite PLT thin films with high permittivity for ULSI DRAMs and decoupling capacitors [R]. IEEE Transactions on Electron Devices 1992 – 1607.

[22] Takeuchi H, King T-J. Scaling limits of hafnium-silicate films for gate-dielectric applications [R]. Applied Physics Letters 2003 – 788.

[23] Seong N-J, Yoon S-G, Yeom S-J, et al. Effect of nitrogen incorporation on improvement of leakage properties in high-k HfO$_2$ capacitors treated by N$_2$ – plasma [R]. Applied Physics Letters 2005 – 132903.

[24] Zhao C, Witters T, Brijs B, et al. Ternary rare-earth metal oxide high-k layers on silicon oxide [R]. Applied

Physics Letters 2005 - 132903.

[25] Barlage D, Arghavani R, Dewey G, et al. High-frequency response of 100 nm integrated CMOS transistors with high-K gate dielectrics [C]. IEEE International Electron Devices Meeting 2001 - 10. 6. 1.

[26] Brown G A, Zeitzoff P M, Bersuker G, et al. Scaling CMOS [R]. Materials Today 2004 - 20.

[27] Buchanan D A, McFeely F R, Yurkas J J. Fabrication of midgap metal gates compatible with ultrathin dielectrics [R]. Applied Physics Letters, vol. 1998 - 1676.

[28] De I, Johri D, Srivastava A, et al. Impact of gate workfunction on device performance at the 50 nm technology node [R]. Solid-State Electronics 2000 - 1077.

[29] Misra V. Dual Metal Gate Selection Issues [C]. Presented at the 6th Annual Topical Research Conference on Reliability 2003.

[30] Polishchuk I, Ranade P, King T J, et al. Dual work function metal gate CMOS transistors by Ni-Ti interdiffusion [R]. IEEE Electron Device Letters 2002 - 200.

[31] Qiang L, Lin R, Ranade P, et al. Metal gate work function adjustment for future CMOS technology [C]. IEEE Symposium on VLSI Technology. 2001 - 45.

[32] Wang S Q, Mayer J W. Reactions of Zr thin films with SiO_2 substrates [R]. Journal of Applied Physics 1988 - 4711.

[33] Misra V, Heuss G P, Zhong H. Use of metal-oxide-semiconductor capacitors to detect interactions of Hf and Zr gate electrodes with SiO_2 and ZrO_2 [R]. Applied Physics Letters 2001 - 4166.

[34] Mistry K, Allen C, Auth C, et al. A 45 nm Logic Technology with High-k + Metal Gate Transistors, Strained Silicon, 9 Cu Interconnect Layers, 193 nm Dry Patterning, and 100% Pb-free Packaging [C]. IEEE International Electron Devices Meeting 2007 - 247.

[35] Auth C. 45 nm high-k + metal gate strain-enhanced CMOS transistors [C]. IEEE Custom Integrated Circuits Conference 2008 - 379.

[36] Wang J, Tateshita Y, Yamakawa S, et al. Novel Channel-Stress Enhancement Technology with eSiGe S/D and Recessed Channel on Damascene Gate Process [C]. IEEE Symposium on VLSI Technology 2007 - 46.

[37] Choi J H, Mao Y, Chang J P. Development of hafnium based high-k materials — A review [R] Materials Science and Engineering: R: Reports. 2011 - 97,.

[38] Robertson J. Interfaces and defects of high-K oxides on silicon [R]. Solid-State Electronics 2005 - 283.

[39] Consiglio S, Papadatos F, Naczas S, et al. Metallorganic Chemical Vapor Deposition of Hafnium Silicate Thin Films Using a Dual Source Dimethyl-alkylamido Approach [R]. Journal of The Electrochemical Society 2006 - F249.

[40] Nakajima Y, Kita K, Nishimura T, et al. Phase transformation kinetics of HfO2 polymorphs in ultra-thin region [C]. IEEE Symposium on VLSI Technology 2011 - 84.

[41] Rignanese G M. Dielectric properties of crystalline and amorphous transition metal oxides and silicates as potential high-κ candidates: the contribution of density-functional theory [R]. Journal of Physics: Condensed Matter 2005 - R357.

[42] Zhao X, Vanderbilt D. First-principles study of structural, vibrational, and lattice dielectric properties of hafnium oxide [R]. Physical Review B 2002 - 233106.

[43] Neumayer D A, Cartier E. Materials characterization of ZrO_2—SiO_2 and HfO_2—SiO_2 binary oxides deposited by chemical solution deposition [R]. Journal of Applied Physics 2001 - 1801.

[44] Morita Y, Migita S, Mizubayashi W, et al. Extremely scaled (~ 0.2 nm) equivalent oxide thickness of higher-k ALD-HfO_2 gate stacks [C]. Extended Abstracts of the 2011 International Conference on Solid State Devices and Materials 2011 - 955.

[45] Boscke T S, Govindarajan S, Fachmann C, et al. Tetragonal Phase Stabilization by Doping as an Enabler of Thermally Stable HfO_2 based MIM and MIS Capacitors for sub 50 nm Deep Trench DRAM [C]. IEEE International Electron Devices Meeting 2006 - 1.

[46] Dutta G. A first-principles study of enhanced dielectric responses in Ti and Ce doped HfO_2 [R]. Applied Physics Letters 2009 - 012907 - 3.

[47] Tomida K, Kita K, Toriumi A. Dielectric constant enhancement due to Si incorporation into HfO_2 [R]. Applied Physics Letters 2006 - 142902.

[48] Yamamoto Y, Kita K, Kyuno K, et al. Structural and electrical properties of HfLaOx films for an amorphous high-k gate insulator [R]. Applied Physics Letters 2006 - 03290.

[49] Robertson J. High dielectric constant gate oxides for metal oxide Si transistors [R]. Reports on Progress in

Physics 2006 - 327.

[50] Xie L, Zhao Y, White M H. Interfacial oxide determination and chemical/electrical structures of HfO_2/SiO_x/Si gate dielectrics [R]. Solid-State Electronics 2004 - 2071.

[51] Toyoda S, Okabayashi J, Kumigashira H, et al. Chemistry and band offsets of HfO_2 thin films on Si revealed by photoelectron spectroscopy and x-ray absorption spectroscopy [R]. Journal of Electron Spectroscopy and Related Phenomena 2004 - 141.

[52] Zheng Y B, Wang S J, Huan C H A. Microstructure-dependent band structure of HfO_2 thin films [R]. Thin Solid Films 2006 - 197.

[53] Hwang W S, Shen C, Wang X, et al. A Novel Hafnium Carbide HfCx Metal Gate Electrode for NMOS Device Application [C]. IEEE Symposium on VLSI Technology, 2007 - 156.

[54] Migita S, Morita Y, Mizubayashi W, et al. Preparation of epitaxial HfO_2 film (EOT = 0. 5 nm) on Si substrate using atomic-layer deposition of amorphous film and rapid thermal crystallization (RTC) in an abrupt temperature gradient [C]. IEEE International Electron Devices Meeting 2010 - 11. 5. 1.

[55] Migita S, Watanabe Y, Ota H, et al. Design and demonstration of very high-k (k~50) HfO_2 for ultra-scaled Si CMOS [C]. IEEE Symposium on VLSI Technology 2008 - 152.

[56] Ragnarsson L A, Li Z, Tseng J, et al. Ultra low-EOT (5 A) gate-first and gate-last high performance CMOS achieved by gate-electrode optimization [C]. IEEE International Electron Devices Meeting 2009 - 1.

[57] Ando T, Frank M, Choi K, et al. Understanding mobility mechanisms in extremely scaled HfO_2 (EOT 0. 42 nm) using remote interfacial layer scavenging technique and Vt-tuning dipoles with gate-first process [C]. IEEE International Electron Devices Meeting, 2009 - 1.

[58] Changhwan C, Chang-Yong K, Se Jong R, et al. Aggressively scaled ultra thin undoped HfO_2 gate dielectric (EOT<0. 7 nm) with TaN gate electrode using engineered interface layer [R]. IEEE Electron Device Letters 2005 - 454.

[59] Takahashi H, Minakata H, Morisaki Y, et al. Ti-capping technique as a breakthrough for achieving low threshold voltage, high mobility, and high reliability of pMOSFET with metal gate and high-k dielectrics technologies [C]. IEEE International Electron Devices Meeting, 2009 - 1.

[60] Alshareef H N, Luan H F, Choi K, et al. Metal gate work function engineering using AlNx interfacial layers [R]. Applied Physics Letters 2006 - 112114.

[61] Choi K, Jagannathan H, Choi C, et al. Extremely scaled gate-first high-k/metal gate stack with EOT of 0. 55 nm using novel interfacial layer scavenging techniques for 22 nm technology node and beyond [C]. IEEE Symposium on VLSI Technology 2009 - 138.

[62] Kubicek S, Schram T, Rohr E, et al. Strain enhanced low-VT CMOS featuring La/Al-doped HfSiO/TaC and 10ps invertor delay [C]. IEEE Symposium on VLSI Technology 2008 - 130.

[63] Veloso A, Witters L, Demand M, et al. Flexible and robust capping-metal gate integration technology enabling multiple-VT CMOS in MuGFETs [C]. IEEE Symposium on VLSI Technology 2008 - 14.

[64] Yu H Y, Li M F, Kwong D L. ALD $(HfO_2)_x(Al_2O_3)_{1-x}$ high-k gate dielectrics for advanced MOS devices application [R]. Thin Solid Films 2004 - 110.

[65] Kundu M, Miyata N, Nabatame T, et al. Effect of Al_2O_3 capping layer on suppression of interfacial SiO_2 growth in HfO_2/ultrathin SiO_2/Si (001) structure [R]. Applied Physics Letters 2003 - 3442.

[66] Lee C, Choi J, Cho M, et al. Nitrogen incorporation engineering and electrical properties of high-k gate dielectric (HfO_2 and Al_2O_3) films on Si (100) substrate [R]. Journal of Vacuum Science & Technology B: Microelectronics and Nanometer Structures 2004 - 1838.

[67] Sawkar-Mathur M, Perng Y-C, Lu J, et al. The effect of aluminum oxide incorporation on the material and electrical properties of hafnium oxide on Ge [R]. Applied Physics Letters 2008 - 233501.

[68] Dimoulas A, Vellianitis G, Mavrou G, et al. $La_2Hf_2O_7$ high-kappa gate dielectric grown directly on Si (001) by molecular-beam epitaxy [R]. Applied Physics Letters 2004 - 3205.

[69] Guha S, Cartier E, Gribelyuk M A, et al. Atomic beam deposition of lanthanum- and yttrium-based oxide thin films for gate dielectrics [R]. Applied Physics Letters 2000 - 2710.

[70] Vellianitis G, Apostolopoulos G, Mavrou G, et al. MBE lanthanum-based high-k gate dielectrics as candidates for SiO_2 gate oxide replacement [R]. Materials Science and Engineering: B 2004 - 85.

[71] Wang X P, Yu H Y, Li M F, et al. Wide Vfb and Vth Tunability for Metal-Gated MOS Devices With HfLaO Gate Dielectrics [R]. IEEE Electron Device Letters 2007 - 258.

[72] Guha S, Paruchuri V K, Copel M, et al. Examination of flatband and threshold voltage tuning of HfO_2/TiN

field effect transistors by dielectric cap layers [R]. Applied Physics Letters 2007 - 092902.

[73] Tatsumura K, Ishihara T, Inumiya S, et al. Intrinsic correlation between mobility reduction and Vt shift due to interface dipole modulation in HfSiON/SiO$_2$ stack by La or Al addition [C]. EIEEE International lectron Devices Meeting 2008 - 1.

[74] Kamiyama S, Miura T, Kurosawa E, et al. Band Edge Gate First HfSiON/Metal Gate nMOSFETs using ALD-La$_2$O$_3$ Cap Layers Scalable to EOT=0. 68 nm for hp 32 nm Bulk Devices with High Performance and Reliability [C]. IEEE International Electron Devices Meeting 2007 - 539.

[75] Huang J, Kirsch P D, Heh D, et al. Device and reliability improvement of HfSiON+LaO$_x$/metal gate stacks for 22 nm node application [C]. IEEE International Electron Devices Meeting 2008 - 1.

[76] Packan P, Akbar S, Armstrong M, et al. High Performance 32 nm Logic Technology Featuring 2 nd Generation High-k+Metal Gate Transistors [R]. IEEE International Electron Devices Meeting 2009 - 1.

[77] Ma X, Yang H, Wang W, et al. The effects of process condition of top-TiN and TaN thickness on the effective work function of MOSCAP with high-k /metal gate stacks [R]. Journal of Semiconductors 2014 - 106002.

[78] Han K, Ma X, Yang H, et al. Modulation of the effective work function of a TiN metal gate for NMOS requisition with Al incorporation [R]. Journal of Semiconductors 2013 - 076003.

[79] Wang G, Xu Q, Yang T, et al. Application of Atomic Layer Deposition Tungsten (ALD W) as Gate Filling Metal for 22 nm and Beyond Nodes CMOS Technology [R]. ECS Journal of Solid State Science and Technology 2014 - P82.

[80] Wang G, Luo J, Liu J, et al. pMOSFETs Featuring ALD W Filling Metal Using SiH$_4$ and B$_2$H$_6$ Precursors in 22 nm Node CMOS Technology [R]. Nanoscale research letters 2017 - 12 - 306.

[81] Hisamoto D, Wen-Chin L, Kedzierski J, et al. A folded-channel MOSFET for deep-sub-tenth micron era [C]. IEEE International Electron Devices Meeting 1998 - 1032.

[82] Natarajan S, Agostinelli M, Akbar S, et al. A 14 nm logic technology featuring 2nd generation FinFET, air-gapped interconnects, self-aligned double patterning and a 0.0588 μm^2 SRAM cell size [C]. IEEE International Electron Devices Meeting 2014 - 3. 7. 1.

[83] George S M. Atomic Layer Deposition: An Overview [R]. Chemical Reviews 2010 - 111.

[84] Puurunen R L. Surface chemistry of atomic layer deposition: A case study for the trimethylaluminum/water process [R]. Journal of Applied Physics 2005 - 121301.

[85] Ragnarsson L A, Chew S A, Dekkers H, et al. Highly scalable bulk FinFET Devices with Multi-Vt options by conductive metal gate stack tuning for the 10 - nm node and beyond [C]. IEEE Symposium on VLSI Technology 2014 - 1.

[86] Cho G-h, Rhee S-W. Plasma-Enhanced Atomic Layer Deposition of TaC$_x$N$_y$ Films with tert-Butylimido Tris-diethylamido Tantalum and Methane/Hydrogen Gas [R]. Electrochemical and Solid-State Letters 2010 - H426.

[87] Triyoso D H, Gregory R, Schaeffer J K, et al. Atomic layer deposited TaC$_y$ metal gates: Impact on microstructure, electrical properties, and work function on HfO$_2$ high-k dielectrics [R]. Journal of Applied Physics 2007 - 104509.

[88] Xiang J, Zhang Y, Li T, et al. Investigation of thermal atomic layer deposited TiAlX (X = N or C) film as metal gate [R]. Solid-State Electronics 2016 - 64.

[89] Xiang J, Li T, Zhang Y, et al. Investigation of TiAlC by Atomic Layer Deposition as N Type Work Function Metal for FinFET [R]. ECS Journal of Solid State Science and Technology 2015 - P441.

[90] Xiang J, Ding Y, Du L, et al. Investigation of N Type Metal TiAlC by Thermal Atomic Layer Deposition Using TiCl$_4$ and TEA as Precursors [R]. ECS Journal of Solid State Science and Technology 2016 - 1 - P299.

[91] Zhao C, Zhu H, Cui D M. 16/14 nm foundation technology research [R]. Chinese National science and technology report No. 400834434 - 2013ZX02303/01.

[92] Robertson J. High dielectric constant oxides [R]. Eur. Phys. J. Appl. Phys. 2004 - 265.

[93] Puthenkovilakam R, Chang J. P. An accurate determination of barrier heights at the HfO$_2$/Si interfaces [R]. Journal of Applied Physics 2004 - 2701.

[94] Geppert I, Lipp E, Brener R, et al. Effect of composition and chemical bonding on the band gap and band offsets to Si of Hf$_x$Si$_{1-x}$O$_2$(N) films [R]. Journal of Applied Physics 2010 - 053701.

[95] Zhang Z B, Song S C, Huffman C, et al. Integration of dual metal gate CMOS with TaSiN (NMOS) and Ru

(PMOS) gate electrodes on HfO$_2$ gate dielectric [R]. IEEE Symposium on VLSI Technology 2005 - 50.

[96] Choi C, Lee J C. Scaling equivalent oxide thickness with flat band voltage (VFB) modulation using in situ Ti and Hf interposed in a metal/high-k gate stack [R]. Journal of Applied Physics, 2010 - 064107.

[97] Mise N, Morooka T, Eimori T, et al. Single Metal/Dual High-k Gate Stack with Low Vt and Precise Gate Profile Control for Highly Manufacturable Aggressively Scaled CMISFETs [C]. IEEE International Electron Devices Meeting 2007 - 527.

[98] Chang H S, Baek S K, Park H, et al. Electrical and Physical Properties of HfO$_2$ Deposited via ALD Using Hf(OtBu)$_4$ and Ozone atop Al$_2$O$_3$ [R]. Electrochemical and Solid-State Letters 2004 - F42.

第 5 章

沟道材料

H. H. Radamson[1], E. Simeon[2]
1 中国科学院微电子研究所,中国科学院大学;2 比利时欧洲微电子研究中心

5.1 引言

制定技术路线图的目的是持续不断地推动晶体管尺寸微缩和设计上的革命性创新。在过去的 10 年里,延续传统的半导体技术路线图越来越困难,新的方法和材料,甚至采用硅以外的材料制作衬底都被纳入了考虑的范围。

最近几年,锗-硅-锡、Ⅲ-Ⅴ族材料和二维晶体作为新的沟道材料成为研究热点。尽管有许多研究小组证明了采用新沟道材料获得高性能晶体管的可能性,要真正替代硅衬底还必须面对许多挑战。

一个理想的沟道材料要应用到未来的 CMOS 技术中,需要满足许多方面的要求。它作为半导体材料,需要有适当的禁带宽度、低缺陷密度、优秀的载流子输运性质、完好的衬底/介电层界面、相对低的制造成本、与目前的硅工艺的兼容性和在大尺寸晶圆上合成的可行性。目前还找不到任何材料可以满足所有这些标准。因此,以硅为沟道的 CMOS 技术道路在新材料和新设计的驱动下依然在向前延伸,同时也在寻求能够在不同器件特性之间实现平衡的可能。

5.2 高迁移率沟道

尽管通过应变工程可以在一定程度上提升晶体管的迁移率,工业界仍

然在寻找高迁移率材料以取代传统的硅沟道材料。采用新型沟道材料，如硅锗、锗和Ⅲ-Ⅴ族材料，通过有效质量调节和亚能带结构工程可以显著改善载流子迁移率。一般来说，调整 EWF 的方法可以总结为：加大 m_z 可以使反型层变薄，从而增大反型层电容；减小 m_x 可增大载流子速度 v_s；优化薄 t_{ox} 中二维亚能带态密度，以实现在因有限的态密度导致的反型层电容和 v_s 之间达到折中；$m_y > m_z$，其中 m_x、m_y 和 m_z 代表有效质量的 3 个方向分量。表 5-1 列出了硅、锗和Ⅲ-Ⅴ族材料的电子和空穴的迁移率、有效质量、禁带宽度、态密度和介电常数。锗的空穴和电子的迁移率分别为 1 900 cm² · V⁻¹ · s⁻¹ 和 3 900 cm² · V⁻¹ · s⁻¹，差不多是硅的 4 倍和 2.5 倍，这使得锗成为 CMOS 沟道材料的强有力竞争者。另一方面，Ⅲ-Ⅴ族材料半导体如砷化镓、磷化铟、砷化铟和锑化铟等的电子迁移率比其自身的空穴迁移率高得多，这使得Ⅲ-Ⅴ族材料半导体成为 nMOS 而非 pMOS 的理想沟道材料。Ⅲ-Ⅴ族材料半导体中极高的电子迁移率源于其中的电子具有更小的有效质量。遗憾的是，无论是锗还是Ⅲ-Ⅴ族材料在性质上都有一些根本缺陷，如态密度（density-of-states，DOS）低、直接禁带宽度小、介电常数高等。这些从表 5-1 中的数据很容易看出[1-3]。在材料性质的根本缺点之外，要将高迁移率材料应用到 CMOS 中去，还需要面对许多工艺挑战。在下面的章节中，我们将讨论硅锗、锗和砷镓铟半导体的主要挑战。

表 5-1　硅、锗和Ⅲ-Ⅴ族材料半导体的电子和空穴的迁移率、有效质量、禁带宽度和介电常数

项目	掺杂	材料					
		Si	Ge	GaAs	InP	InAs	InSb
电子迁移率(cm² · V⁻¹ · s⁻¹)	—	1 600	3 900	9 200	5 400	42 000	77 000
电子有效质量 m_0	—	m_t: 0.19 m_l: 0.916	m_t: 0.082 m_l: 1.467	0.067	0.082	0.023	0.014
电子 DOS (/eV · cm²)	第 1 谷	6.97×10^{14}	5.01×10^{14}	2.76×10^{13}	3.34×10^{13}	9.61×10^{12}	5.85×10^{12}
	第 2 谷	1.59×10^{14}	—	—	—	—	—

续　表

项目	掺杂	材料					
		Si	Ge	GaAs	InP	InAs	InSb
空穴迁移率($cm^2 \cdot V^{-1} \cdot s^{-1}$)	—	430	1 900	400	200	500	850
空穴有效质量 m_0	—	m_{HH}: 0.49 m_{LH}: 0.16	m_{HH}: 0.28 m_{LH}: 0.044	m_{HH}: 0.45 m_{LH}: 0.082	m_{HH}: 0.45 m_{LH}: 0.12	m_{HH}: 0.57 m_{LH}: 0.035	m_{HH}: 0.44 m_{LH}: 0.016
空穴 DOS (/eV · cm^2)	重掺	1.22×10^{14}	5.6×10^{13}	1.95×10^{14}	2.5×10^{14}	6.27×10^{13}	1.79×10^{14}
	轻掺	1.05×10^{14}	8.94×10^{12}	3.13×10^{13}	3.71×10^{13}	3.59×10^{12}	6.27×10^{12}
	分裂	1.21×10^{14}	3.51×10^{13}	7.1×10^{13}	7.09×10^{13}	5.85×10^{13}	7.94×10^{13}
禁带宽度(eV)	—	1.12	0.66	1.42	1.34	0.36	0.17
介电常数	—	11.8	16	12	12.6	14.8	17

5.3　硅锗沟道

　　为了获得高空穴迁移率,采用具有压应变的硅锗沟道制造 pMOS 晶体管有突出优势。可是,由于富锗层的禁带宽度小,会不可避免地导致关态电流 I_{off} 的增大,包括结漏电和带间遂穿漏电。因此由于 CMOS 技术受限于 I_{off} 极限,高锗含量的硅锗沟道在 I_{off} 限制下,无法与现有的最先进的硅沟道竞争。其结果是,采用硅锗沟道材料的高性能器件都是在绝缘体上硅锗(SiGe-on-insulator, SGOI)衬底上制造的,以避免 I_{off} 限制造成的问题[4-6]。

　　制造高锗含量的压应变 SGOI 器件,可以采用如图 5-1 所示的方法,先外延生长锗含量较低的硅锗层,再做局部锗浓缩。如图 5-1(a)、(b)所示,先在 SOI 上生长锗组分低的硅锗外延层,再应用传统的 LOCOS 隔离技术在其下方形成一个凹陷的沟道;然后把 LOCOS 去除,再采用干氧化在 900 ℃下重新生长一层栅氧化物,如图 5-1(c)所示。在 LOCOS 和第二次氧化的过程中,剩余的硅锗沟道中的锗组分大幅提升(可达 96%),如图 5-1(d)所示。这样硅锗沟道的空穴迁移率显著增强,与未浓缩的硅锗对照组样品比较,有超过 10 倍的提升。这种锗浓缩方法,作为提升硅锗沟道中的锗组分的工艺,得到了广泛应用[4-6]。

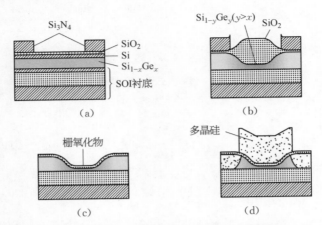

图 5‑1 采用凝聚技术制造高锗组分的应变硅锗 MOSFET

硅锗沟道材料遇到的另一个挑战是其界面态密度相对来说比硅更高,会影响沟道的载流子迁移率。于是,在硅锗沟道之上总是覆盖一个硅帽层,以减小界面态密度和栅漏电[8-10]。可是从降低 EOT 的角度考虑,有必要把这个帽层省掉。人们提出了一个优化硅上外延硅锗和高 k/金属栅的工艺流程。其中,形成高质量的、最佳锗组分的外延硅锗膜和具有优异的界面质量及表面平整度的硅酸铪栅介质是成功的关键,这可以通过调整硅锗外延生长的温度和分压来实现[11]。

5.4 锗沟道

锗沟道可以认为是硅锗的极端形式,即锗含量达到了 100%。除了与硅锗相同的问题,如带间遂穿漏电,锗沟道还有许多其他问题会妨碍锗基器件的电学性能改善,包括界面质量差、异质外延问题、由于 n 型掺杂的固溶度低造成的 nMOS 源漏区的高寄生电阻、掺杂难于活化,以及价带边 FLP。

对于锗在硅上的异质外延,最引人注目的是采用双温度直接生长的方法,因为该方法工艺相对简单[12-16]。在这个双温方法中,首先在一个较低温度(~450 ℃,LT)下,生长一层含有大量缺陷的籽晶层。由于产生了如图

5-2(a)所示的位错,在一个厚度达到 30 nm 的籽晶层中,应变被完全释放。之后,在高温(~850 ℃,HT)下再生长一层锗,可以期待这层锗具有高的晶体质量,因为高温导致缺陷和与应变有关的位错湮灭,并且锗是在一个应变完全释放的籽晶层表面而不是硅表面开始生长的。

　　另一个锗在硅上的异质外延方法采用高宽比俘获(aspect ratio trapping, ART)技术[18, 19]。ART 技术先在硅衬底上生长一层二氧化硅,再通过图形化和干法刻蚀形成沟槽。锗外延从槽中底部的硅开始,初始阶段形成的缺陷都二氧化硅被侧墙俘获。一定厚度之后,锗层将成为如图 5-2(b)所示的无缺陷晶体,高宽比必须大于 1,才能够有效俘获在槽底产生的缺陷,在上部获得无缺陷锗层[18]。

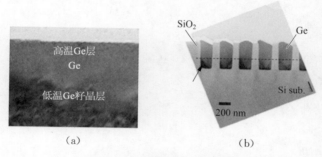

(a)　　　　　　　　　　　　　(b)

图 5-2　锗层的 TEM 图
(a) 采用双温度方案[12, 17]；　(b) 采用高宽比束缚技术[18]

　　在实验中发现,把高 k 介电层直接沉积到锗沟道上,器件的电学表现通常都很差,其原因在于高缺陷密度在禁带中引入了大量的缺陷态。高 k 材料因为比二氧化硅的配位数高,本身的缺陷密度就高[20]。另外,高 k 材料中的键在缺陷处不能释放和重新成键。这些缺陷,特别是靠近界面处的缺陷,对沟道迁移率有严重影响。被这些缺陷中心捕获的电荷对沟道中载流子的散射作用使沟道迁移率下降。为了应对这一问题,常常在高 k 与锗沟道之间插入一个界面层,如 GeON、GeAlON、GeZrO 或 GeZrSiO[20-25]。界面层材料介电常数通常低于高 k 材料,但可以与锗沟道形成质量更高(缺陷更少)的界面。界面缺陷的减少通常称为表面钝化,因此,这些界面层也称为钝化层。常用一个称为界面陷阱密度(D_{it})的参数来评价界面质量,其单位为"电荷数/cm^2·eV"。D_{it} 包括界面陷阱、界面电荷和界面态。除了界面钝化,界面层的一个关键作用是使沟道内载流子与高 k 介电层之间保持足够的距离。这一点对于减少高 k 材料对沟道迁移率的影响是十分有利的,因为即使高 k 材料不跟沟道直接接触,如果距离不够远,仍会有散射问题[26]。表 5‐2 列出了常见的钝化和高 k 材料的性能参数。

表 5‐2 Ge 沟道上的常用钝化和高 k 介质

高 k 介质	介电常数	禁带宽度(eV)
SiO_2	3.9	9
Si_3N_4	7	5.3
Al_2O_3	9	8.8
Ta_2N_5	22	4.4
TiO_2	80	3.5
$SrTiO_3$	2 000	3.2
ZrO_2	25	5.8
HfO_2	25	5.8
$HfSiO_4$	11	6.5
La_2O_3	30	6
Y_2O_3	15	6
$\alpha - LaAlO_3$	30	5.6

　　制造锗 nMOS 的一个关键挑战是如何在 n‐Ge 上获得低阻欧姆接触。低阻欧姆接触对高性能锗 nMOS 的应用是必不可少的。要在锗 nMOS 中实现良好欧姆接触,需要克服两个困难:掺杂活化浓度过低和 FLP。硼在锗中的典型活化掺杂浓度在 RTP 之后大约在 5×10^{19} cm^{-3},要获得更高的活化浓度,需要更先进的退火设备,如微波退火和激光退火。至于 FLP,锗的费米能级通常会钉扎在价带边附近,这造成了一个很高的肖特基势垒,使 n‐Ge 的欧姆接触很难实现。有很多解脱 FLP 的办法,如在金属和 n‐Ge 之间插入一个超薄介电层。实验证实一个锗的导带偏离(conduction band offset,CBO)很小的势垒可以有很大的遂穿电流,有效地利用这个遂穿电流,可以使结区的有效电阻下降。这是锗的金属-绝缘体-半导体(metal-insulator-semiconductor，MIS)接触的基本机理。插入超薄势垒阻挡层，如氧化铝[27]、氮化硅[28]、二氧化钛[29, 30]、氧化锌[31]、氮化锗[32]、氧化锗[33, 34]和氧化镁[35, 36]等，都能够有效地降低肖特基势垒高度，解除 FLP。除了插入介电层，形成偶极子、掺杂分凝(dopant segregation，DS)和表面钝化等方法也都被用来减轻 FLP。据研究，在氮化钛-锗界面处形成钛-氮、钨-氮和氮化钽偶极子可以使费米能级向上移动，起到减轻 FLP 的作用[37-39]；砷和磷在镍锗/n-Ge 界面附近的分凝也可以解除界面 FLP，给出一个 0.1 eV 的低肖特基势垒[40]。至于界面钝化，很多外来原子如氟、钠、硫等在金属/n-Ge 界面可以对界面悬挂键起到钝化作用，从而有效解除 FLP[41, 42]。

5.5　锗锡沟道

锗锡(硅)合金在电子学和光子学领域内都吸引了广泛关注。该材料的根本问题在于如何获得同时具有高锡组分和高晶体质量的外延层。最近，采用氯化锡作为锡前驱体的 CVD 技术取得进展，使得在 CMOS 中集成锗锡(硅)沟道和把它作为量子阱材料应用于激光探测器制造成为可能。

从原理上来说，锡原子在锗晶格中会产生很大的压应变，因此锗锡中的空穴有效质量明显小于锗，使它成为比锗更优越的高迁移率沟道候选材料。尽管锗锡材料为应变工程提供了更多的可能，要真正把它集成到 MOSFET 结构中，还有一系列困难有待解决：该材料需要在小于 350 ℃ 的温度下生长，因此只能允许一个很低的热预算，否则其中的应变就会释放；低掺杂浓度使它很难在源漏区形成合适的结；要建立低接触电阻，需要在源漏区形成镍锡锗接触，而锡的存在使该接触的形成工艺异常复杂和脆弱；为了抑制短沟道效应，全耗尽结构需要在绝缘体上制造高锡组分的锗锡 OI 衬底，因为高表面粗糙度和低热预算的要求，这样的衬底是很不容易制造的。

不同锡组分的长沟道和短沟道锗锡晶体管的电学特征已经被验证，如图 5-3 所示[43-52]。上述工作聚焦于迁移率和亚阈值特性。

尽管图 5-3 展示了锗锡晶体管在电学表现上的巨大改善，但要想把它作为替代沟道材料实际应用到 CMOS 中还有很长的路要走。一般认为，实现锗锡沟道集成的障碍是过低的热预算和与现有硅基工艺的兼容性问题。

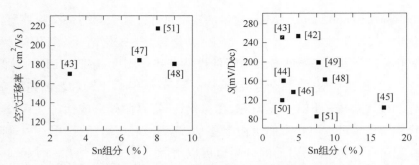

图 5-3　锗锡晶体管空穴迁移率和亚阈值摆幅 S 随锡组分的变化[43-52]

5.6　Ⅲ-Ⅴ族材料沟道

Ⅲ-Ⅴ族材料,包括砷化镓、铟砷化镓和砷化铟,因其优秀的电子迁移率成为 nMOS 沟道材料的选项之一。其中,$In_{0.53}Ga_{0.47}As$ 得益于其与半绝缘的磷化铟之间完美的晶格匹配和载流子迁移率随铟组分增大而增加的特性,成为最具吸引力的 nMOS 沟道材料。可是,因为工艺与现有的硅技术的巨大差异,使Ⅲ-Ⅴ族材料半导体的应用充满困难。图 5-4 描述了分别采用硅锗和Ⅲ-Ⅴ族材料作为沟道材料的 p 沟道晶体管和 n 沟道晶体管的器件结构和工艺流程。

采用Ⅲ-Ⅴ族材料半导体作 CMOS 沟道材料的挑战在于:缺少高质量和热力学稳定的栅介电层;低掺杂活化浓度和由此带来的不良的欧姆接触特性;还没有找到能与主流的硅工艺兼容的不含金的接触技术[53]。

Ⅲ-Ⅴ族材料 MOSFET 工艺集成的一个主要困难是在硅衬底上直接外延生长的膜层质量很差。有一些不同的解决方案,例如从一个溢出于二氧化硅的籽晶层沿表面做横向生长、晶圆键合、先生长锗锡硅缓冲层再生长Ⅲ-Ⅴ族材料层。最接近应用的方法是将Ⅲ-Ⅴ族材料沟道集成到 FinFET 中,先把硅鳍刻蚀掉,再回填Ⅲ-Ⅴ族材料。

作为例子,图 5-5 给出了一个在 FinFET 中集成铟砷化镓的工艺流程示意图。据报道,当在底部沟槽中形成一个 V 形时,缺陷密度可以控制在 8×10^8 cm^{-2} 的低水平。这种形状有利于砷化镓在硅(111)面上的成核,同时将界面能控制在最小,并且避免形成反相边界。有很多工作指出,砷化铟

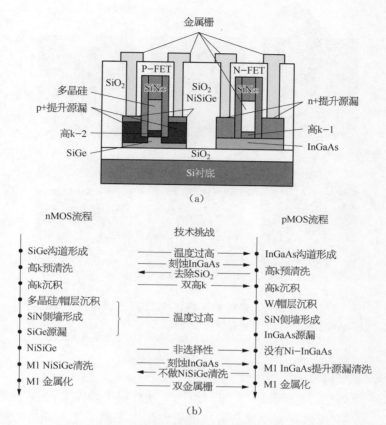

图 5-4　（a）硅锗 pMOSFET 与铟砷化镓 nMOSFET 剖面示意图；（b）
硅锗/铟砷化镓混合工艺流程

和锑化镓由于其高电子和空穴迁移率而有潜力成为在亚 7 纳米 CMOS 技术中替代硅的沟道材料[55]。

　　Ⅲ-Ⅴ族材料沟道 MOSFET 集成中,最关键的挑战是如何制造高质量的 MIS。尽管体Ⅲ-Ⅴ族材料半导体的电子迁移率非常高,但它们与绝缘层之间糟糕的界面将在很大程度上将迁移率上的优势破坏殆尽。众所周知,像砷化镓或铟砷化镓这样的Ⅲ-Ⅴ族材料半导体的氧化会产生多种镓、砷、铟的氧化物和次氧化物及元素镓、砷、铟的悬挂键。砷化镓/铟砷化镓和栅介电层之间的界面处存在上述材料形态导致高界面态密度,这些界面态很难用传统的氢气退火钝化。改善界面质量的方法有引入高 k 介电层如采用 ALD 沉积的二氧化铪、氧化铝、氧化镓和氧化钆[56-59],用超薄硅或锗做界面

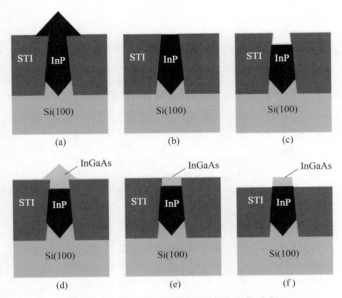

图 5 - 5　形成Ⅲ-Ⅴ族材料鳍的工艺流程

(a)从沟槽内选择性生长磷化铟；　(b)磷化铟 CMP；　(c)磷化铟凹陷；
(d)铟砷化镓选择性生长；　(e)铟砷化镓 CMP；　(f)浅槽隔离用介质凹陷

钝化和使器件以背栅模式工作[60, 61]。

　　有一系列的研究工作致力于提升Ⅲ-Ⅴ族材料半导体中掺杂,特别是 n 型掺杂。对Ⅲ-Ⅴ族材料中掺杂方法的研究集中于离子注入和生长过程中的原位掺杂。像 GaAs 和 InGaAs 这样的Ⅲ-Ⅴ族材料半导体中最常见的掺杂是Ⅳ族元素硅。硅可以是施主杂质,也可以是受主杂质,取决于它们在晶格中占据的位置。硅能够成为铟砷化镓中最有吸引力的 n 型掺杂,得益于它有限的扩散率和相对较高的活化浓度($\sim 1 \times 10^{19}$ cm^{-3})。这两大优点使硅成为铟砷化镓中最常用的 n 型掺杂。可是,因为硅在铟砷化镓中的活化率在 850 ℃只有 40%[62],使得很难在铟砷化镓中同时实现超浅结控制和高活化率,因此更多地采用在 MOCVD 生长铟砷化镓的过程中原位掺杂的方法,该方法获得的最大活化水平曾经达到 6.1×10^{19} cm^{-3}[61]。

　　尽管金锗镍接触已广泛地应用以获得Ⅲ-Ⅴ族材料半导体的欧姆接触[64],从避免交叉沾污的角度看来,强烈希望采用无金接触。为实现无金欧姆接触,有大量文献研究了所谓的固相外延再生长方法。在这样的方法中,一个锗或硅外延层在砷化镓表面生长,然后沉积镍或铂,在随后的退火过程中于砷化镓表面之上反应生成镍锗、镍硅或铂锗、铂硅。与此同时锗或硅层会对砷化镓进行高温掺杂[65, 66]。此外,铟砷化镓的镍-铟砷化镓合金形成的欧姆接触和使用钼、钯和铂的非合金欧姆接触也广泛地应用于研究工作,这些将在第 7 章详细讨论[67, 68]。

5.7 二维沟道材料

一般来说,使用二维沟道材料器件的自然长度可以定义为

$$\lambda_1 = \sqrt{\left(\frac{\varepsilon_{2D}}{\varepsilon_{ox}}\right) t_{2D} t_{ox}} \qquad (5-1)$$

因为二维材料的厚度从自然属性上来说是极其薄的(为原子量级),因此使用二维沟道材料的器件具有非常小的自然长度 λ_1。这非常有益于抑制短沟道效应和保持很低的关态电流以满足一些特殊应用的性能需求,如物联网应用。由于这一固有的优点,有大量的工作投入到推动二维材料进入实际晶体管制造的研究中[69-71]。

如图 5-6 所示,二维材料包含一系列不同材料,可分为三大类:(1)烯类材料,包括石墨烯、锗烯、磷烯和锡烯;(2)二维过渡金属二硫族化合物(transition metal dichalcogenides,TMD)——MQ$_2$,其中 M 是过渡金属,Q 是硫族元素,硫化钼(MoS$_2$)和硫化钨(WS$_2$)是此类二维材料的典型代表;(3)烷类材料,如石墨烷、硅烷、锗烷和锡烷[69-71]。

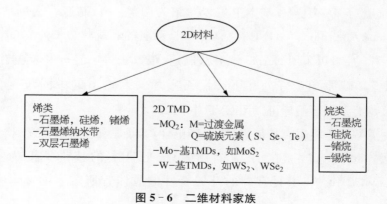

图 5-6　二维材料家族

5.7.1 石墨烯沟道

最著名,同时也是被研究最多的二维材料是石墨烯。它有一个超高的迁移率,在 300 K 下,$>10^5$ cm^2 · V^{-1} · s^{-1}。这样的高迁移率使人们对其在 CMOS 技术应用上抱有很大的期待。

石墨烯只有一个原子层,但面内载流子浓度高达 10^{12} cm^{-2},可以满足 FET 运行的需求。

石墨烯的合成有许多不同的方法,应用最多的是从 6H—SiC(0001)和 4H—SiC(0001)衬底上剥离与 CVD 合成[72, 73]。

石墨烯的能带与传统的半导体材料有很大的不同。其导带和价带之间的间隙非常小,因此可以认为没有禁带。没有禁带,意味着 CMOS 不能关断。在加一个正栅压的情况下,费米能级位于导带内,石墨烯沟道表现为 n 型导电。可是当栅压降低,费米能级向下移动,电子密度随之而降低,直到 $V_{GS} = V_{GS}$(B),此时的费米能级处于狄拉克点,在该点上,导电类型从 n 型变成 p 型[74]。在栅加负电压 V_{GS}(C),会使沟道导电变为正,漏端电流 I_D(C)再次增加。这种现象称为双极性导电[17]。

这种特性与硅的情形完全不同,如图 5-7(c)和(d)所示。在 V_{GS}(A),硅器件与石墨烯一样形成 n 型沟道。此时降低栅压,载流子浓度变小,直到费米能级移入禁带,晶体管突然关闭。

无禁带的石墨烯在逻辑电路的应用不被看好。为了打开石墨烯的带隙,人们做了很多工作,基本上可以总结为两类:(1)制造石墨烯纳米带(graphene nanoribbons,GNR)[75];(2)生长双层的石墨烯(bilayer graphene,BLG)[76]。后者可采用 Bernal 堆叠法制造,该方法将一层石墨烯置于另一层之上,其碳原子正好处在下一层石墨烯的六边形的中间位置[75-79]。Bernal 堆叠双层石墨烯可以用 CVD 生长[80, 81]。

尽管双层石墨烯有禁带,但根据理论计算,该禁带宽度非常有限,一般不超过 150 meV[82]。在 BLG 晶体管中,已证实的禁带宽度为 40 ~ 140 meV,远小于一个具有好的开关特性的晶体管所需要的 0.4 eV 的极限[75, 76]。

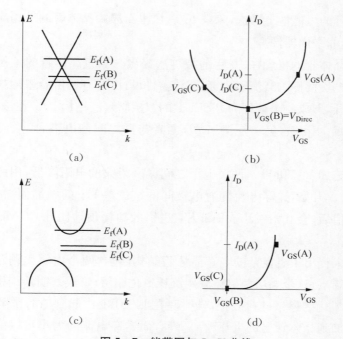

图 5-7　能带图与 I-V 曲线

(a) 石墨烯能带图；(b) 石墨烯 MOSFET 的 I-V 曲线；(c) 硅能带图；(d) 硅 nMOSFET 的 I-V 曲线

　　（顶栅和背栅）石墨烯纳米带 MOSFET 的情况要好一些[83-85]，在带的宽度小于 5 nm 时，开关比 I_{on}/I_{off} 得到显著改善，可以超过 10^6 量级。

　　在这些晶体管中，模拟计算表明边缘效应对 GNR MOSFET 的 I_{on}/I_{off} 有很强的负面影响[82, 86, 87]。不幸的是，GNR MOSFET 的沟道迁移率会随带的宽度减小而急剧下降。例如，20～30 nm 的带所形成的晶体管，其迁移率值在 $2～3 \times 10^3$ cm² · V⁻¹ · s⁻¹ 之间；而 5 nm 带宽的晶体管，迁移率只有 50～200 cm² · V⁻¹ · s⁻¹。这些迁移率值较之于已有的在大面积石墨烯中发现的迁移率（高于 10^5 cm² · V⁻¹ · s⁻¹）有了非常大的退化。

　　这里需要指出，石墨烯中，空穴的迁移率甚至可以超过电子迁移率[88]。理论计算也指出，无论是 GNR 还是 BLG 晶体管，由于能带结构的对称性，其有效电子和空穴质量几乎相同[89, 90]。μ_h/μ_e 的值，硅为 0.3，砷化镓为 0.05，而其他化合物半导体材料，如砷化铟和锑化铟，约为 0.01。

　　所有的 GNR 都表现出出色的静电特性，与硅 MOSFET 相比，它们对短沟道效应有很好的抑制，甚至是有免疫能力[86]。

从实际的可能性上考虑,未来 IC 领域里石墨烯晶体管的结构应该是竖直器件,而非平面器件。

竖直晶体管的概念在 10 年前被首次提出。竖直晶体管的工作机理是一个薄介电层两侧的载流子遂穿,在该器件设计中,有两层石墨烯被一个薄介电层隔开,形成一个被称为 BiSFET 的双层赝自旋结构[91]。在该器件中,一层石墨烯为 p 型,另一层为 n 型,两者与栅之间静电耦合,形成一个缩合区。

通过施加 V_{Gp} 和 V_{Gn},两个电极之间原来很大的电阻降低,由此产生遂穿电流 I_{pn}。开始,遂穿电流随着电极间的电位差 V_{pn} 的增加而增大,达到一个极大值后,会开始减小。BiSFET 逻辑的功耗预计比硅 COMS 逻辑小得多[92]。

还有人提出了更复杂的竖直晶体管结构,包含两个由氮化硼介电层隔开的石墨烯层,这个叠层两侧再分别沉积氮化硼层,形成三明治结构。整个结构处于氧化的掺杂硅衬底上,硅衬底在 BiSFET 中起到栅的作用[93]。遂穿电流由加到晶体管上的电压 V_{pn} 驱动,而遂穿电流的大小可以由栅电压调节。已证实该器件可以获得适用于 CMOS 的 I_{on}/I_{off} 比。

另一个创新型竖直晶体管是基于石墨烯的热电子晶体管。在这种器件中,一个石墨烯层作为晶体管的基极,由分别置于其上下的基极-发射极和基极-集电极绝缘体夹持,形成三明治结构(二极晶体管)。晶体管的开关由基极和发射极之间的电压决定。在开态,遂穿电流穿过发射极-基极介电层,再穿过基极-集电极层。已证实该器件可以具有出色的截止频率,特别适合于 RF 应用[94, 95]。

尽管已经有性能出色的晶体管被制造出来,要真正把石墨烯应用于未来的 IC 集成仍需要更多的工作,目前来看,石墨烯器件不可能在近期取代硅 CMOSFET。对于石墨烯的应用,更多的工作集中在把石墨烯作为透明电极[96]和柔性可印刷电极材料[97, 98]的研究。

5.7.2 类石墨烯沟道

与石墨烯类似,硅烯、锗烯和锡烯也都是无禁带材料。而且,这些独特的材料十分难于合成,需要发明实现可靠的膜层生长的新方法。基于这些困难,很少有应用这些材料制备晶体管的报道。

　　二维 TMD 和烷类材料的禁带宽度在 $0.5 \sim 2.5$ eV 之间,因此适合于制备晶体管。这些材料中,被当作潜在的晶体管沟道材料研究最多的是单层二硫化钼和二硒化钨。由于它们拥有很高的电子和空穴迁移率(二硫化钼的电子迁移率为 217 $cm^2 \cdot V^{-1} \cdot s^{-1}$,而二硒化钨的空穴迁移率为 500 $cm^2 \cdot V^{-1} \cdot s^{-1}$)和相对好的禁带宽度(二硫化钼的 $E_g = 1.8$ eV;而二硒化钨的 $E_g = 1.2$ eV),分别被用于 nMOS 和 pMOS[99, 100]。这些晶体管很容易就获得了堪称完美的亚阈值摆幅 ~ 60 mV/dec 和 $> 10^6$ 的高 I_{on}/I_{off}比。从这一点考虑,二硫化钼和二硒化钨优越的亚阈值特性可以使晶体管在拥有高性能的同时保持超低功耗。在这种运行模式下,在靠近阈值电压的开态电流由亚阈值摆幅而非迁移率决定,由此获得的低 I_{off} 特别适合低功耗设计。这一点对于物联网技术应用很重要,即可满足其超低功耗的要求,又能保持低器件成本。尽管如此,在考虑将二维材料实际应用于主流 CMOS 技术之前,还有很多问题需要解决。这需要大量的从材料到器件的开发工作。

　　在材料研究方面,主要困难是如何获得能满足 CMOS 应用需求的大尺寸和缺陷密度足够低的二维材料,这需要在生长技术上做充分研究如 CVD 技术。在器件开发方面,从性能上来说,单层和多层二维材料可能适合亚 10 纳米技术代的应用需求,可是到目前为止,全部工作还仅限于沟道的栅长微缩。很多其他问题,也需要同时解决,包括:(1)找到合适的高 k 材料,在保持高迁移率的同时还能够保持低界面缺陷密度;(2)源漏区的有效掺杂;(3)控制接触电阻。

5.8　小结

　　与第 3 章中通过应变工程增强沟道载流子迁移率的原理类似,采用本身就具有高载流子迁移率的材料作为 MOSFET 的沟道材料,有望制造比硅基器件性能更优秀的器件。这些材料中包括锗硅、锗、锗锡、Ⅲ-Ⅴ族化合物半导体材料、二维沟道材料,如石墨烯和二硫化钼二维材料等。其中,锗的空穴和电子的迁移率分别为 1 900 $cm^2 \cdot V^{-1} \cdot s^{-1}$ 和 3 900 $cm^2 \cdot V^{-1} \cdot s^{-1}$,分别是硅的 4 倍和 2.5 倍,这使其成为 CMOS 沟道材料的有力竞争者。Ⅲ-Ⅴ族材料半导体如砷化镓、磷化铟、砷化铟和锑化铟具有高的电子迁移率,使其成为 nMOS 理想的沟道材料。遗憾的是,这些材料具有其他不容忽视的缺点,使其得到实际应用的可能性十分渺茫。

　　锗硅材料在整个高迁移率沟道家族中最接近实际应用,特别是采用键合技术生成的绝缘层上锗硅,有望通过精细的工艺调节在全耗尽平面晶体管中获得应用。

　　二维材料中,石墨烯由于没有禁带而不可能用作半导体材料。尽管通过改变材料完整性似乎可以"产生"一个禁带,但到目前为止,其禁带宽度仍远不能满足要求。二硫化物二维材料在迁移率和禁带宽度两个维度都有较好的性能,采用该类材料,有望制造兼具高电学表现和超低功耗的器件,因此值得对其做更深入和全面的工程化研发。

参 考 文 献

[1] Takagi S, Irisawa T, Tezuka T, et al. Carrier-transport-enhanced channel CMOS for improved power consumption and performance [R]. IEEE Trans. Electron Devices 2008 - 21.
[2] Lubow A, Ismail-Beigi S, Ma T P. Comparison of drive currents in metal-oxide-semiconductor field-effect transitors made of Si, Ge, GaAs, InGaAs, and InAs channel [R] Appl. Phys. Lett. 2010 - 122105/1.
[3] Song Y, Zhou H J, Xu Q X, et al. Mobility enhancement technology for scaling of CMOS devices: overview and status [R]. J. Electron. Mater. 2011 - 1584.
[4] Vincent B, Damlencourt J-F, Rivallin P, et al. Fabrication of SiGe-on-insulator substrates by a condensation technique: an experimental and modelling study [R]. Semicond. Sci. Techno. 2007 - 237.
[5] Tezuka T, Hirashita N, Moriyama Y, et al. Strain analysis in ultrathin SiGe-on-insulator layers formed from strained Si-on-insulator substrates by Ge condensation process [R]. Appl. Phys. Lett. 2007 - 181918/1.
[6] Mizuno T, Sugiyama N, Tezuka T, et al. High-performance strained-SOI CMOS devices using thin film SiGe-on-insulator technology [R]. IEEE Trans. Electron Devices 2003 - 988.
[7] T Tezuka, S Nakaharai, Y Moriyama, et al. High-mobility strained SiGe-on-insulator pMOSFETs with Ge-rich surface channels fabricated by local condensation technique [R]. IEEE Electron Device Lett. 2005 - 243.
[8] Palmer M J, Braithwaite G, Grasby T J, et al. Effective mobilities in pseudomorphic Si/SiGe/Si p-channel metal-oxide-semiconductor field-effect transistors with thin silicon capping layers [R]. Appl. Phys. Lett. 2001 - 1424.
[9] Lee M L, Fitzgerald E A, Bulsara M T, et al. Strained Si, SiGe, and Ge channels for high-mobility metal-oxide-semiconductor field-effect transistors [R]. J. Appl. Phys. 2005 - 011101/1.
[10] Weber O, Damlencourt J-F, Andrieu F, et al. Fabrication and mobility characteristics of SiGe surface channel pMOSFETS with a HfO$_2$/TiN gate stack [R]. IEEE Trans. Electron Devices 2006 - 449.
[11] Oh J, Majhi P, Kang C Y, et al. High mobility SiGe p-channel metal-oxide-semiconductor field-effect transistors epitaxially grown on Si(100) substrates with HfSiO$_2$ high-k dielectric and metal gate [R]. Jpn. J. Appl. Phys. 2009 - 04C055/1.
[12] Nayfeh A, Chui C O, Yonehara T, et al. Fabrication of high-quality pMOSFET in Ge grown heteroepitaxially on Si, IEEE Electron Device Lett. [R]. 2005 - 311.
[13] Luan H C, Lim D R, Lee K K, et al. High-quality Ge epilayers on Si with low threading-dislocation densities [R]. Appl. Phys. Lett. 1999 - 2909.
[14] Colace L, Masini G, Galluzzi F, et al. Metal-semiconductor-metal near-infrared light detector based on

epitaxial Ge/Si [R]. Appl. Phys. Lett. 1998 – 3175.

[15] Loh T H, Nguyen H S, Tung C H, et al. Ultrathin low temperature SiGe buffer for the growth of high quality Ge epilayer on Si(100) by ultrahigh vacuum chemical vapor deposition [R]. Appl. Phys. Lett. 2007 – 092108/1.

[16] Zhou Z W, Li C, Lai H K, Chen S Y, et al. The influence of low-temperature Ge seed layer on growth of high-quality Ge epilayer on Si(100) by ultrahigh vacuum chemical vapor deposition, J. Crystal Growth [R]. 2008 – 2508.

[17] Park J-S, Bai J, Curtin M, et al. Defect reduction of selective Ge epitaxy in trenches on Si(100) substrates using aspect ration trapping [R]. Appl. Phys. Lett. 2007 – 052113/1.

[18] Bai J, Park J-S, Cheng Z, et al. Study of the defect elimination mechanisms in aspect ratio trapping Ge growth [R]. Appl. Phys. Lett. 2007 – 101902/1.

[19] Ji F, Xu J P, Lai P T, et al. Improved interfacial properties of Ge MOS capacitor with high-k dielectric by using TaON/GeON due interlayer [R]. IEEE Electron Device Lett. 2001 – 122.

[20] Shang H L, Okorn-Schmidt H, Chan K K, et al. High mobility p-channel germanium MOSFETs with a thin Ge oxynitride gate dielectric [C]. IEDM Tech. Dig. 2002 – 441.

[21] Whang S J, Lee S J, Gao F, et al. Germanium p- & nMOSFETs fabricated with novel surface passivation (plasma-PH$_3$ and thin AlN) and TaN/HfO$_2$ gate stack [C]. IEDM Tech. Dig. 2004 – 307.

[22] Gao F, Lee S J, Pan J S, et al. Surface passivation using ultrathin AlN$_x$ film for Ge-metal-oxide-semiconductor devices with Hafnium oxide gate dielectric [R]. Appl. Phys. Lett. 2005 – 113501/1.

[23] Kamata Y, Kaminuta Y, Ino T, et al. Dramatic improvement of Ge pMOSFET characteristics realized by amorphous Zr-silicate/Ge gate stack with excellent structural stability through process temperatures [R]. IEDM Tech. Dig. 2005 – 429.

[24] Kamata Y, Kamimuta Y, Ino T, et al. Direct comparison of ZrO$_2$ and HfO$_2$ on Ge substrate in terms of the realization of ultrathin high-k gate stacks [R]. Jpn. J. Appl. Phys. 2005 – 2323.

[25] Frank M M. High-k/metal gate innovations enabling continued CMOS scaling [C]. Proceedings of the solid-state device research conference (ESSCIRC) 2011.

[26] Zhou Y, Ogawa M, Han X, et al. Alleviation of Fermi-level pinning effect on metal/germanium interface by insertion of an ultrathin aluminum oxide [R]. Appl. Phys. Lett. 2008 – 202105/1.

[27] Kobayashi M, Kinoshita A, Saraswat K C Wong, et al. Fermi level depinning in metal/Ge Schottky junction for metal source/drain Ge metal-oxide-semiconductor field-effect-transistor application [R]. J. Appl. Phys. 2009 – 023702/1.

[28] Jason Lin J-Y, Roy A M, Nainani A, et al. Increase in current density for metal contacts to n-germanium by inserting TiO$_2$ interfacial layer to reduce Schottky barrier height [R]. Appl. Phys. Lett. 2011 – 092113/1.

[29] Jain N, Zhu Y, Maurya D, et al. Interfacial band alignment and structural properties of nanoscale TiO$_2$ thin films for integration with epitaxial crystallographic oriented germanium [R]. J. Appl. Phys. 2014 – 024303/1.

[30] Manik P P, Mishra R K, Kishore V P, et al. Fermi-level unpinning and low resistivity in contacts to n-type Ge with a thin ZnO interfacial layer [R]. Appl. Phys. Lett. 2012 – 182105/1.

[31] Lieten R R, Degroote S, Kuijk M, et al. Ohmic contact formation on n-type Ge [R]. Appl. Phys. Lett. 2008 – 022106/1.

[32] Takahashi T, Nishimura T, Chen L, et al. A Toriumi. Proof of Ge-interfacing concepts for metal/high-k/Ge CMOS-Ge-intimate material selection and interface conscious process flow [R]. IEDM Tech. Dig. 2007 – 697.

[33] Nishimura T, Kita K, Toriumi A. A significant shift of Schottky barrier heights at strongly pinned metal/germanium interface by inserting an ultra-thin insulating film [R]. Appl. Phys. Exp. 2008 – 051406/1.

[34] Lee D, Raghunathan S, Wilson R J, et al. The influence of Fermi level pinning/depinning on the Schottky barrier height and contact resistance in Ge/CoFeB and Ge/MgO/CoFeB structures [R]. Appl. Phys. Lett. 2010 – 052514/1.

[35] Zhou Y, Han W, Wang Y, et al. Investigating the origin of Fermi level pinning in Ge Schottky junctions using epitaxially grown ultrathin MgO films [R]. Appl. Phys. Lett. 2010 – 102103/1.

[36] Wu H D, Huang W, Lu W F, et al. Ohmic contact to n-type Ge with compositional Ti nitride [R]. Appl. Surf. Sci. 2013 – 877.

[37] Wu H D, Wang C, Wei J B, et al. Ohmic contact to n-type Ge with compositional W nitride [R]. IEEE

Electron Device Lett. 2014 - 1188.

[38] Wu Z, Huang W, Li C, et al. Modulation of Schottky barrier height of metal/TaN/n-Ge junctions by varying TaN thickness [R]. IEEE Trans. Electron Devices 2012 - 1328.

[39] Mueller M, Zhao Q T, Urban C, et al. Schotty-barrier height tuning of NiGe/n-Ge contacts using As and P segregation [R]. Materials Science and Engineering B 2008 - 168.

[40] Wu J R, Wu Y H, Hou C Y, et al. Impact of fluorine treatment on Fermi level depinning for metal/germanium Schottky junctions [R]. Appl. Phys. Lett. 2011 - 253504/1.

[41] Tong Y, Liu B, Lim P S Y, et al. Selenium segregation for effective Schottky barrier height reduction in NiGe/n-Ge contacts [R]. IEEE Electron Device Lett. 2012 - 773.

[42] Han G, Su S, Zhan C, et al. High-mobility germanium-tin (GeSn) P-channel MOSFETs featuring metallic source/drain and sub-370 °C process modules [C]. International Electron Devices Meeting (IEDM), 20114 - 02.

[43] Gupta S, Chen R, Magyari-Kope B, et al. GeSn technology: Extending the Ge electronics roadmap [C]. International Electron Devices Meeting (IEDM), 2011 - 398.

[44] Guo P, Han G, Gong X, et al. Ge0.97Sn0.03 p-channel metal-oxide-semiconductor field-effect transistors: Impact of Si surface passivation layer thickness and post metal annealing [R]. J. Appl. Phys. , 2013 - 044510.

[45] Lei D, Wang W, Zhang Z, et al. $Ge_{0.83}Sn_{0.17}$ p-channel metal-oxide-semiconductor field-effect transistors: Impact of sulfur passivation on gate stack quality [R]. J. Appl. Phys. , 119, 024502 (2016).

[46] Gong X, Han G, Su S J, et al. Uniaxially strained germanium-tin (GeSn) gate-all-around nanowire PFETs enabled by a novel top-down nanowire formation technology [C]. 2013 Symposium on VLSI Technology, 2013.

[47] Gupta S, Huang Y C, Kim Y, et al. Hole Mobility Enhancement in Compressively Strained $Ge_{0.93}Sn_{0.07}$ pMOSFET [R]. Electron Device Letter, 2013 - 831.

[48] Huang Y S, Huang H C, Lu F L, et al. Record high mobility (428 $cm^2/V-s$) of CVD-grown Ge/strained Ge0.91Sn0.09/Ge quantum well pMOSFETs [C]. Electron Devices Meeting (IEDM) 2016 - 822.

[49] Liu M, Han G, Liu Y, et al. Undoped $Ge_{0.92}Sn_{0.08}$ quantum well PMOSFETs on (001), (011) and (111) substrates with in situ Si_2H_6 passivation: High hole mobility and dependence of performance on orientation [C]. 2014 Symposium on VLSI Technology, VLSI 2014 - 100.

[50] Guo P, Zhan C, Yang Y, et al. Germanium-Tin (GeSn) N-channel MOSFETs with low temperature silicon surface passivation [C]. Symposium on VLSI Technology VLSI-TSA 2013 - 82.

[51] Lei D, Lee K H, S Y, et al. The First GeSn FinFET on a Novel GeSnOI Substrate Achieving Lowest S of 79 mV/decade and Record High Gm, int of 807 $\mu S/\mu m$ for GeSn PMOSFETs [C]. 2017 Symposium on VLSI Technology Digest of Technical Papers, 2017 - 198.

[52] Czornomaz L, Deshpande V V, O'Connor E, et al. Bringing Ⅲ-Ⅴs into CMOS: From Materials to Circuits [R]. ECS Trans. 2017 - 173.

[53] Orzali T, Vert A, O'Brian B, et al. Epitaxial growth of GaSb and InAs fins on 300 mm Si (001) by Aspect Ratio Trapping [R]. J. Appl. Phys. 2016 - 085308.

[54] Merckling C, Teugels L, Ong P, et al. Replacement fin processing for Ⅲ-Ⅴs on Si: From FinFETs to nanowires [R]. Solid State Electron. 2016 - 81.

[55] Suzuki R, Taoka N, Yokoyama M, et al. Impact of atomic layer deposition temperature on HfO2/InGaAs metal-oxide-semiconductor interface properties [R]. J. Phys. Lett. 2012 - 084103/1.

[56] Tang K C, Winter R, Zhang L L, et al. Border trap reduction in Al_2O_3/InGaAs gate stacks [R]. Appl. Phys. Lett. 2015 - 202102/1.

[57] Jevasuwan W, Maeda T, Miyata N, et al. Self-limiting growth of ultrathin Ga_2O_3 for the passivation of Al2O3/InGaAs interfaces [R]. App. Phys. Exp. 2014 - 011201/1.

[58] Ameen M, Nyns L, Sioncke S, et al. Al_2O_3/InGaAs Metal-Oxide-Semiconductor Interface Properties: Impact of Gd_2O_3 and Sc_2O_3 Interfacial Layers by Atomic Layer Deposition [R]. ECS J. Solid state Sci. Techno. 2014 - N133 - N141.

[59] Oktyabrsky S, Tokranov V, Yakimov M, et al. High-k gate stack on GaAs and InGaAs using in situ passivation with amorphous silicon [R]. Mater. Sci. and Engineering B 2006 - 272.

[60] Molle A, Brammertz G, Lamagna L, et al. Ge-based interface passivation for atomic layer deposited La-doped ZrO_2 on Ⅲ-Ⅴ compound (GaAs, $In_{0.15}Ga_{0.85}As$) substrates [R]. Appl. Phys. Lett. 2009 - 023507/1.

［61］ Liu S G, Narayan S Y, Magee C W, et al. Electrical properties of $In_{0.53}Ga_{0.47}As$ layers formed by ion implantation and rapid thermal (flash) anneal [R]. RCA Review 1986 – 518.

［62］ Fujii T, Inata T, Ishii K, et al. Heavily Si-doped InGaAs lattice-matched to InP grown by MBE [R]. Electron. Lett. 1986 – 191.

［63］ Lee J-L, Kim Y-T. Microstructural evidence on direct contact of Au/Ge/Ni/Au ohmic metals to InGaAs channel in pseudomorphic high electron mobility transistor with undoped cap layer [R]. Appl. Phys. Lett. 1998 – 1670.

［64］ Guo H X, Kong E Y J, Zhang X G, et al. Ge/Ni-InGaAs solid-state reaction for contact resistance reduction on n^{+} $In_{0.53}Ga_{0.47}As$ [R]. Jpn. J. Appl. Phys. 2012 – 02BF06/1.

［65］ Sands T, Marshall E, Wang L. Solid-phase regrowth of compound semiconductors by reaction-driven decomposition of intermediate phases [R]. J. Mater. Res. 1988 – 914.

［66］ Baraskar A K, Wistey M A, Jain V, et al. Ultralow resistance, nonalloyed Ohmic contacts to n-InGaAs [R]. J. Vac. Sci. Technol. B 2009 – 2036.

［67］ Dormaier R, Mohney S E. Factors controlling the resistance of Ohmic contacts to n-InGaAs [R]. J. Vac. Sci. Technol. B 2012 – 031209/1.

［68］ Roy T, Tosun M, Kang J S, et al. Field-effect transistors built from all two-dimensional material components [R]. ACS Nano 2014 – 6259.

［69］ G. Le Lay. 2D materials: Silicene transistors [R]. Nature Nanotechnology 2015 – 202.

［70］ Akbar F, Kolahdouz M, Larimian S, et al. Graphene synthesis, characterization and its applications in nanophotonics, nanoelectronics, and nanosensing [R]. Journal of Materials Science: Materials in Electronics, 2015 – 4347.

［71］ Huang H, Chen W, Chen S, et al. Bottom-up Growth of Epitaxial Graphene on 6H-SiC(0001) [R]. ACS Nano, 2008 – 2513.

［72］ V Emtsev K, Bostwick A, Horn K, et al. Towards wafer-size graphene layers by atmospheric pressure graphitization of silicon carbide [R]. Nat. Mater. ,2009 – 203.

［73］ Martin J, Akerman N, Ulbricht G, et al. Observation of electron-hole puddles in graphene using scanning single-electron transistor [R]. Nature Phys. , 2007 – 144.

［74］ Meric I, Han M Y, Young A F, et al. Current saturation in zero-bandgap, top-gated graphene field-effect transistors [R]. Nature Nanotechnol. , 2008 – 654 – 659.

［75］ Xia F, Farmer D B, Lin Y M, et al. Graphene field-effect transistors with high on/off ratio and large transport band gap at room temperature [R]. Nano Lett. , 2010 – 715.

［76］ Szafranek B N, Schall D, Otto M, et al. High on/off ratios in bilayer graphene field effect transistors realized by surface dopants [R]. Nano Lett. 2011 – 2640.

［77］ Li S L, Miyazaki H, Hiura H, et al. Enhanced logic performance with semiconducting bilayer graphene channels [R]. ACS Nano, 2011 – 500.

［78］ Szafranek B N, Fiori G, Schall D, et al. Current saturation and voltage gain in bilayer graphene field effect transistors [R]. Nano Lett. 2012 – 1324.

［79］ McCann E. Interlayer asymmetry gap in the electronic band structure of bilayer graphene [R]. Phys. Stat. Sol. (b)2007 – 4112.

［80］ Jernigan G G, Anderson T, Robinson J T, et al. Bilayer graphene by bonding CVD graphene to epitaxial graphene [R]. J. Vac. Sci. Technol. B, 2012 – 03D110.

［81］ Liu L, Zhou H, Cheng R, et al. High-yield chemical vapor deposition growth of high-quality large-are AB-stacked bilayer graphene [R]. ACS Nano. 2012 – 8241.

［82］ Iannaccone G, Fiori G, Macucci M Michetti, et al. Perspectives of graphene nanoelectronics: Probing technological options with modeling [C]. in Tech. Dig. Int. Electron Devices Meeting 2009 – 245.

［83］ L Liao, Bai J, Cheng R, et al. Top-gated graphene nanoribbon transistors with ultrathin high-k dielectrics [R]. Nano Lett. 2010 – 1917 – 1921 ().

［84］ Wang X, Ouyang Y, Li X, et al. Room-temperature all-semiconducting sub-10 – nm graphene nanoribbon field-effect transistors [R]. Phys. Rev. Lett. 2008 – 206803.

［85］ Bai J, Duan X, Huang Y. Rational fabrication of graphene nanoribbons using a nanowire etch mask [R]. Nano Lett. ,2009 – 2083.

［86］ Liang G, Neophytou N, Nikonov D E, et al. Performance projection for ballistic graphene nanoribbon field-effect transistors [R]. IEEE Trans. Electron Devices, 2007 – 677.

[87] Yoon Y, Guo J. Effects of edge roughness in graphene nanoribbon transistors [R]. Appl. Phys. Lett. 2007 – 073103.

[88] Mayorov A S, Gorbachev R V, Morozov S V, et al. Micrometer-scale ballistic transport in encapsulated graphene at room temperature [R]. Nano Lett. 2011 – 2396.

[89] Castro E V, Novoselov K S, Morozov S V Peres, et al. Biased bilayer graphene: Semiconductor with a gap tunable by the electric field effect [R]. Phys. Rev. Lett. , 2007 – 216802.

[90] Raza H, Kan E. Armchair graphene nanoribbons: Electronic structure and electric-field modulation [R]. Phys. Rev. B, 2008 – 245434.

[91] Banerjee S K, Register L F, Tutuc E, et al. Bilayer pseudospin field-effect transistor (BiSFET): A proposed new logic device [R]. IEEE Electron Device Lett. , 2009 – 158.

[92] Reddy D, Register L F, Tutuc E, et al. Bilayer pseudospin field-effect transistor: Applications to Boolean logic [R]. IEEE Trans. Electron Devices, 2010 – 755.

[93] Britnell L, Gorbatchev R V, Jalil R, et al. Field-effect tunneling transistor based on vertical graphene heterostructures [R]. Science, 2011 – 947.

[94] Mehr W, Dabrowski J, Scheytt J C, et al. Vertical graphene base transistor [R]. IEEE Electron Device Lett. , 2012 – 691.

[95] Vaziri S, Lupina G, Henkel C, et al. A Graphene-Based Hot Electron Transistor [R]. Nano Lett. 2013 – 1435.

[96] Jo G, Choe M, Lee S, et al. The application of grapheneas electrodes in electrical and optical devices [R]. Nanotechnology, 2012 – 112001.

[97] Kim B J, Jang H, Lee S-K, et al. High-performance flexible graphene field effect transistors with ion gel gate dielectrics [R]. Nano Lett. 2010 – 3464.

[98] Wang S, Ang P K, Wang Z, et al. High mobility, printable, solution-processed graphene electronics [R]. Nano Lett. 2010 – 92.

[99] Radisavljevic B, Radenovic A, Brivio J, et al. Single-layer MoS_2 transistors [R]. Nature Nanotechnology 2011 – 147.

[100] Fang H, Chuang S, Chang T C, et al. High-performance single layered WSe_2 pMOSFETs with chemically doped contacts [R]. Nano Lett. 2012 – 3788.

第6章

超浅结技术

E. Simeon[1], H. H. Radamson[2]

1　比利时欧洲微电子研究中心；2　中国科学院微电子研究所，中国科学院大学

6.1　引言

　　源漏区结是 MOS 晶体管的基本组成部分。其重要的尺寸参数是结的深度 x_j 和源漏区结的耗尽区宽度（w_s 和 w_d），因为根据式（2-7），这些参数对于 MOSFET 的自然长度有贡献。这意味着，为了控制短沟道效应，结深应该与晶体管尺寸同步缩小。首先，结深决定于热预算条件下掺杂的扩散行为。对于一级近似，x_j 由扩散深度 $\sqrt{Dt}$ 定义，其中 D 为扩散系数（单位为 cm^2/s），而 t 是扩散热处理的时间。因为扩散系数 D 是热激活的，即它与温度 T 的倒数成指数关系，因此要控制结深，需要同时控制 T 和 t。换句话说，要减小热预算，应该用道钉退火，甚至速度更快的退火如闪灯退火或激光退火来取代传统的 RTP。这也会对结边界陡直度产生影响，这个陡直度定义为金属结中掺杂浓度的梯度。

　　可是，随着结深不断减小，它的方块电阻 R_s（Ω/sq）会增大，如图 6-1 给出的 n-Ge 的情形[1]，在掺杂浓度不变的前提下，结区的接触电阻和串联电阻会增加，造成开态电流减小，这样就引入了第二个参数，活化掺杂浓度 N_D，我们希望它随着器件小型化而不断增加。然而在热力学平衡的情况下，N_D 有一个自然上限，称为掺杂的平衡态固溶度 S_{eq}[2]。对于结掺杂，当然希望这个上限越大越好。在非平衡态退火条件下，可以获得高于这个上限的掺杂浓度，即亚稳态活化浓度。这解释了采用 ms 级和 ns 级超快热退

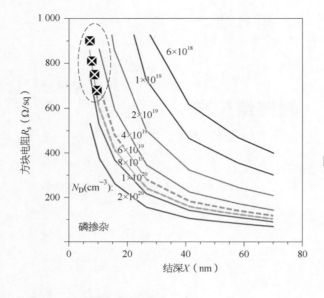

图 6-1 针对不同活化掺杂浓度计算的 n-Ge 结的方块电阻与结深的关系（图中的点为 ITRS 关于 17～22 纳米技术代介电的路线图）（参见文末彩图）

火有助于获得超浅结的原因[3]。

微缩结工艺希望同时达到两个目标：在热预算下尽可能减小掺杂的扩散，同时活化尽可能多的掺杂原子。对于在硅或锗中的Ⅲ族材料受主掺杂（硼、镓、铟）和Ⅴ族材料施主掺杂（磷、砷、锑），活化意味着掺杂应该位于晶格中，即替代位置。

本章的目的就是从基础和技术层面讨论浅结的形成和需要面对的挑战。在第一部分中，讨论掺杂扩散和活化的基础。通常，掺杂扩散会受本征点缺陷（空穴 V_s 或自填隙 I_s）的影响[2,4]。任何超出平衡浓度以上的 V_s 和 I_s 都会促进掺杂的扩散。换句话说，浅结控制首先是一项点缺陷工程[4]。同时本征点缺陷在掺杂的活化和退活化上也扮演重要角色，例如形成掺杂-空穴对。这在很大程度上取决于掺杂是如何引入半导体材料的（通过气态或固态源扩散、离子注入或源漏区外延生长时的原位掺杂）。当今工业界普遍使用的是离子注入后热退火修复损伤来活化掺杂的工艺。出于对超浅结的需求，离子注入的能量趋于降低（<1 keV），剂量趋于增大以获得更高的活化掺杂浓度。然而这样做的另一个结果是材料中开始出现 Frenkel 对，成为 V_s 和 I_s 的来源，于是引起瞬态增强扩散（transient-enhanced diffusion，TED）。在第二部分中，作为例子给出了硅中硼掺杂的结形成过程中的 TED，这部分将讨论 TED 的物理机制和缺陷工程方法。第三部分

将讨论 n‐Ge 浅结形成的相关问题。正如在第 2 章中简单介绍过的，锗是硅 CMOS 时代之后有望替代硅的高迁移率衬底材料之一。在锗基 pMOSFET 取得了令人鼓舞的结果的同时发现 nMOSFET 充满技术挑战，其中实现浅的 n^+ 结方面的困难尤为突出。基本的原因是 n 型掺杂在锗中的扩散绝大多数依靠空穴实现[2, 4, 7]，而且更高的活化施主浓度会导致更高的带负电的空穴浓度和更快的扩散，造成一个深的盒状扩散前阵线。目前有一些可能的方案有望解决这一问题，在锗上获得浅的、高活化密度的 n^+ 结。

6.2　掺杂扩散和活化的理论基础

这部分将给出半导体中与浅结相关的掺杂原子的一些基本定义。首先是固溶度和 DS。然后介绍扩散机理，特别是点缺陷在扩散中的作用。最后介绍可能的掺杂方法及其优缺点。

6.2.1　固溶度和分布系数

第一个重要的概念是化学组分在半导体中的平衡固溶度。如果一个晶体与它的熔体在温度 T 下接触，熔体中掺杂的组分 x_m 为：

$$\ln(1 - x_m) = (-\Delta H_f/R)(1/T - 1/T_m) \tag{6-1}$$

式中，ΔH_f 是溶解热（对于锗，ΔH_f 为 7 700 cal/mol），T_m 为熔点（对于锗，T_m 为 938 ℃），$R = 1.986$ cal/kmol 为理想气体常数。溶入的掺杂在熔体和晶体中的分布可以由分布系数（也称为偏析系数）描述[2]，为

$$k_d = x_c/x_m \tag{6-2}$$

其中 x_c 和 x_m 分别是晶体和熔体中存在的组分百分比。通常情况下，k_d 随温度而变，可以写成在熔点 T_m 和熔点处偏析系数 k_m 的函数：

$$\ln(k_d) = (T_m/T)\ln(k_m) + (T_m/T - 1)(\Delta S_f/R) \tag{6-3}$$

式中 ΔS_f 是掺杂原子的熔解造成的熵增加，例如砷在锗中为－2.6 cal/kmol[2]。基于式(6-1)～(6-3)，我们可以计算每一种掺杂的平衡态固溶度。图 6-2 给出了锗中施主掺杂的固溶度[2]，由图可见，磷、砷和锑表现出一个退

化的行为,即在稍稍低于熔点的温度下,有一个最大固溶度,而后随着温度降低而减小。这意味着,要获得高的掺杂活化浓度,一个足够高的退火和扩散温度是必不可少的。由图 6-2 可见锗中 n 型掺杂的最大固溶度在 2×10^{20} cm^{-3} 附近,这个值可能刚刚达到如图 6-1 所示的 ITRS 为 17~22 纳米技术代所设定的 R_s 目标。再进一步缩小尺寸,就需要高于平衡态固溶度的活化掺杂浓度,而这样的目标极具挑战性。通常,无论是 n 型还是 p 型掺杂,在硅中的固溶度都高于锗[2, 10],因此在硅中制造低 R_s 的浅结要比在锗中容易。

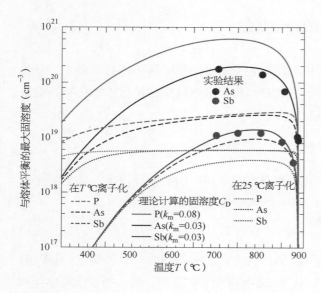

图 6-2 理论计算的与锗熔体平衡时的最大掺杂原子固溶度[8] (参见文末彩图)

6.2.2 掺杂扩散

扩散系数由 Fick 第二定律定义为在原子密度梯度的驱动下扩散原子流的比例因子[11]。

$$\frac{\partial N}{\partial t} = D \frac{\partial^2 N}{\partial x^2} \qquad (6-4)$$

其中,

$$D = D_0^{-H/k_B T} \qquad (6-5)$$

式中，H 是扩散自由焓，通常由一个形成焓和一个迁移焓组成：$H = H_f + H_m$。形成焓来自一个能促进扩散的点缺陷的形成过程（纯填隙扩散中，无点缺陷影响，$H_f = 0$），而迁移焓为原子从一个点位跃迁到另一个点位需要克服的势垒。

半导体中的扩散有几种机制。最快的扩散发生在填隙固溶度 X_i 为主的杂质扩散中，如硅中的金属（锂、铜、镍、铁等）或氢。输运过程为填隙扩散，从一个四面体或六面体的填隙点位跃迁到另一个同类点位。另一个机制，杂质 X 只存在于替代晶格点位 X_s 上，其扩散伴随着杂质原子与相邻原子交换位置，因此非常慢。该扩散可以因原始点缺陷的帮助而加速，如图 6-3 所示。两个广为人知的机制是 Frank-Turnbull（分离机制）和踢出机制[11]。它们可以用下面的"反应"式描述：

$$X_i + V \Leftrightarrow X_s \tag{6-6a}$$

$$I + X_s \Leftrightarrow X_i（填隙）或 X - I（自填隙辅助） \tag{6-6b}$$

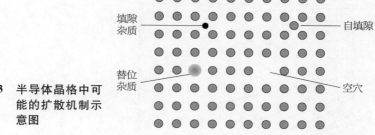

图 6-3 半导体晶格中可能的扩散机制示意图

在自填隙辅助扩散机制中，杂质跟一个自填隙原子结对，成对地在溶质晶格中扩散。硼在硅中的扩散就是典型的通过自填隙辅助机理实现的杂质扩散[12]。空穴机制也会发生，其中掺杂原子与空穴 V 结对，以 X - V 的形式扩散。锗中 n 型掺杂的扩散就属于此类型[2, 4, 11]。通常，杂质和掺杂可以通过不同的通道平行地扩散，其过程受到空穴和填隙原子的帮助。这意味着扩散系数可以表达为两项[11]：

$$D = D_{0i}^{-H_i/k_B T} + D_{0v}^{-H_v/k_B T} \tag{6-7}$$

式中空穴辅助和填隙辅助扩散可由下式描述：

$$H_{I,V} = H_{fI,V} + H_{mI,V} \qquad (6-8)$$

图 6-4 描述了锗和硅中杂质的本征扩散系数与温度的倒数之间的关系,其中的数据经过了 T_m 归一化处理[13]。从图中曲线可以得出一系列结论:一方面,最快的扩散物是填隙金属,如铜和铁,具有差不多大的扩散速率。$D-T_m/T$ 曲线的斜率很小,说明 H_m 的值很小(典型值<1 eV)。n 型和 p 型掺杂的扩散系数要小几个数量级,而自由熔的值比填隙金属高,锗和硅中砷的本征扩散系数比较小;另一方面,硼在锗中的扩散系数,甚至低于自扩散(图 6-4 中的 Ge 线),这是因为硼在锗中的扩散属于一个特殊的类别,它们只依靠填隙辅助,而没有其他扩散机制。可是,无论是实验还是密度函数理论(density functional theory,DFT)的第一性原理(ab initio)计算都表明锗中填隙的形成熔要比空穴高很多[2, 14]。这意味着在典型的掺杂活化/退火温度下,即 400～600 ℃之间,锗中 I_s 的平衡密度即使不能忽略不计,也是非常非常小的。

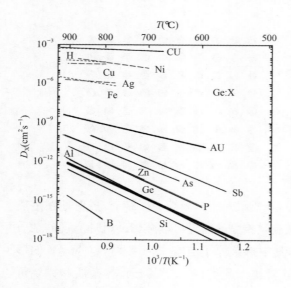

图 6-4　锗(熔点 1 210 K)和硅(熔点 1 685 K)的自扩散和杂质扩散系数与温度倒数的关系(实线为锗中扩散,虚线为硅中扩散)

6.2.3　掺杂方法

从原理上讲,硅在熔融状态下的掺杂可以达到 mΩ · cm～kΩ · cm 范围内任何所期望的电阻值。可是,浅结掺杂的制造需要使用掩模或光刻技术在局部区域实现高掺杂密度。早期掺杂大多使用沉积在晶圆表面或与表面接触的固态源做扩散掺杂，或把掺杂原子加入扩散炉的气氛中做气相掺杂。尽管最近对于一些特殊的掺杂开始重新考虑固态源[15-17]和气相掺杂[18-21]，目前结制造的主流技术还是离子注入后进行热退火[3]。为实现超浅结，对离子注入工艺条件有极其严格的限制。为降低结深，需要减小注入离子的能量，或采用原子团簇的方式注入。更大的工艺挑战是降低热预算后，退火无法消除全部的注入损伤，将掺杂活化到所需水平。对损伤的有效去除对于实现低漏电结（低 I_{off}）是至关重要的。而去除损伤，特别是对于FinFET，即使不是完全不可能，也是十分困难的。无论是硅还是锗的FinFET，在标准的室温离子注入条件下，鳍不能够完美地重结晶[22, 23]。在鳍中的角落处，会形成面缺陷，因为鳍的重结晶是从两个不同的晶面：(100)和(110)开始的，当两个重结晶的固液晶面相遇时，会不可避免地导致孪晶和层错这样的面缺陷。高温离子注入在这方面可能有帮助，因为在注入过程中发生的动态损伤退火可以避免鳍中非晶化的发生[24, 25]。另外一个选项是使用低温离子注入[25-27]，产生较窄的损伤层，由此获得相对轻微的域端（end-of-range，EOR）注入缺陷。

如前所述，对更浅结的持续追求使得工艺对退火和活化热预算的容忍度不断减小。由此引入了毫秒闪灯退火[28]和纳秒激光脉冲退火。另外已经证明，微波退火可以在较低衬底温度下将能量有效地传递到晶格，从而修复损伤[29, 30]。较低的退火温度使掺杂扩散最小化。最后，缺陷工程方法在控制瞬态增强扩散和掺杂活化上也颇有助益。这些方法将在下面的两个部分详细讨论。

在第 2 章和第 3 章中曾经介绍过，采用 CVD 实现高浓度的原位掺杂源漏应力源的方法吸引了越来越多学者去进行研究。其突出优点在于结区前沿陡直，特别是在较低温度下采用有序度较高的前驱体时，该优点更明显。而且从原理上说，还可能获得高于固溶度的活化水平，这通常是 n^+ 锗的难点所在：对于磷掺杂，曾经获得接近 10^{20} cm^{-3} 的活化浓度[32]。如果再加上沉积后激光退火的增强作用，活化浓度可达到 3×10^{20} cm^{-3}。另外，一种被称为锗中原子层磷掺杂的技术也获得了令人鼓舞的结果[34-37]。在 160～330 ℃温度区间内做锗分子束外延生长时，锑的掺杂浓度也达到了 2×10^{20} cm^{-3}[38]。当然，后者受限于分子束外延的低产能而无法获得工业应用,只有科学意义。

6.3 硅中的硼浅结

图 6-5 描述了热预算对 500 eV 注入的硼在硅中结分布的影响,图中的曲线是由二次离子质谱(secondary ion mass spectrometry,SIMS)测得的经过不同退火处理后硼元素的浓度。从中可以梳理出以下几点:1 000 ℃道钉退火导致了经由 EOR 损伤诱发的硼的 TED。换句话说,该条件获得的是一个深的、不那么窄和陡的结。通过采用 1 300 ℃单重或多重闪烁退火来降低热预算,产生了一个更陡、更浅的结。事实上,在图中箭头所指的扭结区,一部分硼是不迁移的,处在非活化硼填隙团簇(boron-interstitial-clusters,BICs)状态[39]。最浅的结发生在 750 ℃ 15 分的 RTA 样品中,其间没有 BICs。

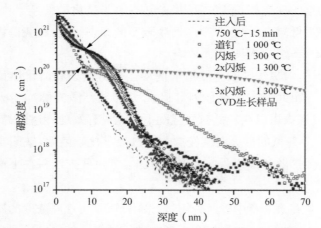

图 6-5　由 SIMS 测出的锗预非晶化硅中注入(0.5 keV,1×10¹⁵ cm⁻²)和各种热处理后硼原子的深度分布(由箭头标出的扭结指出因团簇化而形成的不可移动的硼峰[39])

要理解上述与硅中硼扩散相关的不同现象(如 TED、BICs 等),就需要深入理解其基本扩散机理。因此,在下面的第一小节中,我们会讨论硼在硅中扩散的基础理论[6]。在此基础上,可以解释由来自 EOR 损伤的填隙释放所推动的 TED 的发生,理解硼与填隙的沉淀所形成的 BICs。同时还指出了以更好地控制超浅结深度为目的的 PD 工程策略。

6.3.1　硅中硼扩散

关于硅中硼扩散的详细的实验研究指出,它基本上是一个由填隙调节机制决定的过程[40-44]。理论计算结果显示填隙调节为硅中硼扩散的唯一机理[45]。基于一个原子动力学蒙特卡洛方法,结合一个连续介质模型,已经证明在所有不同的可能的硼-填隙(B-I)电荷状态中,正电荷的形成能最低。然而实验却发现移动的粒子是中性的,说明在扩散过程中电荷状态发生了变化[12]。这种可能性最早由 Cowern 及其合作者用 SIMS 测得的分子束外延生长的窄的硼分布曲线从实验给予了证明[50, 51],并用一个理论模型给出了解释,其中硼的扩散是借助于一个与原始点缺陷反应后形成的填隙中间态的帮助完成的。在这个模型中,替位(不可移动的)硼通过与自填隙原子恰到好处的反应而被转变成可移动的硼。这种转换的频繁度用 g 表示,于是扩散系数被定义为

$$D = g\lambda^2 \tag{6-9}$$

式中,λ 代表可移动硼的平均投射路径长度,即从其产生到再次结合成不可移动替代硼所走过的路程。

另一种方法——采用分子束外延生长 ^{11}B 层,将其嵌入一个 n 型或 p 型背景掺杂中,详细地研究了硼在 700 ℃温度下在硅中的扩散行为[6, 52]。依靠精准的 SIMS 检测提取了如图 6-6 所示的扩散数据,各参数被表述为空穴浓度的函数,该浓度相对于本征载流子浓度做了归一化处理(p/n_i;n_i 在 700 ℃等于 0.92×10^{18} cm^{-3})。

对于本征或 p 型掺杂,D 随空穴浓度线性增长,即 $D = D_0(p/n_i)^{2}$[6]。这个趋势是直接与可移动的 B-I^0 络合体的电荷状态相关联的,其中全部扩散过程的特征表现为一个正电荷的净交换,其密度增量为 p/n_i;对于 n 型掺杂,硼扩散受到抑制,这是由于硼与带正电荷的 n 型掺杂原子之间的吸引,导致结对效应,结对效应在磷掺杂中比在砷掺杂中更强烈[6]。

图 6-6 中 g 和 λ 的变化趋势为深入了解在费米能级不同位置上的微观迁移路径的细节提供了条件。对于本征或 p 型掺杂,表现出如式(6-10)所示的一个常数加二次方相的特征[6]:

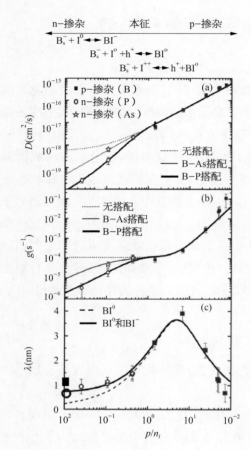

图 6-6 扩散系数、迁移速率和平均扩散长度与 p/n_i 之间的关系

(a) 扩散系数； (b) 迁移速率；
(c) B 以 B-I^0 络合物形式的迁移

$$G = gI^0 + gI^{++}(p/n_i)^2 \qquad (6-10)$$

说明在 B-I 反应的驱动下,硼扩散包含了中性的和带双正电荷的填隙。后者与 $(p/n_i)^2$ 成正比。铃铛形状的 λ 的变化趋势是电荷转移的结果,即把 B-I$^-$ 和 B-I$^+$ 转化成了可移动的 B-I^0 形式[6]。

有人系统地研究了扩散系数在 610～810 ℃ 温度范围内随温度的变化[53]。如图 6-7(a) 所示,在不考虑 p 型掺杂背景(本征或 2.8×10^{19} B/cm^3)的前提下,当活化能为 (3.45 ± 0.25) eV,前因子为 2 cm^2/s 时,用 (p/n_i) 归一化的 D 落在同一条直线上[6]。这与硼在硅中的本征扩散系数值高度吻合。基于这些结果可以推断,在 610～1 100 ℃ 之间,主要是单一扩散过程,证明在一个很大的温度范围内 B-I^0 可移动扩散体主宰着传输过程。3.4 eV 的活化能代表的是在本征条件下全部扩散过程中需要克服的势垒,这也是硼原子从 B_s 转变成可移动状态所需要付出的能量。

图 6-7(b)给出了 B-I⁻ 和 B-I⁺ 络合体形成速率与 B-I⁰ 扩散的比值。这两个数据与在本征条件和 p 型掺杂条件下测得的 λ 值有关。它给出了为实现 B-I⁰ 扩散而形成 B-I⁻ 和 B-I⁺ 对所需要克服的势垒[6]。对应于本征和 p 型掺杂的活化能分别为 (0.65±0.10) eV 和 (0.99±0.1) eV,表明需要有一个附加的能量来形成 B-I⁻ 和 B-I⁺,这一点如图 6-8 所示[6]。

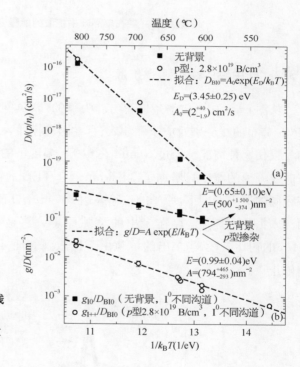

图 6-7　Arrhenius 曲线
(a) 扩散系数除以 p/n_i;
(b) 迁移频率除以扩散系数

在总结硼在硅中的扩散模型时,需要考虑不同的物理过程:(1)在 B_s 与 I⁰ 和 I⁺⁺ 反应形成 B-I⁻ 和 B-I⁺ 络合体后,硼开始移动;(2)在本征或 p 型掺杂的情况下,移动的络合物为 B-I⁰,其间有电荷转移发生;(3)一个可选的迁移路径是形成一个 B-I⁻ 络合体,而这仅限于 n 型掺杂的情形;(4)B-I 扩散与施主原子的库仑结对效应是分开的。

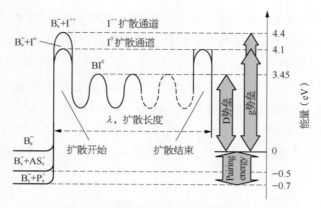

图 6-8　硼在单晶硅中扩散的能量变化

6.3.2　硅中硼的瞬态增强扩散

从图 6-9 中可以清楚地看出硅中硼的 TED 问题[54]，其中的 3 条硼的 SIMS 分布曲线分别对应于硼注入、存在因硅预注入而形成的表面注入损伤和无损伤 3 种情况。经过 15 min 在 810 ℃温度下的退火，硼的扩散很小，分布曲线峰值的宽度只增加了 3～5 nm。有 TED 的情况下，扩散剧烈加速，在相同的退火温度下，原子的位移高达 200 nm。TED 的根本原因是存在表面注入损伤，特别是存在多出的填隙原子。它是一个瞬态现象，发生在 RTA 的初始阶段，当多出的填隙由于扩散到表面处而全部湮灭掉，该过程即停止[5]。

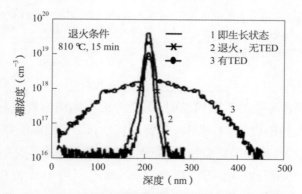

图 6-9　由 SIMS 测得的硼在 810 ℃退火前后的深度分布

　　这样的 TED 也发生在标准的硼离子注入的分布曲线中[5, 55]，其原因为注入引起的晶格原子的移位形成了自填隙。有一个被大家广泛接受的一级模型，称为"+1"模型[56]。假设每一个注入原子都会产生一个多余的填隙，发生了向材料更深处的移动，这些填隙是处于晶格位置的硅原子受到注入的硼离子撞击而产生的，撞击传递过来的动量使硅原子移动并最终停止在注入离子区域的外面。在后续的热处理过程中，这些 Is 趋于团聚，根据注入剂量和热预算的不同，会形成不同种类的基团/扩展的缺陷[5]。如果注入剂量小，只会形成小基团[5]。在剂量 $>5 \times 10^{13}$ cm^{-2}、815 ℃的退火条件下，会沿-$\langle 110 \rangle$晶向形成{311}棒状缺陷[57, 58]。实验发现，在 $T > 950$ ℃时，这些缺陷会被消除，在域端形成完整的位错环。在 TED 过程中，这些域端缺陷成为多余填隙和瞬态特性的源泉，直到它们被完全溶解。

　　在了解了 TED 的起源之后，提出来点缺陷工程解决方案，即引入或射入空穴在域端与填隙重新结合。还有一个方案是与掺杂离子同时注入另一种杂质，如碳原子。通过踢出机制形成有效捕获填隙原子的陷阱[5]，模拟计算表明掺入少量的碳即可对硅的扩散形成强烈的抑制[59]。这已经被成功地应用于硼超浅结的工艺集成[60-66]。其他被考虑过的解决方案还有缩短退火时间、提高退火升温速率和预非晶化(图 6 - 10)[5]。

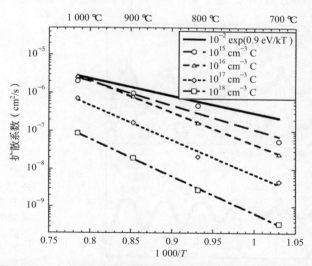

图 6 - 10　在存在不同的碳浓度条件下硅填隙的稳态扩散系数

6.3.3 硼与填隙形成基团

硼在远低于平衡固溶度时即发生沉淀的实验证据早在 40 年前就已被发现[67-69]。硼离子注入经热退火后,浓度分布曲线下的一部分保持电学惰性并处于非迁移状态,而浓度分布曲线的较低浓度部分发生 TED,其阈值浓度比硼的固溶度低一个数量级[69, 70]。这一点为图 6 - 11 中的数据所证明。图 6 - 11 中由 SIMS 测得的硼掺杂分布曲线中存在几个硼掺杂峰,是由分子束外延沉积形成的,采用 40 keV,5×10^{13} at/cm² 的硅注入,再在 790 ℃温度下退火 10 min。这样做产生了如图 6 - 11 所示的分布曲线,其注入浓度数据由 MARLOWE 法则计算[71]。有人认为硼的不可移动化的机理与硼的 TED 相同,都是由于硼与填隙形成了 BICs,称为 Is 的局域过饱和[70]。这一点也可以由图 6 - 11 证实:越靠近表面的峰,遇到的硅注入引入的填隙浓度越高,TED 效应越弱,同时出现不可移动的硼峰[71]。在衬底内更深的地方,硼的峰都发生了 TED,没有由于形成 BICs 带来的硼基团化。初看起来,因形成基团而造成的硼的不可移动性有正面意义,因为它减少了参与 TED 的填隙数量,但它也有减少硼的电学活性比例的负面影响。而且,虽然它们在退火时间较短时起到俘获填隙的作用,但在退火时间较长时,会发生基团分离,从而改变属性,成为中间态填隙源,加剧 TED。

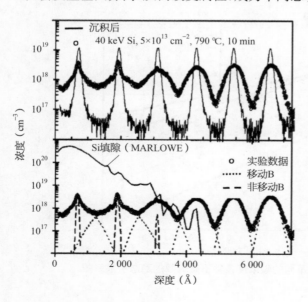

图 6 - 11　上图:分子束外延生长、浅区硅离子注入的 B 多重结构的元素深度分布

下图:注入后 I_s 分布的模拟结果和移动与非移动硼分布的分解曲线

综上所述,由于 I_s 过饱和形成的硼的非平衡态基团化现象会导致硼-硅络合(BICs),而这些硼是电学非活性的,其尺寸和热稳定性取决于初始条件[6]。另外,BICs 会从改变可移动硼的比例和 I_s 的浓度这两个方面对硼原子的迁移特性生产影响。因此,在对硼扩散过程和方块电阻建模时,需要审慎地考虑上述因素。

6.4　锗中的 n 型扩散

图 6-12 展示了锗中浅 n 型结的形成中遇到的问题,其中的曲线为 SIMS 测得的在 p 型衬底中硼(磷)注入浓度分布曲线,注入能量和剂量分别为 15 eV 和 5×10^{15} at/cm^3[75]。将无退火的分布曲线与在 500 ℃ 温度下 30 s、60 s 或 120 s RTA 的分布曲线作比较,退火后获得箱型的曲线,指向一个与浓度有关的增强扩散,在很小的深度减低到[磷]~$5 \times 2 \times 10^{19}$ cm^{-3}。对于更低的注入剂量,则没有这样的增强扩散,获得的是深结[76]。与由扩展电阻探针测得的电学数据比较,得到一个大约等于 5×10^{19} cm^{-3} 的活化度,远低于磷在锗中的最大固溶度 2×10^{20} cm^{-3}。在固溶度极限之上,分布曲线还存在一个峰值,对应于形成基团的磷中的非活化部分。这一点清楚地表明采用标准的离子注入和 RTA 很难在锗中获得活化浓度接近 1×10^{20} cm^{-3} 的浅而且陡的 n^+ 浓度分布[75-80]。这一部分内容的目的首先是探讨 n 型掺杂在锗中的扩散机理,其次讨论解决相关问题的方案。这些方案主要是依靠联合注入实现空穴工程。另外,还可以考虑利用 EOR 填隙基团

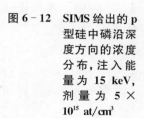

图 6-12　SIMS 给出的 p 型硅中磷沿深度方向的浓度分布,注入能量为 15 keV,剂量为 5×10^{15} at/cm^3

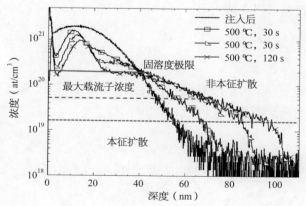

与多余空穴的再结合。由接下来的内容可见,要同时实现浅结和高活化度这两个要求,需要将上述技术与非标准的快速热退火结合使用。

6.4.1 锗中 n 型掺杂的扩散机理

在 n - Ge 中,带两个负电荷的空穴由于形成能最低而成为占绝对优势的本征点缺陷[2]。因此,采用单负电荷 X - V 来描述施主掺杂 X 的非本征扩散是很好的一级近似,即[7]

$$XV^{-1} \Leftrightarrow X_s^{1+} + V^{2-} \qquad (6-11)$$

V^{2-} 的浓度依赖于退火温度下的费米能级,于是与活化的掺杂浓度直接相关。对于本征锗,费米能级在禁带中间附近,$[V^{2-}]$ 可忽略。根据 Brotzmann 和 Bracht 的研究[7],在这种情况下,对于像磷、砷或锑这样的掺杂,主要为本征扩散。表 6 - 1 列出了相关的扩散系数,表明了磷的本征扩散系数最低,因此是最理想的施主掺杂。

表 6 - 1   锗中施主杂质本征扩散参数

施主	$H(eV)$	$D_0(cm^2/s)$
P	2.85	9.1
As	2.71	32
Sb	2.55	16.7

假设增强扩散主要是在带两个电荷的空穴的帮助下完成的,则非本征扩散可以表述为[2,7]

$$D_e^X(n_m) = D^{XV^{1+}} + D^{XV^0}(n_m/n_i) + D^{XV^{1-}}(n_m/n_i)^2 + D^{XV^{2-}}(n_m/n_i)^3$$

$$(6-12)$$

式中,n_m 为扩散温度下的最大自由电子密度。对于 $n_m = n_i$,由非本征扩散系数减小到本征扩散系数[27]:

$$D_i^{XV}(n_m) = D^{XV^{1+}} + D^{XV^0} + D^{XV^{1-}} + D^{XV^{2-}} \qquad (6-13)$$

实际上,XV^{1-} 的贡献是决定性的。因此作为一个好的近似,上式可以重写为[2,7]

$$D_e^X(n_m) \approx D^{XV^{1-}} \qquad\qquad (6-14)$$

非本征扩散的增强效应可以表述为自由电子密度(已活化的磷浓度)的函数,对应于不同温度下 1 min RTA 的计算值如图 6-13 所示[1]。在较低温度下,扩散长度与$(n_m)^2$成正比。而在 750 ℃,只有当 n_m 升高到 n_i 以上时,扩散长度才会增加,而 n_m 与 $-1/T$ 成指数关系。这一点在图 6-14 中可以看出,其中考虑了锗中不同的 n_i 值[7, 82]。

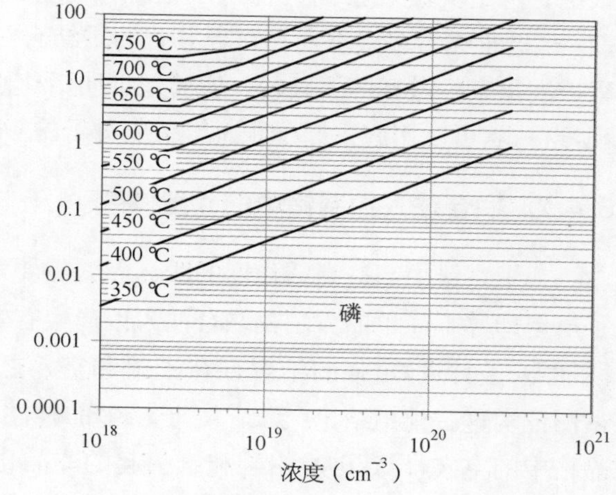

图 6-13　不同温度下 1 min RTA 后扩散长度的计算值随活化掺杂浓度的变化

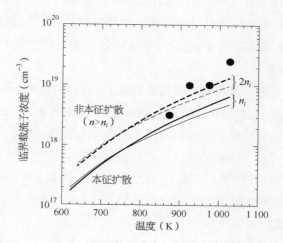

图 6-14　n-Ge 中临界载流子浓度随温度的变化

从图 6-13 中可以很好地看出在浅 n^+ 结中实现高活化浓度这两个需求之间的相互对立性：增加掺杂浓度同时会因为提高了平衡 V^{2-} 浓度从而增大非本征扩散。还需要指出，形成的 XV^{1-} 对表现为受主，于是每个掺杂原子对应于能带中的两个空穴态，因此会消耗掉两个自由电子。所有这些因素都对锗中 n^+ 层的活化效果降低负有责任[83-85]，这也成为在锗中施主通过形成 X_nV_m 络合物而基团化/退活性化的第一步[84]。

除此之外，离子注入通常会在锗中产生多余空穴，成为增强施主扩散的根源。可是实验观察到的注入引起的多余空穴对 TED 的影响远小于预期[82]，这意味着多余空穴存在着显著的重结合/捕获或外扩散，为点缺陷工程控制掺杂扩散开辟了路径。实验还证明活化水平在 5×10^{19} cm^{-3} 趋于饱和，这一点可以用施主原子跟 V^{2-} 结成对子的一级近似模型加以解释[82]。

6.4.2　联合注入控制锗中的 n 型掺杂

为了在锗中制造高活化度的浅 n^+ 结，需要对空穴加以处理。一个直截了当但却并不简单的方法是联合注入以产生有效的空穴陷阱。根据第一性原理 DFT 计算，最强的结合存在于氟和空穴之间[86]。有很多的实验研究试图证实这一模拟结论[87-94]。对于锗中的砷注入，联合注入氟可以增加锗晶格中的空穴，导致砷在由砷和氟引起的非晶化层中的扩散增强[88]。同时砷的活化水平在低于 450 ℃ 的温度下得到提高[90]。这一点得到了正电子湮灭时间谱(positron annihilation lifetime spectroscopy，PALS)实验的证实。PALS 是一项对晶体点阵中的开放(与空穴相关的)缺陷非常敏感的测试技术。氟的存在被证实起到增加锗晶格点阵中各种类似空穴的基团数量的作用。

进一步观察表明氟在移动的固液界面处分凝，很大程度上迟滞了固相外延再生长(solid-phase-epitaxial regrowth，SPER)[91]。而且，氟在 EOR 损伤区的集聚明显地增强了这种损伤的稳定性。

对于锗中的磷掺杂，在更低的温度(400 ℃)下发现了一定程度的扩散迟滞现象[93]。可是，由于大部分注入的氟都外扩散了，氟联合注入产生良性影响的热处理工艺窗口相当窄(400~450 ℃)，因此其实际应用的价值有限。

另一个可选的联合注入杂质是氮[3, 95-98]。据报道，它对磷扩散有强烈的抑制作用[3]。同时实验发现它也会引起活化水平的降低[98]，其原因可能是形成了磷-氮（或 $Ge-N_x$）络合物。对于该扩散迟滞效应的机理仍存在争议。尽管 DFT 计算支持氮引起空穴俘获的模型[99]，最近的实验证据却指向另一个方向[97]。基于 SIMS 测得的氮浓度分布曲线在原始固液界面处存在"扭结"的实验结果似乎表明氮在 EOR 区与锗的自填隙发生了反应。这意味着形成了 $N_x I_y$ 基团，在初始退火阶段保留了多余的填隙，使它们在后续的过程中成为 I_s 源，与多余的空穴再结合，最终使磷扩散变慢[97]。

从理论上讲，其他 Ⅳ 族杂质如碳和锡也会与锗中的空穴反应[100-102]。磷＋碳联合注入实验对施主掺杂扩散表现出一定的迟滞作用[103-105]。参考文献[103]详细报道了该实验工作，其中的关键性结果在图 6-15 中给出。图中的磷浓度分布曲线为如下工艺过程的结果：首先做锗预非晶化注入（pre-amorphization implant，PAI），其注入能量为 20 keV，注入剂量为 $6×10^{14}$ at/cm²；之后，在不同的能量和剂量下做碳联合注入，能量范围为 3～20 keV，剂量范围为 $5×10^{14}$～$2×10^{15}$ at/cm²；在 3 keV 能量下，如 SRIM 模拟所示，碳浓度分布曲线完全限制在非晶化锗的区域内；而在 8 keV 和 15 keV，碳浓度分布曲线跨过了固液界面；最后，再做磷注入，能量为 5 keV，剂量为 $2×10^{15}$ at/cm²。这样的注入条件使磷的浓度分布曲线保持在非晶锗区域内，并且使通道效应最小化。RTA 条件为氮气气氛 600 ℃ 温度下 60 s[106]，用 PECVD 在表面处沉积 20 nm 厚二氧化硅，有效地避免了退火过程中掺杂的外扩散。

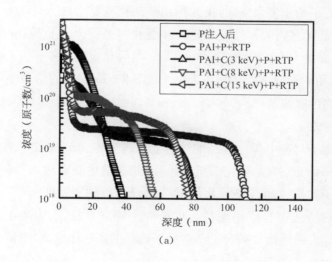

（a）

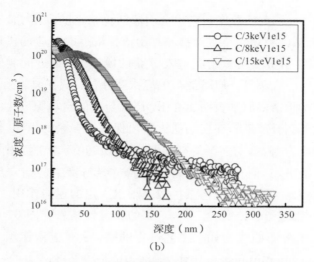

(b)

图 6－15　碳联合注入对锗中磷扩散的影响

(a) 磷浓度分布(注入剂量为 $1×10^{15}$ at/cm²)；　(b) 退火后锗中碳浓度分布[106]

从图 6－15 中可见,磷的扩散深度因碳联合注入而明显减小。其中 8 keV 碳联合注入的结深最小,大约只有 50 nm,而没有碳联合注入的结深在 110 nm 左右。可是当考虑到如图 6－13 所示的情形,在 600 ℃温度下 1 min 退火中磷的非本征扩散深度为 20 nm,这差不多正好是 8 keV 注入相对于退火前曲线的推进深度。这一点表明尽管碳原子会与固液界面以外的由离子注入引入的多余空穴反应,但它不会影响在退火温度下由高载流子浓度创造的平衡态多余空穴,由此指出要想把碳联合注入作为行之有效的扩散控制技术,还需要对工艺做进一步优化。另一个担心是在控制扩散的同时如何保持(甚至强化)高水平的施主活化,产生这个担心的原因是 $X_i V_j C_k$ 基团的形成可能会削弱活化。在图 6－15 描述的结果中,发现对于一个不太高的碳剂量($\leqslant 1×10^{15}$ at/cm²),活化水平不但得以保持,甚至还略有改善[106]。

施主原子与锗中 V(空位)的结合能从磷到砷再到锑依次增大[107, 108]。这意味着锑作为空穴陷阱比磷更有效,因此在锗中联合注入两种不同的施主离子对于扩散控制有应用潜力,这一点已经得到实验证实[109-113],表明所获得的结的特征符合应用期待。对于磷＋锑联合注入,甚至获得了高于 $1×10^{20}$ cm⁻³ 的活化水平[110-111],得益于这样的高活化水平,镍锗/锗的接触电阻率得以显著改善[113]。

如前所述,在减小扩散的前提下获得非平衡态活化的一个可能方法是使用超快速退火,例如使用闪灯退火[114]或激光退火[115-128]。将超短退火与联合注入结合,应该可以给出在两个不同领域里都处于最佳状态的结果,这一点可以从碳＋磷联合注入与低温微波退火相结合的例子看出[3]。可是,有实验观察指出激光退火会带来特别的缺陷[129-132],此外还有掺杂与氧的相互作用所造成的活性退化,因此,需要仔细优化工艺条件,避免发生这些问题。

6.4.3　点缺陷工程

在上一节中,控制扩散的目标是依靠另一种杂质或掺杂原子对空穴的俘获实现的,我们也可以考虑通过把它们与自填隙重新结合来达到目标。这一原理已通过对退火和辐照处理的模拟计算得到证实[133-135]。质子辐照可以在锗中产生多余填隙,从而与空穴再结合。辐照实验只是个概念验证工作,实际的方法是利用预非晶化注入在 EOR 处产生自填隙作为再结合的缺陷源。图 6-16 对该原理做了简单图示,其工艺包含了两个循序进行的退火过程:第一步为一个低温退火,例如 350 ℃、持续 30 min,其间非晶化锗层通过固体外延再生长实现重结晶,EOR 损伤基团形成;第二步,在高温(500 ℃)下退火,进一步活化掺杂,修复损伤,EOR 区的填隙基团将分解,注射 I_s 与多余空穴再结合。这样,可以迟滞磷－V 扩散,给出更浅的结。

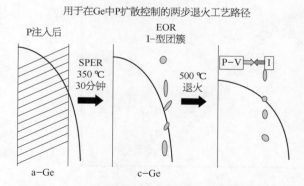

图 6-16　两步退火实现空穴控制的原理示意图

　　首先需要回答的问题是在锗中是否会形成 EOR 缺陷？如果是的话，它们的热稳定性如何？跟硅一样，在退火后的非晶化锗中确实发现了 EOR 损伤基团和缺陷[136-139]，它们的热稳定性比在硅中低，会在 450 ℃ 到 550 ℃ 之间[136] 或 600 ℃[138] 分解。它们离表面的距离在退火中起到决定性作用[139]：缺陷离表面越近，越不稳定，分解得越快。这些缺陷在 400 ℃ 会分解，造成硼在锗中的活化水平降低[140]。同时当存在像氟[91]和氮[97]这样的杂质时，损伤基团会趋于稳定。因此，可以设计图 6-16 的退火策略，有意识地利用蓄积在 EOR 区域内的填隙来实现对锗中 n 型掺杂的控制。不幸的是，基于两步退火的尝试到目前为止未能获得成功[3]。

　　作为一个有说服力的实验结果，图 6-17 比较了在室温下和高温（350 ℃ 或 400 ℃）下在锗中注入的磷经过氮气气氛 500 ℃、60 s 退火后的 SIMS 浓度分布曲线[140]，没有发现箱形的扩散分布曲线，在远离表面处，退火后的分布曲线与退火之前重合。这表明与室温注入相比，高温注入的浓度增强扩散受到了抑制。350 ℃ 的磷注入有更小的结深，表明通道效应在一定程度会因温度的升高而增强[140]。这与动态损伤退火过程中锗非晶化层只有几个纳米的事实有关。还有，图 6-17 中的浓度分布曲线在 EOR 附近有一个磷浓度的峰。从剖面 TEM 中可以看到该区域存在大密度的扩展缺陷。这表明，一方面高温注入避免了锗衬底的非晶化，同时在室温注入通常出现固液界面的位置上，高温注入引入了填隙基团。这些 EOR 基团在后

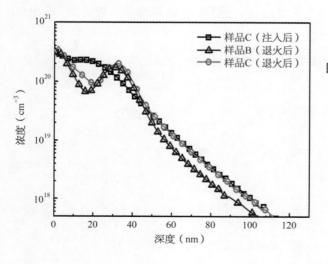

图 6-17　SIMS 给出的不同温度下注入的磷在活化退火（500 ℃、60 s、氮气气氛）前后的浓度分布曲线（样品 B 为 350 ℃ 注入，样品 C 为 400 ℃ 注入，注入条件为 18 keV、1×10^{15} at/cm^2[141]）

面的 RTA 过程中可以被用来中和多余空穴,限制 n 型掺杂在锗中的扩散。

把高温磷注入(10 keV、$1 \times 10^{15}\text{ at/cm}^2$、$150\ ℃$)与两步微波退火相结合,实现了高掺杂活化的同时几乎未造成磷扩散[142],突显了先进注入与先进退火方法相结合的优势。锗中砷离子注入温度对 n^+ 结浓度分布曲线和活化的影响也得到了系统的研究,在所关注的温度范围($-100 \sim 400\ ℃$)内,最佳的活化出现在 $-50\ ℃$ 注入的样品中[143]。这一结果主要是由于改善了对 $600\ ℃$ 活化退火后剩余缺陷的控制,而通常情况下这些缺陷呈现受主特性,会抵消一部分磷活化浓度。

6.5 小结

CMOS 技术小型化,不管是基于硅还是高迁移率沟道,都需要减小结深以控制短沟道效应。同时需要保持尽可能低的方块电阻以减小串联和接触电阻。换句话说,在控制掺杂扩散的同时需要获得最大活化浓度。在采用传统的离子注入和退火技术的时候,这些要求在很多时候是矛盾的。采用小于 1 keV 的注入能量和/或使用更重的注入基团可以有效控制结深,同时应该尽量减小热预算,不仅要降低衬底温度(如使用微波和闪灯退火),还要缩短退火时间(激光熔融退火)。可是,热预算无论如何都需要有足够的时间以保证完成非晶化区的重结晶,从而有效去除点缺陷络合物。从制造低漏电结的观点出发非常重要,这一点也有益于降低方块电阻,因为大多数离子注入引入的点缺陷会形成深能级,从而抵消浅结的掺杂浓度。在本章中还没有列入讨论范围的其他方面包括对保角掺杂的需求。保角掺杂对鳍型器件结构的结技术十分重要,因此需要对离子注入工艺(角度、旋转)做出调整,或寻找替代的掺杂技术解决方案。更进一步,当转向纳米线技术时,器件直径将与掺杂原子的基态波函数的半径处于相同量级,介电屏蔽效应可能对掺杂活性产生极大的影响。

证据表明,只要离子注入还继续应用于超浅结,点缺陷工程就将越来越重要。先需要对掺杂原子扩散的基本原理和本征点缺陷所起的作用有深入的了解,尽管经过数年的努力已经对这些问题有了较系统的了解,但对于未来纳米尺度的技术,仍需要有更进一步的研究,因为表面(界面)作用将影响 V_s 和 I_s 的平衡浓度,它们改变掺杂扩散和活化过程的模式。DFT 计算对于研究工作非常有帮助,因为通过实验研究获得超浅结的基本参数越来越困难。对电活性的测量方法,也需要不断地开发新技术来赶上器件小型化的步伐。

<h1 style="text-align:center">参 考 文 献</h1>

[1] Duffy R, Shayesteh M, White M, et al. Problems of n-type doped regions in germanium, their solutions, and how to beat the ITRS roadmap [R]. ECS Trans. 2011 - 185.

[2] Vanhellemont J, Simoen E. On the diffusion and activation of n-type dopants in Ge [R]. Mater. Sci. Semicond. Process 2012 - 642.

[3] Simoen E, Schaekers M, Liu J, et al. Defect engineering for shallow n-type junctions in germanium: Facts and fiction [R]. Phys. Stat. Sol. 2016 - 2799.

[4] Bracht H. Defect engineering in germanium, Phys. Stat. Sol. 2014 - 109.

[5] Jain S C, Schoenmaker W, Lindsay R, et al. Transient enhanced diffusion of boron in Si [R]. J. Appl. Phys. 2002 - 8919.

[6] Mirabella S, De Salvador D, Napolitani E, et al. Mechanisms of boron diffusion in silicon and germanium [R]. J. Appl. Phys. 2013 - 031101/1.

[7] Brotzmann S, Bracht H. Intrinsic and extrinsic diffusion of phosphorus, arsenic, and antimony in germanium [R]. J. Appl. Phys. 2008 - 033508/1.

[8] Trumbore F A. Solid solubilities of impurity elements in germanium and silicon [R]. Bell System Technical Journal 1960 - 205.

[9] Hall R N. Variation of the distribution coefficient and the solid soluability with temperature [R]. J. Phys. Chem. Solids 1957 - 3 - 63.

[10] Fischler S. Correlation between maximum solid solubility and distribution coefficient for impurities in Ge and Si [R]. J. Appl. Phys. 33, 1615 (1962).

[11] Claeys C, Simoen E, Eds. Germanium: From Materials to Devices [M]. Elsevier Ch. 3 (2007).

[12] Martin-Bragado I, Castrillo P, Jaraiz M, et al. Physical atomistic kinetic Monte Carlo modeling of Fermi-level effects of species diffusing in silicon [R]. Phys. Rev. 2005 - 035202/1.

[13] Bracht H, Brotzmann S. Atomic transport in germanium and the mechanism of arsenic diffusion, Mater. Sci. Semicond. Process [R]. 2006 - 9 - 471.

[14] Vanhellemont J, Simoen E. Brother silicon, sister germanium [R]. J. Electrochem. Soc. 2007 - H572.

[15] Jamil M, Mantey J, Onyegam E U, et al. High-performance Ge nMOSFETs with n+-p junctions formed by "spin-on dopant [R]. IEEE Electron Device Lett. 2011 - 1203.

[16] Tu W H, Hsu S H, Liu C W. The pn junctions of epitaxial germanium on silicon by solid phase doping [R]. IEEE Trans. Electron Devices 2014 - 2595.

[17] Kikuchi Y, Chiarella T, De Roest D, et al. Electrical characteristics of p-type bulk Si fin field-effect transistor using solid-source doping with 1 - nm phosphosilicate glass [R]. Electron Device Lett. 2016 - 1084.

[18] Morii K, Iwasaki T, Nakane R, et al. High-performance GeO$_2$/Ge nMOSFETs with source/drain junctions formed by gas-phase doping [R]. IEEE Electron Device Lett. 2010 - 1092.

[19] Takenaka M, Morii K, Sugiyama M, et al. Gas phase doping of arsenic into (100), (110), and (111) germanium substrates using a metal-organic source [R]. Jpn. J. Appl. Phys. 2011 - 010105/1.

[20] Noguchi M, Kim S H, Yokoyama M, et al. High Ion/Ioff and low subthreshold slope planar-type InGaAs tunnel field effect transistors with Zn-diffused source junctions [R]. J. Appl. Phys. 2015 - 045712/1.

[21] Alian A, Franco J, Vandooren A, et al. Record performance InGaAs homo-junction TFET with superior SS reliability over MOSFET [C]. IEDM Tech. Dig. 2015 - 823.

[22] Duffy R, Van Dal M J H, Pawlak B J, et al. Solid phase epitaxy versus random nucleation and growth in sub-20 nm wide fin field-effect transistors [R]. Appl. Phys. Lett. 2007 - 241912/1.

[23] Duffy R, Shayesteh M, McCarthy B, et al. The curious case of thin-body Ge crystallization [R]. Appl.

Phys. Lett. 2011 - 131910/1.

[24] Wood B, Khaja F, Colombeau B, et al. Fin doping by hot implant for 14 nm FinFET technology and beyond [R]. ECS Trans. 2013 - 249.

[25] Colombeau B, Guo B, Gossmann H-J, et al. Advanced CMOS devices: Challenges and implant solutions [R]. Phys. Stat. Sol. 2014 - 101.

[26] Murakoshi A, Iwase M, Niiyama H, et al. Improvement of p-n junction leakage and reduction in interface state density in transistors by cryo implantation technology [R]. Jpn. J. Appl. Phys. 2013 - 105501/1.

[27] Bhatt P, Swarnkar P, Misra A, et al. Enhanced Ge n+/p junction performance using cryogenic phosphorus implantation [R]. IEEE Trans. Electron Devices 2015 - 69.

[28] Skorupa W. Advances in Si & Ge millisecond processing: From SOI to superconductivity and carrier-mediated ferromagnetism [R]. ECS Trans. 2011 - 193.

[29] Lee Y-J, Chuang S-S, Hsueh F-K, et al. Dopant activation in single-crystalline germanium by low-temperature microwave annealing [R]. IEEE Electron Device Lett. 2011 - 194.

[30] Tsai M H, Wu C T, Lee W-H. Activation of boron and recrystallization in Ge preamorphization implant structure of ultra shallow junctions by microwave annealing [R]. Jpn. J. Appl. Phys. 2014 - 041302/1.

[31] Chroneos A, Bracht H. Diffusion of n-type dopants in germanium [R]. Appl. Phys. Rev. 2014 - 011301/1.

[32] Moriyama Y, Kamimuta Y, Kamata Y, et al. In situ doped epitaxial growth of highly dopant-activated n+-Ge layers for reduction of parasitic resistance in Ge-nMISFETs [R]. Appl. Phys. Express 2014 - 106501/1.

[33] Huang S H, Lu F L, Huang W L, et al. The ~3×1020 cm-3 electron concentration and low specific contact resistivity of phosphorus-doped Ge on Si by in-situ chemical vapor deposition doping and laser annealing [R]. IEEE Electron Device Lett. 2015 - 1114.

[34] Scappucci G, Warschkow O, Capellini G, et al. n-Type doping of germanium from phosphine: Early stages resolved at the atomic level [R]. Phys. Rev. Lett. 2012 - 076101/1.

[35] Scappucci G, Capellini G, Klesse W M, et al. New avenues to an old material: controlled nanoscale doping of germanium [R]. Nanoscale 2013 - 2600.

[36] Klesse W M, Scappucci G, Capellini G, et al. Atomic layer doping of strained Ge-on-insulator thin films with high electron densities [R]. Appl. Phys. Lett. 2013 - 151103/1.

[37] Yamamoto Y, Kurps R, Mai C, et al. Phosphorus atomic layer doping in Ge using RPCVD [R]. Solid-State Electron. 2013 - 25.

[38] Oehme M, Werner J, Kasper E. Molecular beam epitaxy of highly antimony doped germanium on silicon [R]. J. Cryst. Growth 2008 - 4531.

[39] Severac F, Cristiano F, Bedel-Pereira E, et al. Influence of boron-interstitials clusters on hole mobility degradation in high dose boron-implanted ultrashallow junctions [R]. J. Appl. Phys. 2010 - 123711/1.

[40] Fair R B, Pappas P N. Diffusion of ion-implanted B in high concentration P- and As-doped silicon [R]. J. Electrochem. Soc. 1975 - 1241.

[41] Antoniadis D A, Moskowitz I. Diffusion of substitutional impurities in silicon at short oxidation times: An insight into point defect kinetics [R]. J. Appl. Phys. 1982 - 6788.

[42] Tan T Y, Gösele U. Point defects, diffusion processes, and swirl defect formation in silicon [R]. Appl. Phys. 1985 - 1.

[43] Gossmann H-J, Haynes T E, Stolk P A, et al. The interstitial fraction of diffusivity of common dopants in Si [R]. Appl. Phys. Lett. 1997 - 3862.

[44] Ural A, Griffin, P B Plummer J D. Experimental evidence for a dual vacancy-interstitial mechanism of self-diffusion in silicon [R]. Appl. Phys. Lett. 1998 - 1706.

[45] Nichols C S, Van de Walle C G, Pantelides S T. Mechanisms of equilibrium and nonequilibrium diffusion of dopants in silicon [R]. Phys. Rev. Lett. 1989 - 1049.

[46] Bracht H, Silvestri H H, Sharp I D, et al. Self- and foreign-atom diffusion in semiconductor isotope heterostructures. II. Experimental results for silicon [R]. Phys. Rev. B 2007 - 035211/1.

[47] Sadigh B, Lenosky T J, Theiss S K, et al. Mechanism of boron diffusion in silicon: An ab initio and kinetic Monte Carlo study [R]. Phys. Rev. Lett. 1999 - 4341.

[48] Windl W, Bunea M M, Stumpf R, et al. First-principles study of boron diffusion in silicon [R]. Phys. Rev. Lett. 1999 - 4345.

[49] Alippi P, Colombo L, Ruggerone P, et al. Atomic-scale characterization of boron diffusion in silicon [R]. Phys. Rev. B 2001 - 075207/1.

[50] Cowern N E B, Janssen K T F, van de Walle G F A, et al. Impurity diffusion via an intermediate species: The B-Si system [R]. Phys. Rev. Lett. 1990 - 2434 - 2437.

[51] Cowern N E B, van de Walle G F A, Gravesteijn. J, et al. Experiments on atomic-scale mechanisms of diffusion [R]. Phys. Rev. Lett. 1991 - 212.

[52] De Salvador D, Napolitani E, Mirabella S, et al. Atomistic mechanism of boron diffusion in silicon [R]. Phys. Rev. Lett. 2006 - 255902/1.

[53] De Salvador D, Napolitani E, Bisognin G, et al. Boron diffusion in extrinsically doped crystalline silicon [R]. Phys. Rev. B 2010 - 045209/1.

[54] Stolk P A, Gossmann H-J, Eaglesham D J, et al. Implantation and transient boron diffusion: the role of the silicon self-interstitial [R]. Nucl. Instrum. Meth. Phys. Res. B 1995 - 187.

[55] Cho K, Numan M, Finstad T G, et al. Transient enhanced diffusion during rapid thermal annealing of boron implanted silicon [R]. Appl. Phys. Lett. 1985 - 1321.

[56] Giles M D. Transient phosphorus diffusion below the amorphization threshold [R]. J. Electrochem. Soc. 1991 - 1160.

[57] Eaglesham D J, Stolk P A, Gossmann H-J, et al. Implantation and transient B diffusion in Si: The source of the interstitials [R]. Appl. Phys. Lett. 1994 - 2305.

[58] Takeda S. An atomic model of electron-irradiation-induced defects on {113} in Si [R]. Jpn. J. Appl. Phys. 1991 - L639.

[59] Theiss S K, Caturla M I, Johnson M D, et al. Atomic scale models of ion implantation and dopant diffusion in silicon [R]. Thin Solid Films 2000 - 219.

[60] Moriya N, Feldman L C, Luftman H S, et al. Boron diffusion in strained Si1 - xGex epitaxial layers [R]. Phys. Rev. Lett. 1993 - 883.

[61] Xu D X, Peters C J, Noël J P, et al. Control of anomalous boron diffusion in the base of Si/SiGe/Si heterojunction bipolar transistors using PtSi [R]. Appl. Phys. Lett. 1994 - 3270.

[62] Cowern N E B, Zalm P C, van der Sluis P, et al. Diffusion in strained Si(Ge)[R]. Phys. Rev. Lett. 1994 - 2585.

[63] Gillin W P, Dunstan D J. Strain and interdiffusion in semiconductor heterostructures [R]. Phys. Rev. B 1994 - 7495.

[64] Kurata H, Suzuki K, Futatsugi T, et al. Shallow p-type SiGeC layers synthesized by ion implantation of Ge, C, and B in Si [R]. Appl. Phys. Lett. 1999 - 1568.

[65] Rücker H, Heinemann B, Bolze D, et al. Dopant diffusion in C-doped Si and SiGe: Physical model and experimental verification [C]. IEDM Tech. Dig. 1999 - 345.

[66] Anteney I M, Lippert G, Ashburn P, et al. Characterization of the effectiveness of carbon incorporation in SiGe for the elimination of parasitic energy barriers in SiGe HBTs [R]. IEEE Electron Devices Lett. 1999 - 116.

[67] Hofker W K, Werner H W, Oosthoek D P, et al. Boron implantations in silicon: A comparison of charge carrier and boron concentration profiles [R]. Appl. Phys. 1974 - 125.

[68] Michel A E, Rausch W, Ronsheim P A, et al. Rapid annealing and the anomalous diffusion of ion implanted boron into silicon [R]. Appl. Phys. Lett. 1987 - 416.

[69] Solmi S, Barrufaldi F, Canteri R. Diffusion of boron in silicon during post-implantation annealing [R]. J. Appl. Phys. 1991 - 2135.

[70] Cowern N E B, Janssen K T F, Jos H F F. Transient diffusion of ion-implanted B in Si: Dose, time, and matrix dependence of atomic and electrical profiles [R]. J. Appl. Phys. 1990 - 6191.

[71] Pelaz L, Jaraiz M, Gilmer G H, et al. B diffusion and clustering in ion implanted Si: The role of B cluster precursors [R]. Appl. Phys. Lett. 1997 - 2285.

[72] Huang M B, Mitchell I V. Trapping of Si interstitials in boron doping background: Boron clustering and the "+1" model [R]. J. Appl. Phys. 1999 - 174.

[73] Mannino G, Cowern N E B, Roozeboom F, et al. Role of self- and boron-interstitial clusters in transient enhanced diffusion in silicon [R]. Appl. Phys. Lett. 2000 - 855.

[74] Solmi S, Bersani M, Sbetti M, et al. Boron-interstitial silicon clusters and their effects on transient enhanced diffusion of boron in silicon [R]. J. Appl. Phys. 2000 - 4547.

［75］ Satta A, Simoen E, Duffy R, et al. Diffusion, activation, and regrowth behavior of high dose P implants in Ge ［R］. Appl. Phys. Lett. 2006 - 162118/1.

［76］ Satta A, Janssens T, Clarysse T, et al. P implantation doping of Ge: Diffusion, activation, and recrystallization ［R］. J. Vac. Sci. Technol. B 2006 - 494.

［77］ Chui C O, Gopalakrishnan K, Griffin P B, et al. Activation and diffusion studies of ion-implanted p and n dopants in germanium ［R］. Appl. Phys. Lett. 2003 - 3275.

［78］ Chui C O, Kulig L, Moran J, et al. Germanium n-type shallow junction activation dependences ［R］. Appl. Phys. Lett. 2005 - 091909/1.

［79］ Simoen E, Satta A, Meuris M, et al. Defect removal, dopant diffusion and activation issues in ion-implanted shallow junctions fabricated in crystalline germanium substrates ［R］. Solid State Phenom. 2005 - 108 and 691.

［80］ Satta A, Simoen E, Janssens T, et al. Shallow junction ion implantation in Ge and associated defect control ［R］. J. Electrochem. Soc. 2006 - G229.

［81］ Matsumoto S, Niimi T. Concentration dependence of a diffusion coefficient at phosphorus diffusion in germanium ［R］. J. Electrochem. Soc. 1978 - 1307.

［82］ Simoen E, Vanhellemont J. On the diffusion and activation of ion-implanted n-type dopants in germanium ［R］. J. Appl. Phys. 2009 - 103516/1.

［83］ Lindberg C E, Lundsgaard Hansen J, Bomholt P, et al. The antimony-vacancy defect in p-type germanium ［R］. Appl. Phys. Lett. 2005 - 172103/1.

［84］ Kalliovaara T, Slotte J, Makkonen I, et al. Electrical compensation via vacancy-donor complexes in arsenic-implanted and laser-annealed germanium ［R］. Appl. Phys. Lett. 2016 - 182107/1.

［85］ Takinai K, Wada K. Phosphorus and carrier density of heavily n-type doped germanium ［R］. J. Appl. Phys. 2016 - 181504/1.

［86］ Chroneos A, Grimes R W, Brach H t. Fluorine codoping in germanium to suppress donor diffusion and deactivation ［R］. J. Appl. Phys. 2009 - 063707/1.

［87］ Duffy R, Shayesteh M, White M, et al. The formation, stability, and suitability of n-type junctions in germanium formed by solid phase epitaxial recrystallization ［R］. Appl. Phys. Lett. 2010 - 231909/1.

［88］ Impellizzeri G, Boninelli S, Priolo F, et al. Fluorine effect on As diffusion in Ge ［R］. J. Appl. Phys. 2011 - 113527/1.

［89］ Jung W-S, Park J-H, Nainani A, et al. Fluorine passivation of vacancy defects in bulk germanium for Ge metal-oxide-semiconductor field-effect transistor application ［R］. Appl. Phys. Lett. 2012 - 072104/1.

［90］ Impellizzeri G, Napolitani E, Boninelli S, et al. Role of F on the electrical activation of As in Ge ［R］. ECS J. Solid State Sci. Technol. 2012 - Q44.

［91］ Boninelli S, Impellizzeri G, Priolo F, et al. Fuorine in Ge: Segregation and EOR-defects stabilization ［R］. Nucl. Instrum. Meth. Phys. Res. 2012 - 21.

［92］ Sprouster D J, Campbell C, Buckman S J, et al. Defect complexes in fluorine-implanted germanium ［R］. J. Phys. D: Appl. Phys. 2013 - 505310/1.

［93］ El Mubarek W H A. Reduction of phosphorus diffusion in germanium by fluorine implantation ［R］. J. Appl. Phys. 2013 - 223512/1.

［94］ Hsu W, Wang X, Wen F, et al. High phosphorus dopant activation in germanium using laser spike annealing ［R］. IEEE Electron Device Lett. 2016 - 1088.

［95］ Simoen E, Satta A, D'Amore A, et al. Ion-implantation issues in the formation of shallow junctions in germanium ［R］. Mater. Sci. Semicond. Process 2006 - 634.

［96］ Skarlatos D, Bersani M, Barozzi M, et al. Nitrogen implantation and diffusion in crystalline germanium: Implantation energy, temperature and Ge surface protection dependence ［R］. ECS J. Solid State Sci. Technol. 2012 - P315.

［97］ Thomidis C, Barozzi M, Bersani M, et al. Strong diffusion suppression of low energy-implanted phosphorous in germanium by N_2 co-implantation ［R］. ECS Solid State Lett. 2015 - P47.

［98］ Stathopoulos S, Tsetseris L, Pradhan N, et al. Millisecond non-melt laser annealing of phosphorus implanted germanium: Influence of nitrogen co-doping ［R］. J. Appl. Phys. 2015 - 135710/1.

［99］ Chroneos N. Effect of germanium substrate loss and nitrogen on dopant diffusion in germanium ［R］. J. Appl. Phys. 2009 - 056101/1.

[100] Höhler H, Atodiresei N, Schroeder K, et al. Vacancy complexes with oversized impurities in Si and Ge [R]. Phys. Rev. B 2005 - 035212/1.

[101] Chroneos A. Isovalent impurity-vacancy complexes in germanium [R]. Phys. Stat. Sol. (b) 2007 - 3206.

[102] Chroneos A, Uberuaga B P, Grimes R W. Carbon, dopant, and vacancy interactions in germanium [R]. J. Appl. Phys. 2007 - 083707/1.

[103] Luo G, Cheng C C, Huang C Y, et al. Suppressing phosphorus diffusion in germanium by carbon incorporation [R]. Electron. Lett. 2005 - 1354.

[104] Brotzmann S, Bracht H, Lundsgaard Hansen J, et al. Diffusion and defect reactions between donors, C, and vacancies in Ge. I. Experimental results [R]. Phys. Rev. B 2008 - 235207/1.

[105] Zographos N, Erlebach A. Process simulation of dopant diffusion and activation in germanium [R]. Phys. Stat. Sol. A 2014 - 143.

[106] Liu J B, Luo J, Simoen E, et al. Junction control by carbon and phosphorus co-implantation in pre-amorphized germanium [R]. ECS J. Solid State Sci. Technol. 2016 - P315.

[107] Chroneos A, Grimes R W, Bracht H, et al. Engineering the free vacancy and active donor concentrations in phosphorus and arsenic double donor-doped germanium [R]. J. Appl. Phys. 2008 - 113724/1.

[108] Tahini H A, Chroneos A, Grimes R W, et al. Co-doping with antimony to control phosphorous diffusion in germanium [R]. J. Appl. Phys. 2013 - 073704/1.

[109] Tsouroutas P, Tsoukalas D, Bracht H. Experiments and simulation on diffusion and activation of codoped with arsenic and phosphorous germanium [R]. J. Appl. Phys. 2010 - 024903/1.

[110] Kim J, Bedell S W, Maurer S L, et al. Activation of implanted n-type dopants in Ge over the active concentration of $1 \times 1\,020\ cm^3$ using coimplantation of Sb and P [R]. Electrochem. Solid-State Lett. 2010 - H12.

[111] Kim J, Bedell S W, Sadana D K. Improved germanium n+/p junction diodes formed by coimplantation of antimony and phosphorus [R]. Appl. Phys. Lett. 2011 - 082112/1.

[112] Thareja G, Cheng S L, Kamins T, et al. Electrical characteristics of germanium n+/p junctions obtained using rapid thermal annealing of coimplanted P and Sb [R]. IEEE Electron Device Lett. 2011 - 608.

[113] Li Z, An X, Li M, et al. Morphology and electrical performance improvement of NiGe/Ge contact by P and Sb co-implantation [R]. IEEE Electron Device Lett. 2013 - 596.

[114] Wündisch C, Posselt M, Schmidt B, et al. Millisecond flash lamp annealing of shallow implanted layers in Ge [R]. Appl. Phys. Lett. 2009 - 252107/1.

[115] Heo S, Baek S, Lee D, et al. Sub-15 nm n+/p germanium shallow junction formed by PH3 plasma doping and excimer laser annealing [R]. Electrochem. Solid-State Lett. 2006 - G136.

[116] Chen W B, Wu C H, Shie B S, et al. Gate-first TaN/La2O3/SiO2/Ge nMOSFETs using laser annealing [R]. IEEE Electron Device Lett. 2010 - 1184.

[117] Chen W B, Shie B S, Chin A, et al. Higher k metal-gate/high-k/Ge nMOSFETs with <1 nm EOT using laser annealing [C]. IEDM Tech. Dig. 2010 - 420.

[118] Thareja G, Liang J, Chopra S, et al. High performance germanium nMOSFET with antimony dopant activation beyond $1 \times 1\,020\ cm^{-3}$ [C]. IEDM Tech. Dig. 2010 - 245.

[119] Thareja G, Chopra S, Adams B, et al. High n-type antimony dopant activation in germanium using laser annealing for n+/p junction diode [R]. IEEE Electron Device Lett. 2011 - 838.

[120] Hellings G, Rosseel E, Simoen E, et al. Ultra shallow arsenic junctions in germanium formed by millisecond laser annealing [R]. Electrochem. Solid State Lett. 2011 - H39.

[121] Wang C, Li C, Huang S, et al. Low specific contact resistivity to n-Ge and well-behaved Ge n+/p diode achieved by implantation and excimer laser annealing [R]. Appl. Phys. Express 2013 - 106501/1.

[122] Wang C, Li C, Lin G, et al. Germanium n+/p shallow junction with record rectification ratio formed by low-temperature preannealing and excimer laser annealing [R]. IEEE Trans. Electron Devices 2014 - 3060.

[123] Shayesteh M, O' Connell D, Gity F, et al. Optimized laser thermal annealing on germanium for high dopant activation and low leakage current [R]. IEEE Trans. Electron Devices 2014 - 4047.

[124] Wang C, Li C, Huang S, et al. Phosphorus diffusion in germanium following implantation and excimer laser annealing [R]. Appl. Surf. Sci. 2014 - 208.

[125] Chiodi F, Chepelianskii A D, Gardès C, et al. Laser doping for ohmic contacts in n-type Ge [R]. Appl. Phys. Lett. 2014 - 242101/1.

［126］ Miyoshi H，Ueno T，Akiyama K，et al. In-situ contact formation for ultra-low contact resistance NiGe using carrier activation enhancement （CAE） techniques for Ge CMOS ［R］. Symp. VLSI Technol. Dig. Techn. Papers. 2014 - 1.

［127］ Milazzo R，Napolitan i E，Impellizzeri G，et al. N-type doping of Ge by As implantation and excimer laser annealing ［R］. J. Appl. Phys. 2014 - 053501/1.

［128］ Takahashi K，Kurosawa M，Ikenoue H，et al. Low thermal budget n-type doping into Ge（001） surface using ultraviolet laser irradiation in phosphoric acid solution ［R］. Appl. Phys. Lett. 2016 - 052104/1.

［129］ Milazzo R，Impellizzeri G，Piccinotti D，et al. Impurity and defect interactions during laser thermal annealing in Ge ［R］. J. Appl. Phys. 2016 - 045702/1.

［130］ Milazzo R，Impellizzeri G，CuscunàM，et al. Oxygen behavior in germanium during melting laser thermal annealing ［R］. Mater. Sci. Semicond. Process. 2016 - 196.

［131］ Cristiano F，Shayesteh M，Duffy R，et al. Defect evolution and dopant activation in laser annealed Si and Ge ［R］. Mater. Sci. Semicond. Process. 2016 - 188.

［132］ Milazzo R，Impellizeri G，Piccinotti D，et al. Low temperature deactivation of Ge heavily n-type doped by ion implantation and laser thermal annealing ［R］. Appl. Phys. Lett. 2017 - 011905/1.

［133］ Bracht H，Schneider S，Klug J N，et al. Interstitial-mediated diffusion in germanium under proton irradiation ［R］. Phys. Rev. Lett. 2009 - 255501/1.

［134］ Schneider S，Bracht H. Suppression of donor-vacancy clusters in germanium by concurrent annealing and irradiation ［R］. Appl. Phys. Lett. 2011 - 014101/1.

［135］ Schneider S，Bracht H，Klug J N，et al. Radiation-enhanced self- and boron diffusion in germanium ［R］. Phys. Rev. B 2013 - 115202/1.

［136］ Hickey D P，Bryan Z L，Jones K S，et al. Regrowth-related defect formation and evolution in 1 MeV amorphized （001） Ge ［R］. Appl. Phys. Lett. 2007 - 132114/1.

［137］ Hickey D P，Bryan Z L，Jones K S，et al. Defects in Ge and Si caused by 1 MeV Si + implantation ［R］. J. Vac. Sci. Technol. B 2008 - 425.

［138］ Koffel S，Cherkashin N，Houdellier F，et al. End of range defects in Ge ［R］. J. Appl. Phys. 2009 - 126110/1.

［139］ Boninelli S，Impellizzeri G，Alberti A，et al. Role of the Ge surface during the end of range dissolution ［R］. Appl. Phys. Lett. 2012 - 162103/1.

［140］ Panciera F，Fazzini P F，Collet M，et al. End-of-range defects in germanium and their role in boron deactivation ［R］. Appl. Phys. Lett. 2010 - 012105/1.

［141］ Liu J B，Luo J，Simoen E，et al. Hot implantations of P into Ge：Impact on the diffusion profile ［R］. ECS J. Solid State Sci. Technol. 2017 - P73.

［142］ Shih T L，Lee W H. High dopant activation and diffusion suppression of phosphorus in Ge crystal with high-temperature implantation by two-step microwave annealing ［R］. ECS Trans. 2016 - 219.

［143］ Murakami H，Hamada S，Ono T，et al. Pre-amorphization and low-temperature implantation for efficient activation of implanted As in Ge（100） ［R］. ECS Trans. 2014 - 423.

第 7 章

先进接触技术

罗军,中国科学院微电子研究所,中国科学院大学
贾昆鹏,中国科学院微电子研究所,中国科学院大学

7.1 引言

当 CMOS 技术进入 16/14 纳米及以下技术节点,通过缩短栅长 L_g 和应变工程来减小沟道电阻 R_{ch} 的技术策略仍将继续。可是,源漏 S/D 寄生电阻 R_{sd} 对晶体管总电阻的贡献度越来越重要[1-3]。换句话说,缩短 L_g 来改善器件性能的努力被不断增加的 R_{sd} 抵消。图 7-1 给出了 ITRS 关于 CMOS 沟道材料发展的路线图,如锗硅、锗和Ⅲ-Ⅴ族材料[4]。持续减小归一化 R_{sd} 已经列入研发需求,而对于一些技术节点(图中红色部分),尚没有解决方案。图 7-1(左下角)描述了对 R_{sd} 有贡献度的各个因素。可以看出,晶体管中对 R_{sd} 贡献最大的有晶体管侧墙下面的源漏扩展电阻 R_{ext}、深源漏电阻 R_{DSD} 和金属与扩散区之间的接触电阻 R_c。当侧墙厚度减小,R_{ext} 会随之减小,这使得 R_c 在降低总的寄生电阻以提高器件性能上的作用愈加突出。

降低 R_c 对先进 CMOS 技术的重要性可以从图 7-2 中清楚地看出。对于传统的 CMOS,电流很容易通过硅化物流向高电阻的源漏扩展区。在这种情况下,R_{ext} 在 R_{sd} 中起决定性作用,R_c 相对来说不那么重要。可是在先进的器件中,电流需要穿过硅化物和提升源漏的界面,然后再流向扩展区,此时接触面积变得非常小,R_c 变大,因此成为阻碍现代 CMOS 技术进步的新瓶颈[1]。由于接触面积随着周距的微缩而减小,R_c 变得越来越大,进一步阻碍了器件性能的改善。

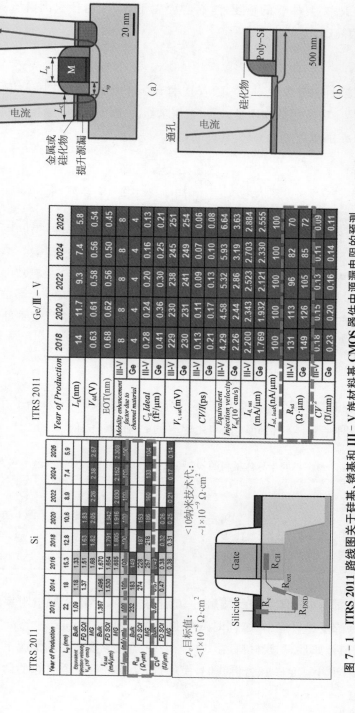

图 7 - 2　现代 CMOS 跟传统 CMOS 的接触（参见文末彩图）

（a）现代 CMOS；　（b）传统 CMOS

图 7 - 1　ITRS 2011 路线图关于硅基、锗基和 III - V 族材料基 CMOS 器件中源漏电阻的预测（参见文末彩图）

要理解 R_c 对晶体管的重要性,有必要先了解 R_c 由什么因素所决定。R_c 的定义很简单,为

$$R_c = \rho_c / A \tag{7-1}$$

式中,A 是接触面积(单位 cm^2),随着技术节点进步而不断缩小;ρ_c 是比接触电阻率,是一个常用的物理量,通常被用来作为比较不同接触技术性能的品质因数。ρ_c 的单位是 $\Omega \, cm^2$,其标准定义为

$$\rho_c = \frac{1}{\left(\dfrac{\partial J}{\partial V}\right)\Big|_{V=0}} \tag{7-2}$$

式中,J 是电流密度(单位为 A/cm^2),V 是接触两侧的电压降(单位为 V)。从上面的定义可以看出比接触电阻率的测量方法。在实际应用中,有几个参数对确定 ρ_c 起到至关重要的作用:(1)肖特基势垒高度(Schottky barrier heights,SBHs),对于电子或空穴分别为 ϕ_{bn} 或 ϕ_{bp},单位为 eV;(2)活化掺杂浓度 N(单位为 cm^{-3});(3)在不同类型半导体中载流子的有效质量 m^*。ρ_c 与上述参数之间的数学关系可以表达为

$$\rho_c \propto \exp(4\pi \Phi_b \sqrt{m^* \varepsilon_s} / \hbar \sqrt{N}) \tag{7-3}$$

式中,$\hbar$ 为普朗克常数,ε_s 代表半导体的介电常数。表 7-1 总结了在本章中讨论的各种半导体材料硅、锗、砷化镓等的 ε_s 和 m^* 的值。

表 7-1　不同半导体材料的 m^* 和 ε_s 值($m_0 = 9.11 \times 10^{-31}$ kg)

项目	材料				
	Si	Ge	GaAs	InAs	$In_{0.47}Ga_{0.53}As$
ε_s	11.7	16.2	12.9	15.51	13.9
m^*/m_0	1.08	1.19	0.063	0.023	0.041

对于金属与半导体之间的接触,一般来说,要减小比接触电阻率,需要把活化掺杂浓度尽可能增大,同时或单独降低 SBHs。可是,对于 m^* 值小的半导体材料,如Ⅲ-Ⅴ族材料,在式(7-3)中其他参数不变的情况下,获得的 ρ_c 也相对更小。这一点告诉我们,使用Ⅲ-Ⅴ族沟道材料的话,对实

现低比接触电阻率的 n 型欧姆接触的要求与硅、锗材料相比可以放宽。在相对低的掺杂浓度下获得很低 ρ_c 的实验结果见参考文献[5-7]。

7.2　超低 ρ_c 的表征

为了表征欧姆接触和定量测量 ρ_c,在文献中使用了多种不同的测试结构,如环形传输线测量(circular transmission line measurement,CTLM)、传输线测量(transmission line measurement,TLM)和跨桥开尔文电阻(cross-bridge Kelvin resistor,CBKR)结构等[8-10]。这些方法有一个问题,就是测量用的金属连线本身的电阻会产生影响。在提取相对较大的 ρ_c 时,金属连线的寄生电阻不是问题,因为在此情况下,有效接触电阻占整个提取出的电阻(有效接触电阻加上寄生金属电阻)的比率极高。可是,当 ρ_c 接近 1×10^{-8} Ω·cm² 甚至更小时,假设接触面积缩小的比例与接触电阻率的不同,根据式(7-1),有效接触电阻将趋于减小。从光刻的技术限制上考虑,接触面积缩小得更慢。结果,寄生的金属电阻对提取的接触电阻测量值的贡献不能再忽略,使得精准地确定超低 ρ_c 变得困难,对于最先进的 CMOS 技术,甚至成为不可能完成的任务,换句话说,超低 ρ_c 根本不可能精确提取,即使对于良好欧姆接触也是如此,因此迫切需要开发新的测试结构。最近,已经提出来两种重要的先进测试结构,称为多环 CTLM(Multi-ring CTLM,MR-CTLM)和精确的 TLM(refined TLM,RTLM),被广泛地用于超低 ρ_c 的表征。这些先进测试结构背后的基本概念是减小或抑制寄生金属电阻,从而提高有效接触电阻在提取的接触电阻总值中的占比。在本节中,我们将讨论这两种测试结构的工作原理和它们与之前的测试结构(CTLM 和 TLM)相比的优点。

7.2.1　MR-CTLM 结构

图 7-3 给出了 MR-CTLM 和作为参照物的普通 CTLM 的结构示意图。在这个 MR-CTLM 结构[图 7-3(a)]中,10 个 CTLM 串联在一起,$r_0 \sim r_9$ 为各 CTLM 的内径。E_0、$E_1 \sim E_9$ 和 E_{out} 分别代表内电极、环电极和外电极。S_m 为电极间的间距,而 S_s 代表各个金属环之间的间距。对于

不同的 MR - CTLM 结构, S_m 在 $0.35 \sim 10 \ \mu m$ 之间变化, S_s 则固定在 $10 \ \mu m$, r_0 设定为 $30 \ \mu m$, $r_i (i=1, 2, 3, \cdots, 9)$ 由公式 $r_i = r_0 + i \times (S_s + S_m)$ 确定。 需要指出的是, S_m、S_s 和 r_0 的设定不是一成不变的, 可以根据工艺和电学测量能力做调整。在如图 7 - 3(b) 所示的实际测试结构中, 一个微探针 P_1 被放在 MR - CTLM 结构中 E_0 的中心, P_4 放在外金属上。P_2 和 P_3 被放在环的边缘以尽量减小寄生金属电阻。4 个探针最好排成一行, P_1 到 P_4 之间的间距在不同测量中应尽量保持一致以获得可重复和有可比性的结果。电流从 P_1 和 P_4 之间流过, 10 个串联的 CTLM 之间的电压降由 P_2 和 P_3 测量。总电阻 R_t 简单地通过电压降除以电流算出。测量一系列不同 S_m 的 MR - CTLM 结构, 通过对 R_t 与 S_m 的数据相关性作拟合, 可以完成 ρ_c 的提取。对于图 7 - 3(c) 中的 CTLM 结构, 所有参数的意义相同, 探针的设置也与 MR - CTLM 完全相同, 只不过这里只有一个圆环。L_c 是电极的长度。

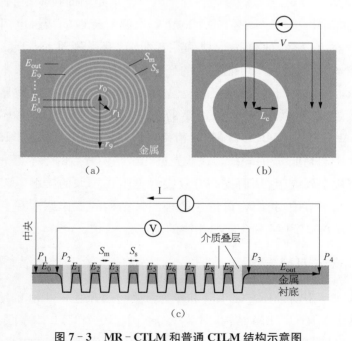

图 7 - 3   MR - CTLM 和普通 CTLM 结构示意图
(a) MR - CTLM 俯视图;   (b) MR - CTLM 侧视图;   (c) 普通 CTLM

在 MR-CTLM 结构中,总电阻 R_t 可以分成 R_e 和 R_p 两部分。R_e 是有效电阻,包括接触电阻和扩散电阻。R_p 代表寄生金属电阻。对于 10 环 MR-CTLM 结构,因为扩散层的方块电阻(R_s, 100 Ω/□)远大于金属层电阻(R_m,与金属层厚度有关,一般在~0.3 Ω/□),r_i 远大于转换长度 L_t ($r_i > 30~\mu m$,当 ρ_c 为 $10^{-8}~\Omega \cdot cm^2$),$L_t$ 在 0.1 μm 量级,R_t 可以用下式计算[12]:

$$R_t = R_e + R_p \tag{7-4}$$

$$R_e = (R_s/2\pi) \sum_{i=0}^{9} \ln[(r_i + S_m)/r_i] + L_t \{[1/r_i + 1/(r_i + S_m)]\}$$
$$\tag{7-5}$$

$$R_p = (R_m/2\pi) \sum_{i=0}^{9} \ln[(r_i - L_t)/(r_i - S_s + L_t)] \tag{7-6}$$

其中 R_m 很容易从四探针测量中得出。忽略 L_t,用式(7-6)计算 R_p。参数 R_s 和 L_t 通过用式(7-4)~式(7-6)拟合 R_t-S_m 数据而获得,可以利用 MatLab 或 Excel 软件拟合 R_t-S_m。ρ_c 由下式决定:

$$\rho_c = R_s \times L_t^2 \tag{7-7}$$

在普通 CTLM 结构中,拟合 R_t-S_m 数据同样可以得到 R_s 和 L_t,ρ_c 同样用式(7-7)来求得。下面解释 MR-CTLM 相对于 CTLM 的优点。对于由 CTLM 结构提取的接触电阻值 R_c,可以用 Lump 模型近似地表达为

$$R_c = R_s L_t \coth(L_c/L_t) + R_m(L_c - L_t) \tag{7-8}$$

今天,在典型欧姆电阻工艺条件下,$R_s \sim 100~\Omega/□$, $\rho_c \sim 10^{-8}~\Omega \cdot cm^2$,给出的 $L_t \sim 0.1~\mu m$。由于 $L_c \gg L_t$,式(7-8)可简化为

$$R_c = R_s L_t + R_m L_c \tag{7-9}$$

其中 $R_s L_t$ 就是有效接触电阻,$R_m L_c$ 代表寄生金属电阻,$R_m L_c/R_s L_t$ 的值给出寄生金属电阻对 ρ_c 提取准确度的影响,要获得足够灵敏和准确的测量,这个比值必须远小于 1。例如,当我们采用大尺寸 CTLM 结构数据: $R_s = 100~\Omega/□$, $L_t = 0.1~\mu m$, $R_m = 0.3~\Omega/□$ 和 $L_c = 50~\mu m$,则 $R_m L_c/R_s L_t$ 的计算结果为 1.5,远大于 1。当然,把 P_2 和 P_3 探针放到环的边缘附近可

以帮助减小 L_c，但这使测量强烈依赖于探针放置位置的准确性，这样 ρ_c 测量值会有很大的离散性，特别是当提取接近 10^{-8} $\Omega \cdot cm^2$ 的低 ρ_c 时，数据离散性会成为突出问题。

如果采用 MR - CTLM 结构，比值 R_p/R_e 跟 CTLM 结构中的 $R_m L_c/R_s L_t$ 相似，可以作为寄生金属电阻影响 ρ_c 提取值准确性的指标，这个比值也必须远小于 1。采用典型参数：$R_m = 0.3$ $\Omega/\square$、$R_s = 100$ $\Omega/\square$、$S_m = 1$ μm、$S_s = 10$ μm 和 $L_t = 0.1$ μm，计算出的 R_p/R_e 值为 0.022。相比于 CTLM 中大的 $R_m L_c/R_s L_t$ 值，这样一个超小的比值清楚地表明了 MR - CTLM 相对于 CTLM 在抑制寄生金属电阻对提取阻值的影响方面的巨大优势。在设计 MR - CTLM 结构时，从减小 R_p/R_e 以提高 ρ_c 提取的准确性的考虑出发，可以做进一步处理：(1)通过沉积更厚的金属膜获得更小的 R_m 值；(2)使用更小的 S_s；(3)使用尽可能小的 r_0，当然要首先保证在内电极上能够放得下两个探针；(4)串联尽可能多的 CTLM。

MR - CTLM 结构的其他优点还包括：(1)工艺简单，只需要一步光刻；(2)大 R_e 减小了 ρ_c 提取值的数据波动；(3)大 R_e 减轻了每次测量都要把探针放在相同位置的硬性要求，使它在提取超低 ρ_c 时成为特别有吸引力和行之有效的测试手段。

7.2.2　RTLM 结构

图 7 - 4(a)和图 7 - 4(b)分别描述了 TLM 和 RTLM 测试结构[14]。尽管它们初看起来很不同，但就准确提取 ρ_c 的基本思路而言非常相似。如图所示，两个结构分别检测从外面的两个接触(P_1 和 P_4)之间的电流和内部两个探针之间的电流，后者给出不同间距 d 的两个接触之间的电压降。对于接触长度 $L \geqslant 1.5 L_t$ 的情况(这一条件在现阶段的 CMOS 中总是满足的，因为 L 的典型值为 100 μm，而 $L_t \sim 0.1$ μm)，在内部的两个接触测得的总电阻 R_t[14] 为

$$R_t = (R_s/w)(d + L_t) \tag{7-10}$$

对于不同接触间距，测出 R_t，将 R_t - d 的数据在图 7 - 4(c)中标出坐标，从坐标图中可以提取 R_s、L_t 和 R_c，应用式(7 - 7)即可得到比接触电阻率 ρ_c。

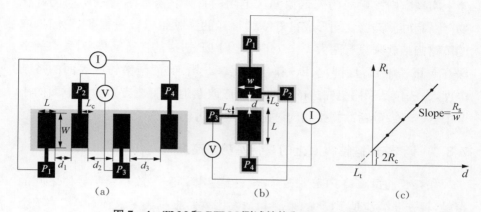

图 7-4 TLM 和 RTLM 测试结构和 R_t-d 坐标图

（a）TLM 测试结构； （b）RTLM 测试结构； （c）TLM 和 RTLM 的 R_t-d 坐标图

RTLM 相对于 TLM 结构的优点在于明显减小的 L_c。采用典型数据，如普通 TLM，$R_s = 100\ \Omega/\square$，$L_t = 0.1\ \mu m$，$R_m = 0.3\ \Omega/\square$ 和 $L_c = 20\ \mu m$；而对于 RTLM，$R_s = 100\ \Omega/\square$，$L_t = 0.1\ \mu m$，$R_m = 0.3\ \Omega/\square$ 和 $L_c = 2\ \mu m$。$R_m L_c / R_s L_t$ 值对于 TLM 和 RTLM 分别为 0.6 和 0.06。RTLM 明显减小的 $R_m L_c / R_s L_t$ 值保证了准确而可靠的 ρ_c 提取。除了减小 L_c 之外，RTLM 中的接触间距 d 通常远小于 TLM 结构，这提升了接触电阻在由公式 (7-10) 测量出的总电阻中的占比。结果，扩散层电阻小的离散性不会在所提取的 ρ_c 中造成大的偏差。进一步提升 RTLM 结构 ρ_c 提取准确性和灵敏度的建议有：(1)更小的 d；(2)更小的 L_c。需要指出的是，尽管更小的 d 可以帮助提升 R_c 在 R_t 中的占比，更小的 L_c 可抑制寄生金属电阻对测得的 R_c 的影响，但是，光刻和干法刻蚀造成的尺寸不一致性也会给 ρ_c 值的提取造成很大的不确定性。

7.3 硅/硅锗衬底上的欧姆接触

CMOS 技术中用的沟道材料绝大多数是硅，而由选择性外延生长 (selectively epitaxial growth，SEG)的硅锗则广泛地应用于 pMOS 的源漏区以向沟道施加压应力，同时降低源漏方块电阻。因此，在源漏区的硅/硅锗上实现欧姆接触成为降低源漏区电阻的首要任务。尽管在不同的硅化物/金属和硅/硅锗之间形成良好欧姆接触的文献报道数量很多，它们采取的策略归纳起来只有两大类：(1)降低因FLP造成的肖特基势垒，采取的方法有MIS方法、界面钝化、DS和合金化；(2)增加硅/硅锗衬底表面的掺杂浓度，方法包括采用更先进的退火设备或改变退火工艺方案。在下面的小节中，关于硅/硅锗欧姆接触的讨论将主要集中于这两个大类。

7.3.1　调节硅/硅锗衬底上的肖特基势垒高度

　　如果要通过减轻FLP来改善硅/硅锗和锗/Ⅲ-Ⅴ族材料半导体之间的接触，首先要搞清楚FLP的来源和诱发因素。根据参考文献[15]，关于金属/半导体接触的FLP的机理已经争论了很长时间。FLP有两个起源：一是金属在禁带中引入的态(metal-induced gap states，MIGS)，另一个是半导体的界面态。如图7-5(a)所示，起因于金属自由移动电子波在材料中的衰减，MIGS在半导体禁带中的密度从界面向内部逐渐消失。图7-5(b)中，界面态是由带有未配对的半导体表面的共价键造成的，如悬挂键。此外，当半导体表面暴露在空气中，会吸附水、氧气、二氧化碳等，形成天然氧化物，造成界面态。MIGS和(或)界面态把FLP钉扎在电中性能级(ϕ_0，E_{CNL})附近，意味着肖特基势垒高度与金属功函数无关，如图7-5(c)所示。MIGS的产生被认为是基于本征机理，而界面态通常被认为基于非本征机理。显然，要实现半导体衬底上的欧姆接触，释放被钉扎的费米能级来降低SBHs是一个重要的关注点。

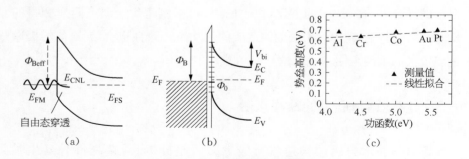

图 7-5　能带图及功函数

(a) MIGS；　(b) 表面态将FLP钉扎在 E_{CNL} 附近；　(c) SBHs

与上述两个起源相对应,减轻 FLP 的方法可以归纳为四大类:(1)MIS;(2)界面钝化;(3)DS;(4)合金化方法。对于 MIS,基本概念是使用一个绝缘层阻挡住自由移动电子波向半导体中的穿透,释放 FLP;对于界面钝化,外来原子如硫族元素和卤素被用来钝化半导体表面的悬挂键,从而减轻 FLP;在 DS 技术中,掺杂原子如硼、铟、磷和砷被引入硅化物(或锗化物)与硅/硅锗或锗的界面,分凝的掺杂引起很强的能带弯曲,把费米能级拉向带边方向;在合金化方法中,镍与不同功函数的金属形成合金,调节硅化物/半导体接触的肖特基势垒高度。需要指出的是,后面 3 种方法可以同时使用来完成费米能级去钉扎的任务,而不是只能单独使用。例如,使用硫钝化时,界面态钝化和硅-硫或锗-硫偶极子的形成都起到释放 FLP 的作用[16]。在下面几个小节中,将对使用上述方法调节 SBHs 的方法做综合评述。

7.3.1.1　MIS 方法

绝缘体如氮化硅、二氧化钛、氧化锌、氧化镍和 AlO_x 等被成功地应用于硅的 SBHs 调节。氮化硅作为在金属与硅之间的绝缘层候选材料,可以有效释放 FLP。Connelly 等[19, 20]在一系列低功函数金属(铝、镁、铒、镱)和 n 型硅之间插入一层超薄氮化硅层。该氮化硅薄层是在超高真空腔室中,在高温下采用低能氮源生长的。金属膜层也在同一真空中沉积。氮化硅的生长存在一个最佳时间,给出的膜层厚度适中,即能够有效地阻挡 MIGS,又不会过分增大遂穿电阻,因此获得了最低接触电阻。这样的 MIS 接触的开态电流与金属-半导体接触相比有很大的提升。其中采用镁作为接触金属的器件电学表现比其他金属更好,可能与其界面层厚度和均匀性有关。使用最佳厚度的氮化硅绝缘层实现了~0.2 eV 的低电子 SBHs(ϕ_{bn})。在参考文献[21]中,Grupp 等在镁/n - Si 之间引入超薄氮化硅,也成功地减轻了 FLP,把 ϕ_{bn} 从 0.38 eV 减小到 0.16 eV。

King 等使用 AlO_x 薄层减轻硅上的 FLP[22]。厚度为 $1\sim2$ nm 的 AlO_x 在 120 ℃下由 ALD 沉积到硅衬底上,形成镍/AlO_x/硅接触。实验发现 1.5 nm 厚的 AlO_x 已经可以通过降低表面态来释放 FLP。对于 n 型和 p 型 MIS 接触,SBHs 分别降低了 30%(从 0.57 eV 降到 0.43 eV)和 20%(从 0.56 eV 降到 0.45 eV)。Wang 等使用氧化铝(Al_2O_3)绝缘层把硅的中带陷阱态由 3.45×10^{11} cm^{-2}/eV 降低到 1.495×10^{11} cm^{-2}/eV[23]。

    p - Si 的 FLP 可以通过引入薄氧化镍层来改变[24]。在中等掺杂（10^{16} cm^{-3}）的 p - Si 晶圆上，采用射频磁控溅射氧化镍靶材沉积 2.6 nm 的氧化镍。为了比较不同金属在有和没有氧化镍的情况下的 SBHs，沉积了 3 种不同金属（铝、钼和铂）。实验发现对于低功函数金属，如铝，其空穴的 SBHs（ϕ_{bp}）在插入氧化镍时增大，而对于高功函数金属，如铂，ϕ_{bp} 减小。这表明只要金属的功函数合适，插入氧化镍层就能减轻 FLP，调节 SBHs。特别是，因为氧化镍层既然具有降低 p - Si 与大功函数金属之间接触的 ϕ_{bp} 的能力，而镍本身也是大功函数金属，因此可以作为上述实验中铂的替代材料。对于铂/氧化镍/p - Si 接触，空穴的 SBHs 可以降低到 0.1 eV 以下。

    对于 MIS 接触，其总接触电阻主要可以分为 3 个部分：(1) 与绝缘层厚度有关的遂穿电阻，R_{tunnel}；(2) 与热电子势垒高度有关的电阻，R_{TE}；(3) 在绝缘层中发射热电子后，由于受到发射电子的散射而产生的电阻，R_{Ins}[25, 26]。MIS 接触的总电阻是更厚的遂穿势垒与更低的热电子势垒之间竞争的结果，换句话说，MIS 接触的总电阻不仅依赖于 FLP 的减小，而且依赖于绝缘层遂穿电阻的大小。为了更有效地释放 FLP（以获得更低的 R_{TE}），希望绝缘层越厚越好，但这样做会造成 R_{tunnel} 的急剧增加。对于不同的绝缘层材料，有一个最佳厚度，给出最低的总电阻，而这强烈依赖于绝缘层相当于硅的 CBO。前述的氮化硅、AlO$_x$ 和氧化镍绝缘层的 CBO 很大，最佳厚度是如此之小以至于费米能级释放的效果并不明显。考虑到费米能级去钉扎和减小总电阻之间的平衡，与硅之间的 CBO 很大的绝缘层如二氧化钛、氧化锌是倍受期待的。

    在文献[27]中，Agrawal 等在 n - Si 上沉积不同的金属（钼、铂、镍、钛），形成含有 1 nm 界面二氧化钛和没有二氧化钛的 MIS 接触。从获得的 I - V 特性上看，没有二氧化钛时，改变金属功函数在反向电流密度上产生的效果几乎观察不到。在插入 1 nm 二氧化钛之后，反向电流明显改善，并且改善的幅度明显地随金属功函数而改变。这些观察结果表明在没有二氧化钛的接触中，电流受限于 FLP 造成的大 ϕ_{bn}，引入 1 nm 二氧化钛可有效减轻 FLP，降低 ϕ_{bn}。在钛/1 nm 二氧化钛/n - Si MIS 接触中，获得了 0.15 eV 的 ϕ_{bn} 和 0.075 的钉扎因子（而在没有绝缘层的钛/n - Si 接触中，为 0.24 eV）。界面层的低有效势垒高度、高衬底掺杂和高电导率是在 MIS 接触中获得低比接触电阻率的关键必要条件。其他研究也报道了二氧化钛被用作绝缘层释放 FLP、降低 ϕ_{bn} 值的结果。例如,文献[28]报道钛/二氧化钛(1 nm)/n‑Si 和镱/钛/二氧化钛(1 nm)/n‑Si 分别获得了 0.28 eV 和 0.21 eV 的 ϕ_{bn}。另一项工作中,1.5 nm 的二氧化钛插入到锆和 n‑Si 之间,降低了 ϕ_{bn},使驱动电流增加 92%[29]。

氧化锌是另一个具有小 CBO 的绝缘层材料,被用来降低 n‑Si 的 FLP。Paramahans 等[30]在钛和 n‑Si 之间插入高掺杂的 n^+‑氧化锌界面层,使电流密度提高了 1 000 倍,成功地将其由整流接触转变为欧姆接触。这样,氧化锌与二氧化钛一样,成为理想的实现低阻 n 型欧姆接触中界面层的候选材料。因为氧化锌与硅/锗的能带对准性能好,同时还可能在氧化锌中通过热退火实现高的 n 型掺杂浓度[30]。

7.3.1.2　界面钝化

半导体表面的悬挂键和表面弛豫区的键会带来表面态,造成 FLP 和能带弯曲。当金属膜沉积到硅表面,界面态(即沉积前的表面态)钉扎费米能级,使得 SBHs 主要由界面态控制,而不再对金属功函数和硅电子亲和力的变化敏感[31]。引入界面原子如硫、硒或氯可以钝化悬挂键,减少界面态的电荷密度。结果可以减轻 FLP,有效调节 SBHs。图 7‑6 描绘了在高真空下硅(100)的清洁表面和钝化后的表面。由图可见,在引入外来原子硫硒或氯之后,悬挂键被钝化,界面态减少。

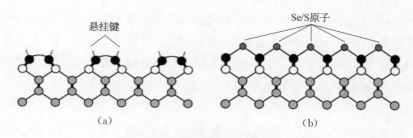

图 7‑6　表面原子结构
(a) 清洁硅(001);　(b) 硒/硫钝化的硅(001)[31]

外来原子的引入通常采用硅化物前注入工艺,即首先将硫、硒或氯离子注入到硅衬底中,再做硅化反应退火,把注入层的硅消耗掉,并将其中的注入离子推到硅化物/硅的界面上,形成硫、硒或氯掺杂富集。采用该界面钝化工艺,获得了低于 0.1 eV 的超低 ϕ_{bn} 值。

用 I-V 曲线来表征有和没有界面硫时的肖特基二极管特性,结果显示,硫的剂量增加时,反向电流明显增加,反映出 ϕ_{bn} 的持续降低。硅(100)表面在没有界面硫时的 ϕ_{bn} 值为 0.65 eV,有硫时降低为 0.07 eV。这意味着在镍与硅发生固相反应形成镍硅时,镍硅/硅界面处形成了镍硅-硫化学键。界面硫分凝调节 ϕ_{bn} 主要有以下两方面原因:第一,镍硅-硫化学键的形成改变了镍硅的功函数;第二,分凝到界面处的硫形成偶极子,钝化了界面态。在文献[16]中,采用在含有硫化氨和氢氧化氨的溶液中 60 ℃ 下浸泡 25 min,使溶液中的硫在 n-Si(100) 表面形成钝化层,在镍和硫钝化硅 (100) 之间的接触上获得了 0.15 eV 的 ϕ_{bn}。采用相似的方法,在铝和硫钝化硅(100)接触上获得了创纪录的 0.02 eV 的 ϕ_{bn}。依靠硫分凝,可以使 PtSi:C/Si:C 界面的 ϕ_{bn} 降低了 87%(从 0.85 eV 降到 0.11 eV),并通过改变硫的注入剂量,还可能进一步控制 ϕ_{bn} 值。

在分子束外延系统中采用硒在 224 ℃/60 s 的条件下做钝化实验,在硅 (100)表面形成单原子层的硒。对于有硒钝化层的铝-硅和铬-硅接触,获得的 SBHs 值与它们的理想势垒高度一致。铝-硅和铬-硅接触的 ϕ_{bn} 值分别从 0.72 eV 和 0.61 eV 减小到 0.08 eV 和 0.26 eV。他们认为是单原子层的硒钝化了悬挂键,释放了表面应变,从而有效地减少了界面态。通过硒钝化,在钛/n-Si 和镁/n-Si 接触中,很容易地获得了欧姆接触特性[37, 38]。另外也有研究将硒注入到外延生长的 $Si_{0.99}C_{0.01}$ 衬底中,再做 NiSi:C 的硅化工艺,使 ϕ_{bn} 明显减低。在采用不同硒注入剂量实现的 $NiSi:C/Si_{0.99}C_{0.01}$ 二极管中,反向电流随硒剂量的增加而逐渐增大。当剂量达到 2×10^{14} cm^{-2} 时,观察到了典型的欧姆特性,表明硒分凝带来了 ϕ_{bn} 的急剧减低。在该样品中,采用活化能测量在低正向偏压下提取到 0.1 eV 的低 ϕ_{bn} 值。

氯也被用来钝化硅衬底的表面态。Loh 等[40]证实采用硅化反应前在硅衬底中注入氯,可有效地降低 n-Si(100)的 ϕ_{bn} 值。对于注入了 1×10^{15} cm^{-2} 剂量氯的镍硅/n-Si 二极管,在活化能测量中提取到一个 0.08 eV 的超低 ϕ_{bn} 值。氯钝化的镍硅薄膜表现出很高的热稳定性,在温度升高到 850 ℃ 后,方块电阻只有很小的增加。

在文献[38]中详细地讨论了采用不同原子,如硒、硫和氯,实现界面钝化的机理。该文献认为硅表面的悬挂键在化学上是不稳定的,硫/硒/氯等原子的引入抑制了这些悬挂键的化学反应活性,通过价带修补,导致费米能级从钉扎走向释放。这类界面钝化技术的优点包括高的热稳定性,低的表面重结合和低接触电阻。需要指出的是,在硅(111)表面,每个硅原子都有一个悬挂键,Ⅶ族原子如氯和氟最适合用于终止这些悬挂键。而对于硅(100)和硅(110)表面,Ⅵ族原子如硒和硫更为合适[38]。

7.3.1.3　掺杂分凝

掺杂分凝(DS)技术最早由 Wittmer 提出[41]。该技术中,采用普通的 n 型和 p 型掺杂取代钝化技术中的外来原子,使之集聚在硅化物/硅的界面来调节 SBHs。从原理上来说,该技术有如图 7 - 7 所示的两个路径,分别为硅化反应引起的 DS(silicidation-induced dopant segregation,SIDS)和以硅化物为掺杂源(silicide as diffusion source,SADS)的分凝。在 SIDS 方法中 [图 7 - 7(a)],工艺步骤包括:(1)向硅衬底注入掺杂;(2)向衬底表面沉积金属;(3)硅化反应退火以形成硅化物薄膜,同时在硅化物/硅界面形成重掺杂堆积。需要强调的是在第三步中,注入了离子的衬垫层必须全部被消耗掉。掺杂原子在硅化物/硅界面处的分凝是由于以下两个事实:第一,硼和

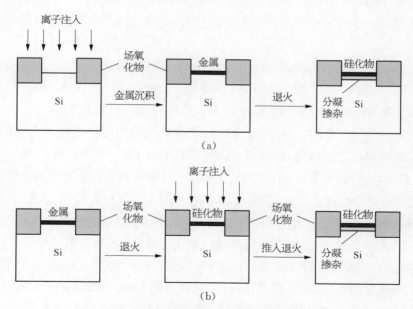

图 7 - 7　SIDS 和 SADS 的工艺步骤示意图[42]
(a) SIDS;　(b) SADS

砷在硅化物中的固溶度很低;第二,硅化反应温度(<700 ℃)下,掺杂原子在硅中的本征扩散极低。这一技术的优点在于 DS 与硅化反应同时完成,而不需要再对器件施加更高的温度来活化掺杂原子。SADS[图 7-7(b)]工艺步骤包括:(1)在硅衬底表面沉积金属;(2)做硅化反应热退火形成硅化物薄膜;(3)向硅化物薄膜注入掺杂原子;(4)做推进退火,把掺杂离子集聚到硅化物/硅界面。SADS 把硅化物的形成与 DS 过程分开来,避免了注入掺杂对硅化物形成所带来的不良影响。而且,掺杂注入到硅化物中而不是硅中,减小了注入对硅造成的损伤[42]。

Zhang 等和 Zhao 等分别采用 SIDS 在镍硅/硅界面实现了硼和砷掺杂的分凝[43, 44]。在该工作中,采用了低温硅化反应退火以避免掺杂分布在 SOI 器件中变宽。测量有和没有 DS 的肖特基势垒 MOSFET(SB-MOSFET)的转移特性,没有 DS 时,器件表现出典型的二极管特性,其 ϕ_{bn} 和 ϕ_{bp} 分别为 0.64 eV 和 0.46 eV;有砷和硼掺杂原子分凝时,n 型和 p 型 SB-MOSFET 的开态电流增加了一个数量级,亚阈值斜率改善到 ~70 mV/dec,意味着 ϕ_{bn} 和 ϕ_{bp} 都明显降低。上述结果说明高 DS 层减轻了 FLP,同时在界面造成强能带弯曲。降低了的 SBHs 和超薄的肖特基势垒增加了载流子透过势垒的遂穿概率,最终增强了器件的开态电流。

Qiu 和 Zhang 等研究了采用 SIDS 和 SADS 调节硅上镍硅和铂硅的方法[42, 45]。这两种路径中,采用硼 DS 分别可以把镍硅/n-Si 和铂硅/n-Si 的 ϕ_{bp} 降低到 ~0.1 eV。可是在 SADS 方法中,铟 DS 只对铂硅有效果,可以获得 ~0.1 eV 的 ϕ_{bp};而对于镍硅,ϕ_{bp} 没有大的改变。出现该现象的原因是推进退火之后镍硅/硅界面未出现明显的铟 DS。对于砷和磷在 p-Si 上的 DS,实验发现采用 SIDS 方法的砷 DS 对镍硅和铂硅都有明显效果,在经过 ≥600 ℃ 的推进退火之后,ϕ_{bn} 降到 ~0.1 eV。Deng 等[46] 了采用改进的 SADS 方法有效地实现了对镍硅的 SBHs 的调节。在该方法中,首先在 300 ℃/60 s 条件下形成富镍的硅化物(硅化二镍,Ni_2Si),而不是传统 SADS 中的镍硅(NiSi);然后将硼或砷注入到硅化二镍中;随后做推进退火,把硅化二镍转变为镍硅,同时实现在镍硅/硅界面的 DS。该改进的 SADS 方法因为使用了两步硅化反应,更适合于实际的 CMOS 制造。改进 SADS 的硼和砷 DS 获得的 ϕ_{bn} 和 ϕ_{bp} 值,即使是采用较低温度的推进退火,也都达到了～0.1 eV。物理表征显示采用改进 SADS，硼/砷掺杂在镍硅/硅界面处的分布更集中，浓度很高[46]。

SIDS 和 SADS 方法已经用于实际的器件制造。Gudmundsson 等[47]使用砷 DS 制造了性能良好的 n - SB - MOSFET，Larrieu 等证实采用砷 DS 在集成了 YbSi$_{1.8}$ 的 n - SB - MOSFET 中获得了约等于 0.1 eV 的 ϕ_{bn} 值。Shang 等[49]采用硼 DS 制造的 p - SB - MOSFET，把镍硅的 ϕ_{bp} 调到了 0.103 eV。Sinha 等[50]和 Koh 等[51]分别采用铝 DS 制造镍硅 SB - MOSFET，把 ϕ_{bn} 降低到 0.1 eV。

DS 技术背后的机理是在硅化物/硅界面处形成的重掺杂硅层引起了界面上的导带和价带的严重弯曲，从而有效改变多数载流子 SBHs。所考察到的掺杂注入在 SBHs 调节上的效果可以理解为在硅化物/硅的界面处的 DS 引起了一个偶极子层，减轻了 FLP[45]。第一性原理计算的结果指出，当原子在离硅化物/硅的界面最近的第一个硅单原子层中形成替位掺杂时，系统为最稳定状态[52]。结果，这些替位原子从界面态获取电荷，形成横穿界面的偶极子。图 7 - 8 描绘了偶极子引起的能带变形。替位原子硼和铟原子应该会带负电，使能带向上弯曲，导致从硅化物到硅的势垒 ϕ_{bn} 的增大[图 7 - 8(a)]，而替位原子砷和磷带正电，因此能带向下弯曲，导致增大的 ϕ_{bp} 值 [图 7 - 8(b)]。这些对少数载流子的势垒增加，意味着对多数载流子的势垒降低，因为两者之和为硅衬底的禁带宽度。

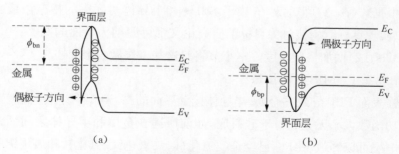

(a)　　　　　　　　　　　　(b)

图 7 - 8　硅化物/硅界面处能带变形
(a) 硅中带负电的掺杂(硼、铟)；　(b) 硅中带正电的掺杂(砷、磷)[45]

7.3.1.4　合金化
不同硅化物的 SBHs 不同。因此可以通过把两种金属硅化物合金化来调节 SBHs。稀土金属硅化物在 n‐Si 上的肖特基势垒很低,晶格尺寸与硅接近,且具有通过外延生长的可能性[53]。根据报道,很多稀土金属的硅化物在 n‐Si 上有低 ϕ_{bn} 值,如硅化镝(DySi$_2$)、硅化铒(ErSi$_2$)和硅化镱(YbSi$_2$),ϕ_{bn} 值分别为 0.37~0.39 eV[54]、0.28 eV[56]、0.3 eV(YbSi$_{1.8}$)[55]。因为镍硅的 ϕ_{bn} 高达 0.7 eV,可以考虑将镍与稀土金属形成合金,来调节镍硅的 ϕ_{bn}。Yeo 等研究了镍与镱、铒、钛和铝形成合金硅化物对 ϕ_{bn} 的调节作用,发现 NiYbSi、NiErSi、NiTiSi 和 NiAlSi 的 ϕ_{bn} 值与镍硅比减小了 0.1~0.3 eV。文献[58]指出,对于 NiYbSi,镱添加量为 30% 时,少量的镱会集聚在镍硅和硅界面,将 ϕ_{bn} 降低到 0.12 eV。实验发现,在 600 ℃ 下,铂和铒的合金硅化物的 ϕ_{bn} 最低,小于 0.1 eV[59]。

另一方面,为了得到低 ϕ_{bp},通常采用镍与拥有大功函数的铂形成合金。铂硅拥有一个 0.24 eV 的低 ϕ_{bp},是一个理想的制造 p‐SB‐MOSFET 的硅化物。采用镍和铂合金化对硅化物的热稳定性还有改善作用。Yeo 等[57] 和 Lee 等[60] 研究了 p‐FinFET 上形成的 Ni$_y$Pt$_{1-y}$SiGe 合金接触。结果显示铂明显改善了镍硅锗的晶相稳定性,同时由于有效抑制锗的外溢,降低了 ϕ_{bp}。p‐FinFET 上形成的 Ni$_{0.90}$Pt$_{0.10}$SiGe 接触获得了 0.193 eV 的 ϕ_{bp} 和相比于镍硅锗接触 18% 的驱动电流的提升。

7.3.2 实现欧姆接触的方法

根据式(7‐3)可知,ρ_c 依赖于 SBHs 和半导体衬底中的掺杂浓度。因此,以实现良好欧姆接触为目标的研究论文都可归纳为下面的两类:(1)降低 SBHs;(2)增加掺杂浓度。本小节将对这些工作做一个综述。

7.3.2.1 MIS 欧姆接触

强表面 FLP 导致在金属‐半导体接触界面的高 SBHs,该势垒高度与金属的功函数大小无关。对于硅衬底,如前所述在金属和半导体之间插入超薄介电层可以释放 FLP。已经证实氮化硅、二氧化钛、氮化钛和氧化铝等都可用作绝缘层,通过调节 SBHs 减小 ρ_c。

Connelly 等[19] 和 Grupp 等[21] 在低功函数金属(镱、镁、铝)与 n^+‐Si 之间插入氮化硅,获得了约等于 0.2 eV 的 ϕ_{bn},有效地降低了接触电阻。I‐V 特性测量表明引入界面氮化硅把原来的非线性 I‐V 曲线转变为线性欧姆接触。

Coss 等[61, 62]分别采用氮化钽/二氧化硅和 AlO$_x$/二氧化硅双层结构作为绝缘层制造了 p‑FinFET。其中的 AlO$_x$ 由 ALD 工艺在接触孔中沉积而成，而二氧化硅则是在 ALD 工艺中通过人为地引入衬底表面再氧化条件而原位生成，分别完成了电流‑电压特性、小信号 AC 电容‑电压特性和接触链测量。统计分析结果证实有二氧化硅层的器件与只有氮化钽的器件相比表现出明显的 ρ_c 降低。在氮化钽和 n^+‑Si 之间插入 AlO$_x$/SiO$_x$，ρ_c 降低了 25%（从 4.47×10^{-8} Ω·cm^2 降到 3.46×10^{-8} Ω·cm^2），而这又转化成 20% 的开态电流的增加（从 550 μA/μm 增至 650 μA/μm），同时在关态电流上没有出现性能退化。ρ_c 的降低来源于在接触界面的插入层对 ϕ_{bn} 的减小。实验还表明厚度≥2 nm 的介电层会大幅减小穿过接触界面的载流子数量，不再适合应用于欧姆接触。

King 等[22]也研究了使用 AlO$_x$ 界面层在轻掺杂（~10^{15} cm^{-3}）的 n‑Si 和 p‑Si 上改善金属/半导体电导的可能性。他们使用热 ALD 在 n‑Si 和 p‑Si 衬底上的 MIS 欧姆接触中形成超薄介电层。在硅衬底上，120 ℃下沉积 1~2 nm 厚的 AlO$_x$，之后进入金属化工艺，形成镍/AlO$_x$/硅接触。J‑V 特性测试显示反向饱和电流密度在镍/硅接触中很低，而在镍/AlO$_x$/硅接触中，实现了超过两个数量级的提升。这个反向电流密度的增加对应于比接触电阻率的降低，从中提取到 1.5×10^{-5} Ω·cm^2 的小 ρ_c。值得强调的是该工作中使用了一个 200 ℃ 的热退火来形成欧姆接触。这个退火处理有可能导致金属的迁移，改变界面处材料组成。这种组分变化也有可能在增大掺杂浓度之外对抑制界面态，减小 ρ_c 有所贡献。

如前所述，在 MIS 接触中，强烈希望绝缘层的 CBO 足够小，以便获得最低的总电阻（包括接触电阻和遂穿电阻）。二氧化钛的 CBO 接近于零，于是目前被应用于最先进技术的 MIS 接触中。在文献[27]中，Agrawal 等介绍了在金属和 n^+‑Si 之间使用二氧化钛的 MIS 和金属‑半导体的接触。首先，在 ALD 腔室中沉积 1~2 nm 的二氧化钛绝缘层。之后，采用电子束蒸发技术分别沉积厚度为 2 nm 的 4 种不同金属（镍、铂、钛和钼）和 8 nm 金帽层，以研究金属功函数对 MIS 接触到影响。实验表明，在没有绝缘层时，镍/硅和钛/硅的 ρ_c 分别为 1.8×10^{-6} 和 1.4×10^{-7} Ω·cm^2。对于插入

2 nm 二氧化钛的镍/二氧化钛/硅接触,观察到的最小 ρ_c 为 $5 \times 10^{-7}\ \Omega \cdot cm^2$,与镍/硅接触比,有 4 倍的降低。而在 1 nm 二氧化钛的钛/二氧化钛/硅接触中,获得了 $9.1 \times 10^{-9}\ \Omega \cdot cm^2$ 的 ρ_c,比钛/硅接触降低了 13 倍。这些 ρ_c 降低是有效 ϕ_{bn} 降低的结果。Borrel 等[29]研究了插入绝缘层在接触电阻调节上的效率,发现锆/二氧化钛 (1.5 nm)/n^+ - Si($N_d = 10^{20}$ cm^{-3})MIS 接触可以等效为一个 $\rho_c \sim 10^{-9}\ \Omega \cdot cm^2$ 的理想欧姆接触。Remesh 等[28]在镱/TiO$_{2-x}$/n^+ - Si 接触中也得到了 $2.1 \times 10^{-8}\ \Omega \cdot cm^2$ 的超低 ρ_c。

Yu 等在文献[63,64]中比较了不同半导体掺杂浓度 N_d 获得的 MIS 和金属-半导体接触的 ρ_c。在钛和 n^+ - Si 之间插入 ALD 沉积的二氧化钛形成 MIS 接触,提取了它们的平均 ρ_c。实验得到的 ρ_c - N_d 数据表明 MIS 的 ρ_c 值远低于金属-半导体。对应于 $N_d < 10^{19}$ cm^{-3},ρ_c 值约为 $10^{-8}\ \Omega \cdot cm^2$;可是对应于 $N_d = 4 \times 10^{19}$ cm^{-3},钛/n^+ - Si 接触的结果好于钛/二氧化钛/n^+ - Si 接触。Kim 等[65]也获得了相似的结论。他们发现,在中低掺杂水平,插入不同绝缘层的 MIS 接触的 ρ_c 值明显低于金属-半导体接触。可是,在更高的掺杂水平($>10^{20}$ cm^{-3}),这种降低效果不再明显,因为在高掺杂条件下,势垒高度的降低可以忽略不计,不会再对 ρ_c 降低做出贡献。因此可以断言,MIS 接触对中等掺杂水平 ($N_d < 10^{20}$ cm^{-3}) 的半导体器件的 ρ_c 值降低十分有效,但对高掺杂浓度的半导体器件效果不彰。上述 MIS 接触还有一个问题,即二氧化钛的热稳定性问题。因为它在 300～500 ℃的温度下的快速热退火过程中就会发生分解,丧失 MIS 接触的优点——绝缘层钝化和低 ϕ_{bn}[66]。文献[67]建议采用等离子体氮化方法来提高钛/二氧化钛/n - Ge 欧姆接触中二氧化钛层的热稳定性。

7.3.2.2   界面钝化欧姆接触

碲、硒和硫原子能够被吸附在金属/半导体界面,消除界面悬挂键,导致界面态减少,降低接触电阻。这种方法与采用硅化反应前卤素注入实现 DS 的方法有相似之处。在硅化反应之后,在接触界面发生分凝,通过卤素原子钝化悬挂键和界面态。

在铂硅/n^+ - Si 界面引入碲可以有效降低接触电阻[68,60]。碲的注入先于铂沉积,其分凝则在铂的硅化反应过程中发生。为了研究碲离子对 PtSi/n^+ - Si:C 界面 ϕ_{bn} 的影响,在室温下测量了不同碲注入剂量的肖特基二极

管的 I-V 曲线。实验表明,反向电流随碲注入剂量的增加而增大,意味着 ϕ_{bn} 逐渐增加。与没有碲注入的 $PtSi/n^+$-Si:C 接触相比,注入剂量为 1×10^{15} cm^{-2} 时的反向电流数值增加了 10^6,对应于一个 0.12 eV 的 ϕ_{bn} 值。在应变的 n-FinFET 中,源漏的寄生电阻从没有碲注入的 438 $\Omega\mu m$ 降到 166 $\Omega\mu m$,降幅达 62%,这带来了 20% 的器件饱和驱动电流的提升。碲在 $PtSi/n^+$-Si:C 界面的分凝不会导致在短沟道效应和迁移率方面的性能退化。对于碲分凝对铂硅的 ϕ_{bn} 发生影响的机理,除了钝化悬挂键之外,还包括因为产生带电的类施主态促进载流子在 $PtSi/n^+$-Si:C 势垒两侧的遂穿效应。

硒原子也被引入硅化物/n^+-Si 界面用以减小比接触电阻率。Wong 等[70]报道了在镍硅/n^+-Si 中采用硒分凝获得的性能优异的超薄体硅 (ultra-thin body, UTB)nMOSFET。在镍的硅化过程中,已经注入的硒在镍硅/n^+-Si 接触界面发生偏析。注入了硒的 UTB nMOSFET 的 I-V 特性比未注入硒时源漏电阻降低 74%。在另一项实验研究中[71],硒偏析在 $NiSi/n^+$-$Si_{0.99}C_{0.01}$ 中获得了优秀的欧姆接触,并使应变 SOI nMOSFET 的驱动电流提升 23%。采用 3 种工艺分析硒偏析对 $TiSi_x$ 和 NiPtSi 接触的影响:(1)NiPtSi 之后再注入硒的流程;(2)$TiSi_x$ 之后注入硒的流程;(3)$TiSi_x$ 之前注入硒的流程。结果表明,两种硅化反应之后的硒注入和分凝对 ρ_c 无显著影响,而 $TiSi_x$ 之前的硒注入流程给出了 40% 的 ρ_c 降低。研究还表明硒注入层必须被硅化反应全部消耗,即硒不能离硅化物和衬底界面太远。把这种 $TiSi_x$ 之前的低能硒注入与高温退火工艺结合,可以把 ρ_c 降低到 8×10^{-9} $\Omega \cdot cm^2$。Rao 等[73]采用相同的工艺和最优工艺条件下 (1.5 keV 注入,850 ℃)的退火,在 $TiSi_x/n^+$-Si 中获得了 7×10^{-9} $\Omega \cdot cm^2$ 的 ρ_c。

硫分凝是另一个降低 ρ_c 的有效路径。Lee 等[35]展示了硫分凝在 $PtSi/n^+$-Si:C 接触的优越性。采用硫分凝的器件与没有硫分凝时比较,饱和驱动电流有 45% 的改善,这个提升得益于寄生源漏电阻的降低,寄生电阻值从 722 $\Omega \cdot \mu m$ 降到 356 $\Omega \cdot \mu m$,对应 87% 的 ϕ_{bn} 降低。Koh 等[74]研究了硫分凝对 NiSi:C 接触源漏电阻和 ϕ_{bn} 的影响。1×10^{14} cm^{-2} 的硫在硅化反应之前注入到 $Si_{0.99}C_{0.01}$ 中,硅化反应后,硫界面分凝,使反向电流提升

了 10^4 倍,对应的 ϕ_{bn} 为 0.1 eV。把该方法应用到嵌入了 Si:C 的 n-FinFET 中,源漏电阻从 1 214 $\Omega \cdot \mu m$ 降低到 208 $\Omega \cdot \mu m$,降幅达到 83%。需要指出的是,尽管有上述令人鼓舞的结果,硫在源漏掺杂活化所必须的高温退火过程中会发生外扩散,有可能使它最终无法在欧姆接触中得到实际应用。

7.3.2.3 掺杂分凝欧姆接触

有证据表明在硅化物和硅界面发生 DS 可以有效降低 ρ_c。与正常情况下通过重掺杂降低 ρ_c 的做法不同,DS 技术不受杂质在硅中固溶度的限制,同时具有在横向保持可控的扩散前阵线的优点。已有几个研究小组报道了采用 DS 技术获得接近 10^{-9} $\Omega \cdot cm^2$ 的低 ρ_c 的结果。

砷和硼 DS 已广泛地运用于器件中,有效降低接触电阻。砷 DS 与 $CoSi_2$ 结合,在传统的 nMOSFET 中将驱动电流提升 20%[75, 76],而这个提升归功于硅化钴的方块电阻和 ρ_c 的降低。Zhang 等[77] 采用 SADS 在 $NiPtSi/n^+$-Si 和 $NiPtSi/p^+$-Si 中实现了明显的 ρ_c 降低。将硼或砷注入到 p^+ 型或 n^+ 型硅上的 $Ni_{0.9}Pt_{0.1}Si$ 薄膜中,再做低温推进退火,可在镍铂硅/硅界面引入 DS。提取的 ρ_c 数据显示硼 DS 使 ρ_c 从 2.5×10^{-8} $\Omega \cdot cm^2$ 降低到 7×10^{-9} $\Omega \cdot cm^2$。采用相似的方法,砷 DS 使 ρ_c 从 1×10^{-8} $\Omega \cdot cm^2$ 降低到 6×10^{-9} $\Omega \cdot cm^2$。在不同偏压下对 ρ_c 检测的实验表明,在没有 DS 时,由于相对较大的 SBHs,ρ_c 强烈依赖于偏压大小。有砷或硼 DS 时,ρ_c 对偏压的依赖得到很大的抑制,表明 DS 产生的掺杂原子的积聚有效地降低了势垒高度。Luo 等[78] 也研究了 SADS 引入的 ρ_c 变化。将 1×10^{15} cm^{-2} 剂量的砷或硼注入到 p^+-Si 或 n^+-Si 上的铂硅薄膜中。退火后铂硅/硅界面上砷或硼原子的积聚由 SIMS 证实。结果表明,砷或硼在相反极性的扩散区内的 DS(硼在 n^+-Si 上,砷在 p^+-Si 上)会导致 ρ_c 增加。而它们在相同极性的扩散区内(硼在 p^+-Si 上,砷在 n^+-Si 上)的 DS 使 ρ_c 减小。上述 ρ_c 改变的机理主要为界面偶极子的形成对 SBHs 的调节作用,而不是掺杂浓度的改变。

Kenney 等[79] 报道了采用锑/砷/锗 DS 改善 n-FinFET 性能的工作,表明这 3 种杂质都能有效降低硅的本征电阻和 ρ_c。实验表明,存在最优的掺杂剂量,使 ρ_c 最小。对于砷和锗,最优剂量为 5×10^{14} cm^{-2},能分别给出

25％和 20％的本征电阻减低。而对于锑,最优剂量为 $5 \times 10^{13} \mathrm{~cm}^{-2}$,给出的本征电阻降低为 31％。最优条件下锑 DS 可将 ρ_c 减小到 $10^{-8} \mathrm{~\Omega \cdot cm^2}$ 以下。Wong 等[80]报道了锑 DS 降低镍硅/n^+-Si 接触电阻的实验结果。在 n^+-Si 的活化区沉积 5 nm 厚的锑,之后在电子束蒸发腔室内沉积 10 nm 的镍。经 500 ℃、30 s 的退火形成镍硅,锑掺杂原子积聚在镍硅/n^+-Si 界面。I-V 特性显示,有锑 DS 的器件,正向和反向电流相等,即接触具有典型的欧姆特性,提取的电子肖特基势垒高度为 0.09 eV。而没有锑 DS 的器件,反向电流比正向电流低 4 个数量级,表现为典型的整流特性。有锑 DS 的 n-SB-MOSFET 的驱动电流比参考样品高很多,而线性区的亚阈值斜率也更陡。有锑 DS 的器件,总电阻值从 162 Ω 降低到 88 Ω,主要来自于接触电阻的减小。

铝 DS 被应用到由硅锗产生应变的 p 型 FinFET 中,以降低接触电阻。在 NiSiGe/SiGe 中,经镍的锗硅化反应退火,实现 Al DS,可以有效地降低镍硅锗的 ϕ_{bp}[81]。铝的注入在 10 keV、$5 \times 2 \times 10^{14} \mathrm{~cm}^{-2}$ 的条件下完成,锗硅化反应退火条件为 400 ℃、30 s。通过铝 DS,实现了 30％的驱动电流增强,同时在镍硅锗晶相组成和器件短沟道效应方面都没有出现退化。Al DS 使镍硅锗的空穴 SBHs 降低 77％,从 0.53 eV 降到 0.12 eV。对应的源漏电阻因接触电阻的降低从 783 降到 617 Ω·μm。

7.3.2.4　提高掺杂浓度获得的欧姆接触

随着掺杂浓度的增加,金属/半导体接触的势垒宽度会变窄,载流子的遂穿概率会因此大幅增加,从这个角度考虑,可以最大限度地增加活化掺杂浓度来降低接触电阻。尽管可以通过原位掺杂和先进退火技术增大活化掺杂浓度,最常用的方法还是 SPER 技术。SPER 是指在单晶硅或硅锗衬底上先产生非晶层,再外延结晶的过程。在 SPER 过程中,注入的掺杂和硅原子具有相同机会占据晶格位置并被活化,因此在表面处增大掺杂浓度。得益于低温重结晶(500～650 ℃),SPER 与先进的退火技术结合已经被证明可以成为形成高陡度浅结的另一个解决方案,并具有与高 k/金属栅工艺兼容的优点[82-83]。

图 7-9 给出了接触技术中典型的 SPER 工艺流程示意图。表面预非晶化通常由锗、硅或二氟化锗离子注入实现,随后将掺杂离子注入到形成的非晶层中。之后,可以有两个选择:一个是在一次热退火中同时完成掺

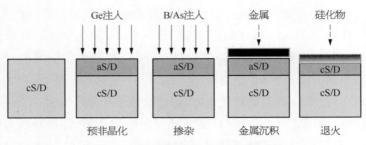

图 7 - 9　典型 SPER 工艺流程示意图

杂活化和非晶区的重结晶;另一个是在非晶层上沉积一层金属,再形成硅化物。从简单化的角度考虑,后者在最新的接触技术中应用得更为普遍[1]。

最近,大量的探索性研究集中在 $TiSi_x/n^+$- Si 和 $TiSiGe/p^+$- SiGe 欧姆接触。原位掺杂的 SPER 与毫秒激光动态表面退火(dynamic surface annealing, DSA)结合使用,增强半导体表面的掺杂活化浓度。采用高掺杂 Si:P(HD Si:P)外延层与毫秒激光退火结合的工艺获得 $\rho_c = 2 \times 10^{-9} \, \Omega \cdot cm^2$ 的 $TiSi_x/n^+$- Si 欧姆接触的研究中,掺杂活化工艺采用了原位磷掺杂加 1 150 ℃毫秒激光退火。这样做有 3 个优点:(1)高得多的 P 掺杂效率;(2)控制得更好的箱形浓度分布曲线;(3)更少的注入损伤。采用一系列串联的接触链结构,在 $10^{19} \sim 10^{21} \, cm^{-3}$ 的掺杂浓度范围内,测量不同掺杂浓度下的 ρ_c 值,获得了 ρ_c 作为磷浓度([P])的函数的曲线。最低 ρ_c 出现在 $[P] = 2.5 \times 10^{20} \, cm^{-3}$ 处,该数值即前述的 $2 \times 10^{-9} \, \Omega \cdot cm^2$。这样的 [P] 值已经超过了磷在硅中的固溶度。硅化反应分别采用 DSA(800 ~ 950 ℃)和 RTA 浸泡退火(575 ~ 625 ℃)两种退火方法,对所获得的 ρ_c 值做了比较。结果表明 DSA 给出的 ρ_c 更高,而 DSA 的温度应尽可能高,这样做在进行形成气体退火时 ρ_c 的退化最小。

在上述研究基础上,提出在 HD Si:P 外延层中再做磷注入和 DSA,更进一步地改善 $TiSi_x/n^+$- Si 的 ρ_c 的概念。这里的磷注入可以采用直接在源漏 HD Si:P 外延层上注入和在从接触开口注入这两种方法[85, 86]。结果表明,源漏区 n^+- Si 层的电阻率在没有附加注入时为 0.48 $\Omega \cdot cm$,采用源漏直接注入时降为 0.35 $\Omega \cdot cm$,而从接触开口注入时降为 0.31 $\Omega \cdot cm$[85]。值得注意的是,注入后的高温 DSA 对于恢复非晶化硅层和 HD Si:P 外延层中应变有帮助,但在温度高于 1 150 ℃时,磷的外扩散会造成表面附近磷掺杂浓度分布变差。在这一工作中,源漏直接注入采用的是低温下的线束注入。而接触开口注入,更希望采用等离子体浸没注入,这样可以在鳍上实现掺杂的保型性分布,实现在降低 ρ_c 的同时不会造成电学表现上的损失。通过对 HD Si:P 外延层的附加注入(等离子体注入或线束低温注入)再加毫秒激光退火(800 ℃),获得了创纪录的低 ρ_c,1.2×10^{-9} $\Omega \cdot cm^2$。

　　PAI 不仅通过 SPER 提升掺杂浓度,而且促进钛的硅化反应,后者也对降低 ρ_c 有所贡献。Yu 等[86]采用 PAI 加钛的硅化反应(TiSi$_x$)技术在 TiSi$_x$/n^+-Si 接触中获得了超低 ρ_c。通过原位掺杂获得磷掺杂浓度为 2×10^{21} cm^{-3} 的 HD Si:P 作为 n^+-Si 衬底,再做双脉冲 1 200 ℃ DSA,获得了 9×10^{20} cm^{-3} 的磷活化浓度。如图 7-9 所述,在锗 PAI 之后,在 500～575 ℃做硅化反应退火,形成 TiSi$_x$ 的同时上层的非晶硅实现 SPER。掠射 XRD 证实,与没有锗 PAI 相比,锗 PAI 使 TiSi$_x$ 的形成温度降低,表明锗 PAI 对硅化反应有促进作用。锗 PAI 使 ρ_c 由 8×10^{-8} $\Omega \cdot cm^2$ 降低到 1.5×10^{-9} $\Omega \cdot cm^2$ 这样一个创纪录的值,该低 ρ_c 的获得与一系列条件有关:(1)HD Si:P 外延;(2)DSA 对磷的活化;(3)锗 PAI;(4)525 ℃ RTA 中形成 TiSi$_x$,并完成非晶硅的 SPER。上述结果显示锗 PAI 加 TiSi$_x$ 硅化反应的工艺流程有以下 3 个优点:(1)在相对较低的温度下发生 TiSi$_x$ 生长时,硅发生扩散,导致空穴射入硅衬底,而锗 PAI 创造出 EOR 填隙缺陷。这两类缺陷可以相互结合;(2)锗 PAI 降低了硅化反应的热预算;(3)高磷浓度通常会抑制 TiSi$_x$ 硅化反应,而锗 PAI 消除了这种抑制作用[86]。

　　相似的工作还有采用低温硼 PAI 和随后的 SPER 获得的 TiSiGe/p^+-SiGe 欧姆接触,其 ρ_c 低至 5.9×10^{-9} $\Omega \cdot cm^2$。其中,p^+-SiGe 是在选择性硅锗外延过程中由原位硼掺杂实现的。在接触槽打开之后,在 3 个不同温度下(−100 ℃低温;室温和 450 ℃高温)注入硼,注入能量和剂量分别为 1.5 keV 和 3×10^{-15} cm^{-2}。硼注入造成的非晶硅锗将在硅化反应退火中重结晶。ρ_c-1 000/T 坐标中的数据显示最佳 ρ_c 发生在低温硼注入中,获得的 ρ_c 值为 5.9×10^{-9} $\Omega \cdot cm^2$。这一结果可能是由于低温注入生产的非晶/单晶界面更平滑,非晶化更彻底。重结晶之后,硅锗层中的缺陷大幅降低。而且,附加的硼低温注入增大了掺杂浓度。Yu 等[88, 89]将硼注入前的锗 PAI 与纳秒激光退火结合,获得 2×10^{-9} $\Omega \cdot cm^2$ 的低 ρ_c。

综上所述,最新的 CMOS 技术中,在 n^+- Si 和 p^+- SiGe 上使用的钛基接触中降低 ρ_c 值的思路可以总结为:(1)在 Si:P 或硅锗外延原位掺杂中实现尽可能高的掺杂浓度;(2)激光退火使掺杂原子活化;(3)锗 PAI 或磷/硼低温 PAI 在 n^+- Si 和 p^+- SiGe 表层产生非晶化;(4)使用低热预算的后金属退火形成 TiSi$_x$ 或 TiSiGe,同时通过 SPER 完成非晶表层的重结晶。通过优化工艺条件,未来有希望实现低于 1×10^{-9} $\Omega \cdot cm^2$ 的 ρ_c 值[89]。

7.4 Ge/Ⅲ-Ⅴ族材料衬底上的欧姆接触

如前所述,锗的空穴迁移率和Ⅲ-Ⅴ族半导体材料的电子迁移率都远高于硅,这两种材料分别作为 pMOSFET 和 nMOSFET 的沟道材料吸引了广泛关注。在Ⅲ-Ⅴ族半导体材料家族中,得到研究最多的是铟镓砷,因为:(1)铟的存在使电子迁移率进一步提高;(2)其与绝缘性磷化铟单晶的晶格匹配;(3)铟的存在减轻了表面的 FLP。因此尽管砷化镓、磷化铟和氮化镓也广泛地应用于射频、微波器件和高电子迁移率晶体管中,本节只把Ⅲ-Ⅴ族沟道材料接触的重点聚焦在铟镓砷上。

跟硅/硅锗类似,SBGs 调节对于在锗/Ⅲ-Ⅴ族材料上形成良好欧姆接触至关重要。如图 7-10(a)[90]所示,对于硅材料,不同的金属会在禁带中不同的位置引起 FLP;与此不同的是在锗中,费米能级几乎固定在靠近价带边的一个狭窄的区域内,这样的 FLP 会给在 n-Ge 中形成良好欧姆接触带来严重问题,因为它不仅有高的 ϕ_{bn},n 型掺杂的活化水平也很低[91]。有很多研究工作采用不同的方法来减轻锗中 FLP,这些将在下面的小节中讨论。与锗的情况相反,在金属/In$_{0.53}$Ga$_{0.47}$As 接触中,FLP 在导带底附近的下方,这能给出一个有利于应用的低 ϕ_{bn},如图 7-10(b)[92]所示,因此在 n-In$_{0.53}$Ga$_{0.47}$As中很容易获得良好欧姆接触。鉴于此,通过调节 SBHs 来获得在 n-In$_{0.53}$Ga$_{0.47}$As 上的良好欧姆接触的必要性不大,但考虑到市面上可能存在制造铟镓砷 pMOSFET 和金属肖特基势垒源漏器件需要,本书也会给出一定篇幅,讨论减轻铟镓砷表面 FLP 的方法。

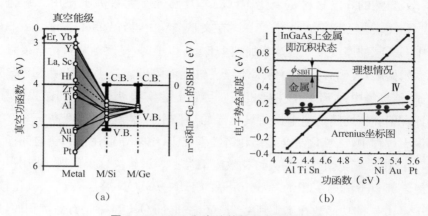

图 7-10　FLP 和肖特基势垒高度示意图

(a) 与 n-Si 和 n-Ge 接触的不同金属 FLP；(b) 金属/n-铟镓砷接触的肖特基势垒高度

7.4.1　锗/Ⅲ-Ⅴ族半导体材料的肖特基势垒高度调节

7.4.1.1　MIS 方法

各种介电层可以插入到金属和锗之间去释放 FLP。Li 等[93]研究了在钛/n-Ge 界面引入超薄氧化钇(Y_2O_3)(1 nm 厚)调节 SBHs 来减轻 FLP 的方法，氧化钇是由电子束蒸发沉积的金属层在空气中热氧化形成的。插入 1 nm 厚氧化钇，ϕ_{bn} 从 0.53 eV 降低到 0.37 eV。C-V 测量得到的数据显示这里减轻 FLP 的机理为氧化钇的钝化减少了界面态。除了减轻 FLP，氧化钇对 MIGS 的抑制作用也不容忽视，因为它有一个相对大(6 eV)的禁带宽度。

Zhou 等[94]使用薄氧化镁层减轻锗的 FLP。不同厚度的超薄高质量单晶和原子级平整的氧化镁层在 250 ℃ 由电子束蒸发外延生长在锗衬底上。实验发现，一个 0.5 nm 厚的氧化镁已经表现出释放 FLP 的能力，使 ϕ_{bn} 从 0.62 eV 降低到 0.35 eV。可是去钉扎效应对氧化镁厚度的依赖性不强，表明锗的表面缺陷产生的界面态似乎起到主宰 FLP 的作用。对于去钉扎效应对氧化镁厚度的弱依赖性存在不同的解释：该现象也可能是因为 0.5 nm 厚氧化镁已经超过了饱和厚度，这样所有 MIGS 已经被阻断，造成去钉扎不再对厚度敏感。

最自然的介电材料是氧化锗（GeO_x），已经有大量关于使用二氧化锗（或 GeO_x）减轻 FLP 的报道[95-98]。在文献[95]中，当铝/GeO_x/n-Ge 二极管中 GeO_x 的厚度从 0 逐渐增加到 1.6 nm 以上时，结逐渐从肖特基接触变成欧姆接触，表明 ϕ_{bn} 因为费米能级去钉扎而降低。这一点证明 MIGS 是金属/锗接触中强 FLP 的主要机理。尽管上述实验获得了好的结果，实验还证实铝和锗之间的热生长二氧化锗的热稳定性很差，在温度高于 300 ℃ 的退火过程中，二氧化锗会跟铝和锗发生反应，结果导致在铝和锗之间插入 2.7 nm 厚二氧化锗获得的去钉扎效应消失。为了解决这个问题，使用一个在氮气气氛下溅射沉积的 3.5 nm 厚的 HfN_x/GeON 叠层替代二氧化锗。其中，HfN_x 的功函数在 4.1 到 4.55 eV 之间，而 GeON 不是有意沉积的，是由二氧化锗在溅射 HfN_x 的氮气气氛下氮化而来。该叠层的去钉扎效应在氮气中退火直到温度超过 450 ℃ 之前都能够始终保持。实验发现[97]，在沉积铝之前通过对 n-Ge(100) 做氨等离子体表面处理，可形成一个超薄的 GeO_xN_y 层。铝/n-Ge 的 SBHs 为 0.65 eV，形成 Al/GeO_xN_y/n-Ge 后，SBHs 即因对 MIGS 的抑制而降到 0.19 eV。另一项有趣的实验使用锗基介电层 $GeSnO_x$ 来释放 FLP[98]：一个锡层由溅射沉积到锗上，再在 130 ℃ 的氮气中退火 5 min，增加锡在锗中的掺杂浓度；之后在盐酸溶液中去除剩余的锡；随后在 400 ℃ 的氧气中，采用不同时间做氧化退火以形成 $GeSnO_x$。其中 $GeSnO_x$ 的初始厚度为 3 nm，通过将锡掺杂锗的氧化退火时间增加到 5 min，把该结的 ϕ_{bn} 从 Al/n-Ge 的 0.62 eV 调节到欧姆范围，证实了费米能级去钉扎。这个通过在铝和 n-Ge 之间引入 $GeSnO_x$ 界面层实现的费米能级去钉扎的效应来自 MIGS 的减少和对界面悬挂键的钝化。

在 n-Ge 上的 FLP 还可以通过引入薄氮化锗层改变[18, 99]，在 n-Ge 上形成欧姆接触，在 p-Ge 上形成整流接触。一个薄的氮化锗层，无论是非晶态还是晶态，都能有效地去除金属/锗界面的 FLP。氮化锗是由于锗暴露在氮气等离子体中形成的。在锗(100) 上低于 500 ℃ 时，生成非晶氮化锗；而只有在锗(111) 上，温度高于 600 ℃ 时，才会形成单晶氮化锗[100]。金属/氮化锗(1.2 nm)/n-Ge 接触的 SBHs 会随金属的功函数而线性改变，SBHs 对功函数的依赖关系表明引入的非晶或晶态氮化锗层完全去除了 FLP，使得 SBHs 完全受控于所用金属的功函数。该研究还认为，这里的费米能级去钉扎主要是由于钝化了与界面缺陷有关的界面态,而不是由于抑制了金属电子波函数向锗禁带的渗透。因为如果是后者,对于禁带宽度和禁带偏移都很小的氮化锗至少需要超过 2 nm 的厚度才能实现对金属电子波函数渗透的抑制[98]。而实验中,在铝/c-氮化锗(0.6 nm)/n-Ge 接触中获得了 0.1 eV 的 ϕ_{bn},证实了锗表面钝化是费米能级去钉扎的主要机理。除了界面态钝化,因为锗和氮两种原子之间的泡利电负性存在差异,会产生部分离子性锗-氮键,也能起到限制界面态数量的作用,同时在氮化锗/n-Ge 界面形成偶极子,这两个结果都有利于费米能级去钉扎。另外在功函数为 4.17 eV 的铝和 n-Ge 之间插入 1.2 nm 的非晶态或晶态氮化锗,分别获得了 (0.09 ± 0.05)eV 和 (0.0 ± 0.1)eV 的 ϕ_{bn}。

　　AlO_x 和氧化铝(Al_2O_3)也被用来减轻 n-Ge 上的 FLP。Nishimura 等[95]发现插入大于 0.3 nm 的 AlO_x 使 ϕ_{bn} 由 0.57 eV 降低到 0.2 eV,而进一步增加厚度,ϕ_{bn} 不变。Lin 等[101]在低功函数的铝和高功函数的金与 n-Ge 之间插入约 1 nm 厚的氧化铝,使 ϕ_{bn} 从 0.6 eV 降低到 0.1 eV。根据文献[102]可知,在镍、钴和铁与 n-Ge 之间插入 0.8 nm 厚的氧化铝,使上述接触的 ϕ_{bn} 从尚未插入之前的 0.54 eV、0.62 eV 和 0.61 eV 分别降低到 0.39 eV、0.23 eV 和 0.18 eV。文献[98]认为金属/n-Ge 界面上 FLP 的来源是 MIGS,因为实验数据表明 ϕ_{bn} 随着介电层的厚度增加而逐渐偏移。可是,这种渐变的 ϕ_{bn} 也可能是由于对锗表面态的钝化程度不同造成的。如果 MIGS 是 FLP 的主要机理,很难理解一个 0.3 nm 厚的 AlO_x 如何能够完全阻断电子波函数向锗禁带中渗透。

　　对于在金属和锗之间插入介质层来实现费米能级去钉扎,另一个可选的材料是 SiN_x。SiN_x 膜层也是采用溅射方法沉积的。关于采用不同厚度的 SiN_x 和在各种不同金属(铂、镍、钨、钛、铝和铒)与 n-Ge 的接触中插入超薄 SiN_x 的研究工作,都能找到文献报道[17, 101, 103]。在 SiN_x 的厚度 t_{SiN} 从 0 增加到 2 nm 以上时,金属/n-Ge 接触逐渐由整流特性转变为欧姆特性,显示出 ϕ_{bn} 的逐渐降低。在不同金属与 2 nm SiN_x/n-Ge 形成的接触中,SBHs 显示出与所用金属功函数的线性相关性,表明插入 SiN_x 可以有效地实现费米能级去钉扎。对于功函数最低的金属铒,功函数在 3.05 eV,得到了接近零的 ϕ_{bn}。SBHs 对 SiN_x 厚度的依赖性似乎表明费米能级去钉扎的机理是基于对金属电子波函数向锗禁带中渗透的抑制，可是跟前述的 AlO$_x$ 相似，除了费米能级去钉扎，SiN$_x$ 更厚时锗表面态钝化程度更高也不能排除在机理之外。

尽管上述结果证明，绝缘介质层如氧化钇、氧化镁、氮化锗、GeO$_x$、GeO$_x$N$_y$ 和 SiN$_x$ 等可以通过对锗表面态的钝化和钉扎波函数的阻断，有效实现费米能级去钉扎，但要把它们实际应用于欧姆接触，还需要考虑绝缘层自身的遂穿电阻，这一点曾在 7.3.2 中给予解释。因此人们寄希望于相对锗导带的 CBO 较小的绝缘材料（如二氧化钛、氧化锌等），这类氧化物有一个优点，因为其 M—O 键的极性比 M—N 更强，导致其总界面偶极子效应比氮化物要强[104]。

二氧化钛与锗之间的 CBO 在 -0.06 eV～0.26 eV 的范围内，因此载流子更容易穿过势垒，遂穿电阻更低。文献[105]中，在铝和 n - Ge 之间由 150 ℃ ALD 引入二氧化钛层。实验发现，二氧化钛厚度为 5.8 nm 和 8.8 nm 的接触给出的 ϕ_{bn} 值与没有二氧化钛的接触的 0.58 eV 比，分别降低到 0.104 eV 和 0.065 eV，而铝/二氧化钛(8.8 nm)/n - Ge 二极管仍然有很高的电流密度。在另一项工作中[106]，超薄二氧化钛(1 nm)/二氧化锗叠层被引入以取代单层二氧化钛、减轻 FLP、降低 ϕ_{bn}。二氧化钛层由 ALD 在 250 ℃下沉积，而二氧化锗层由等离子体氧化产生。文献认为二氧化钛因为其非常低的遂穿钉扎而避免了 MIGS 的形成，而二氧化锗中间层则提升了界面质量，使界面态密度 D_{it} 降低。两者都有降低锗上 FLP 的作用。钛/二氧化钛/二氧化锗/n - Ge 给出了 0.193 eV 的 ϕ_{bn}，而钛/n - Ge 的 ϕ_{bn} 高达 0.55 eV，文献[107，108]分析了钛/二氧化钛/n - Ge 接触中 SBHs 调节的 3 种可能的机理：MIGS 模型、偶极子模型和固定电荷模型。发现 SBHs 调节的原因不是释放了 FLP，而是改变了钉扎的位置。界面偶极子的作用比固定电荷要大。在真空中 300 ℃ 退火造成二氧化钛的短程有序，从而改变界面偶极子，使 ϕ_{bn} 漂移。对于铝/二氧化钛(7 nm)/n - Ge 接触，对应刚沉积的二氧化钛，ϕ_{bn} 值只有 0.03 eV，在 400 ℃ 退火之后，增大为 0.11 eV；在 400 ℃ 以上时，ϕ_{bn} 值太大，已不再是欧姆接触。因为从 MIS 结构估算的二氧化钛薄层中固定电荷的数量只有 2×10^{11} cm^{-2}，不足以使 ϕ_{bn} 从没有二氧化钛的 0.58 eV 减小到 0.5 eV，因此判断二氧化钛费米能级去钉扎效应的主要机理是界面偶极子。

7.4.1.2　界面钝化

无序化导致的禁带态(disorder-induced gap states，DIGS)与金属/半导体界面上原子排列无序化造成的缺陷有关。半导体表面的悬挂键就是一种典型的 DIGS，它们可以通过引入像锡、硫、硒、碲、铁这样的原子钝化。跟硅/硅锗的情况相似，大量的研究工作集中在金属和锗之间的 SBHs 的界面钝化调节上。

Suzuki 等[109, 110]研究了在金属和 n‐Ge 之间引入超高锡组分的 $Ge_{1-x}Sn_x$ 外延层调节 SBHs 的实验结果。对于铝/$Ge_{1-x}Sn_x$/n‐Ge 二极管，电流密度随锡组分增加而增加。从一个 3 nm 厚 $Ge_{1-x}Sn_x$ 的二极管中提取的 ϕ_{bn} 在锡组分达到 46% 时，降低到 0.49%。费米能级钉扎位置向导带边的漂移是上述 SBHs 降低的一个原因，因为随着锡组分的增加，$Ge_{1-x}Sn_x$ 的价带将提升。高锡组分的 $Ge_{1-x}Sn_x$ 外延层对 DIGS 的抑制作用也对 SBHs 的降低有所贡献，通过对锗表面悬挂键的钝化，该外延层有效地减少了 $Ge_{1-x}Sn_x$/n‐Ge 界面处的界面态[109]。另一项实验研究中，在 $NiGe_2$/锗(100)界面获得了 0.37 eV 的 ϕ_{bn}，明显地远低于 NiGe(镍锗)/锗(100)中的 0.6 eV。这个结果的机理跟锗上的 $Ge_{1-x}Sn_x$ 外延层相似，锗(100)上 $NiGe_2$ 外延层的形成使悬挂键减少，降低了界面态密度，实现了费米能级去钉扎[111]。

文献[112]采用四氟化碳等离子体处理，引入氟原子来钝化锗表面的悬挂键。对于采用不同的四氟化碳等离子体处理时间获得的铝/n‐Ge 二极管，当处理时间从 0 增加到 6 min 时，其特征从整流变为欧姆接触，表明发生了去钉扎。这应该与氟原子对锗表面悬挂键的钝化和形成了部分离子性锗‐氟键有关。

Tong 等[113, 114]研究了采用新的硒或硫注入和分凝技术降低镍锗/n‐Ge 有效 ϕ_{bn} 的方法，发现在 350 ℃、30 s 的锗化反应后，两者都能够在界面发生分凝，给出低的 ϕ_{bn}(硒，0.13 eV；硫，0.1 eV)。实验还发现，注入和分凝改善了镍锗层的均匀性，可能是由于注入促进了表面非晶化[113]。硒在锗中是一种施主杂质，会在锗的导带下 0.14 eV 处引入浅的类施主陷阱能级，这些浅类施主陷阱分凝集聚在镍锗/n‐Ge 处，使锗能带在界面附近发生剧烈的向上弯曲，使电子遂穿势垒变薄，而且锗中界面附近陷阱的存在可能会对电子穿过势垒发生陷阱辅助遂穿效应,产生大的反向电流,最终表现为小的 ϕ_{bn}。

在镍的锗化反应过程中,硫原子也会分凝在镍锗/锗界面,减小 ϕ_{bn}[115],随着硫注入剂量增大,镍锗/n - Ge 二极管的 ϕ_{bn} 从 0.61 eV 逐渐降低到 0.15 eV。文献[116]指出,硫和磷联合引入时,在降低 ϕ_{bn} 上更有效。硫和磷联合引入跟单独引入相比有两个优点:(1)增加了磷在锗中的掺杂浓度;(2)硫钝化了表面悬挂键。两者都对降低 ϕ_{bn} 有助益。文献[117]采用 $(NH_4)_2S$ 溶液对 n - Ge 和 p - Ge 做表面钝化,实现费米能级去钉扎,钝化后锗表面的 XPS 分析直接显示了锗和硫之间的键合,获得的 Zr/S:n - Ge 接触为欧姆接触,而 Zr/S:p - Ge 接触的 ϕ_{bp} 为 0.6 eV。锆和铝两种金属在硫钝化的 n - Ge 上都能形成良好欧姆接触,而在 p - Ge 上则显示整流特性。文献[118]比较了不同硫族元素(硫、硒、碲)在降低 n - Ge 的 ϕ_{bn} 方面的有效性,发现镍锗/n - Ge 二极管在 450 ℃ 退火后的反向电流按硫、硒和碲的次序依次增加。这清楚地表明碲在降低 ϕ_{bn} 上最为有效。硫族元素能够释放 FLP、降低 ϕ_{bn} 的机理是它们对悬挂键的钝化[117]和部分离子性的硫族元素所形成的偶极子[119]。

SBHs 调节也发生在插入一层非晶锗(α - Ge)的金属/n - Ge 接触中。当 α - Ge 的厚度超过 10 nm(10~70 nm),铝/α - Ge/n - Ge、铁/α - Ge/n - Ge 和镍/α - Ge/n - Ge 二极管都表现出欧姆特性;而没有这层 α - Ge,二极管表现为整流特性。这些结果可以由两个对 SBHs 调节的工作机理解释:(1)界面层起到终结锗表面悬挂键的作用,结果降低了表面电荷陷阱密度,另外插入的界面层阻断了金属波函数向半导体内的渗透,减少了 MIGS,锗-锗键为纯共价键,因此界面没有偶极子;(2)α - Ge 的局域态对增强电子通过跳跃传输起到关键作用。

Baek 等[121]还研究了通过插入多个单层石墨烯(single-layer graphene,SLG)来减轻金属/n - Ge 接触 FLP 的可能性。当 SLG 的个数从 0 增加到 2 层,ϕ_{bn} 从 0.6 eV 降低到 0.2 eV,这也支持关于金属/n - Ge 接触的 FLP 源于 MIGS 的论点。插入的 SLG 层还可以应用于基于自旋的晶体管,起到自旋注入锗的遂穿势垒的作用。实验给出的能够降低 SBHs 的最佳石墨烯层数为 2 层。

7.4.1.3　偶极子和掺杂分凝

在金属/锗界面形成偶极子能够使 FLP 的位置向导带偏移,因此降低 ϕ_{bn}。因为 DS 调节 SBHs 的机理是在金属/锗的界面生成偶极子,在本节中我们将就金属/锗接触中偶极子和 DS 作详细讨论。

文献[122]通过在溅射中改变 TiN_x 的成分实现了对 TiN_x/n-Ge 二极管的 SBHs 调节。I-V 测量显示引入 TiN_x 可以使反向电流大幅提升,在 $x=0.8$ 时,几乎达到了与正向电流相同的大小,表明 $TiN_{0.8}/n$-Ge 接触已具有欧姆特性。与钛/n-Ge 的 0.56 eV 相比,$TiN_{0.8}/n$-Ge 的 ϕ_{bn} 降至 0.45 eV,考虑到锗和氮之间在泡利电负性上的差别(锗为 2.01,氮为 3.04),氮-锗键不是纯共价键,而是部分离子性的键,因此氮-锗键可以看作是从金属氮化物指向锗一侧的界面偶极子。这种在界面处的集成偶极子被认为具有增强 FLP,降低 ϕ_{bn} 的能力。Iyota 等[123]通过对锗上溅射生成的 50 nm 氮化钛做 350 ℃ 退火,获得了欧姆接触。氮化钛/n-Ge 和氮化钛/p-Ge 的 SBHs 分别是 0.18 eV 和 0.50 eV,并且可以将该值保持到 550 ℃ 的退火温度。这里的 ϕ_{bn} 降低即来自于偶极子的形成,实验表明氮化钛/锗界面处存在 1 nm 厚的钛-锗-氮中间层。

n-Ge 上的欧姆接触也可由成分变化的 WN_x 给出[124]。WN_x 薄膜采用在氩气/氮气气氛下对钨的反应溅射生成。通过改变 WN_x 薄膜的成分,其有效 ϕ_{bn} 从钨/n-Ge 接触的 0.52 eV,逐渐降低到 0.47 eV、0.42 eV 和 0.39 eV,分别对应于 $x=0.06$、0.09 和 0.15 的 WN_x。在 $x=0.19$ 时,获得欧姆接触。分析认为,横跨 WN_x/n-Ge 界面的氮-锗偶极子是减轻 FLP、减小 ϕ_{bn} 的原因,表面钝化和悬挂键去除对 FLP 释放也有所贡献。

在金属/n-Ge 接触中插入氮化钽层也可以有效调节 SBHs[125]。氮化钽和接触金属(铝、铁和镍)都由溅射方法沉积。实验表明,原来在金属/n-Ge 中被钉扎在 0.53 eV 和 0.61 eV 之间的 ϕ_{bn} 在金属/氮化钽/n-Ge 中氮化钽厚度达到 10 nm 后,降低到 0.44 eV,且与所用接触金属的功函数无关。文献[126]研究了氮化钽/n-Ge 接触中不同氮成分的氮化钽对 SBHs 调节的影响。氮化钽的沉积在反应溅射腔室内完成,随着氮化钽中氮原子含量从 0 增加到 54.2%,ϕ_{bn} 从 0.552 eV 降低到 0.220 eV。对上述两种情况,由于在泡利电负性上氮(3.04)、锗(2.01)和钽(1.5)存在差异,氮-锗和氮化钽都不是纯粹的共价键,而是部分离子键,因此带有部分极性的共价键就在氮化钽/n-Ge 界面上产生了偶极子层。偶极子层的形成会减轻 FLP,把钉扎能级向导带方向移动,另外在氮化钽沉积过程中,溅射的氮离子也会对锗表面的悬挂键产生钝化,减轻 FLP 效应。

砷、磷和硼的 DS 也会产生偶极子,影响 SBHs。文献[127]发现,砷和磷掺杂在镍的锗化反应过程中,由于雪犁效应在镍锗/n-Ge 界面上发生分凝。镍锗/n-Ge 二极管的有效 ϕ_{bn} 从 DS 之前的 0.72 eV 降低到砷 DS 的 0.19 eV 和磷 DS 的 0.34 eV。DS 在 $PtGe_2$/n-Ge 接触中的效果更明显,其有效 ϕ_{bn} 降低到砷 DS 的 0.05 eV 和磷 DS 的 0.07 eV。镍锗和 $PtGe_2$ 之间功函数、DS 和掺杂活化方面的差异,被认为是共同作用,它们带来了在降低 ϕ_{bn} 效能上的差别。雪犁效应产生的 DS 在镍锗/n-Ge 中也有报道[128],给出的 ϕ_{bn} 在 DS 前为 0.72 eV,而在磷 DS 后为 0.38 eV;砷 DS 后,降低到 0.19 eV,表明砷 DS 在降低 ϕ_{bn} 的优越性。跟雪犁效应产生的 DS 相反,在镍锗/锗界面的磷 DS 获得了创纪录的 0.1 eV 的低 ϕ_{bn}[129]。在这个工作中,磷离子被注入到镍锗层中,之后做一步推进退火,在镍锗/n-Ge 界面引入 DS。从 SIMS 给出的离子浓度分布曲线上,可见一个明显的磷峰,处于镍锗/锗界面。相似的结果也见于其他研究小组的报道[130, 131],注入到镍锗中的磷离子在推进退火的驱动下,到达镍锗/锗界面,释放 FLP,使 ϕ_{bn} 降低到~0.1 eV。铂的锗化反应在铂锗/锗界面上的 DS(磷)也把 ϕ_{bn} 从 DS 前的 0.67 eV 降低到 0.16 eV。

7.4.1.4 Ⅲ-Ⅴ族材料的肖特基势垒高度调节

要将Ⅲ-Ⅴ族半导体材料应用于 CMOS,至关重要的是找到合适的方法调节器件源漏区肖特基势垒的高度,实现可持续微缩的非合金化欧姆接触。Hu 等[133]把高 k 介质插入金属和Ⅲ-Ⅴ族半导体材料之间来调节该接触的 SBHs。通过插入一个薄的氮化硅或氧化铝,金属/n-GaAs 的 ϕ_{bn} 可以从 0.75 eV 降至 0.17 eV。ALD 二氧化铪、二氧化钛和二氧化锆介电层也能够带来相似的 ϕ_{bn} 降低。当采用二氧化铪/二氧化钛这样的高 k/高 k 偶极子层时,还可以进一步降低 ϕ_{bn}。尽管总厚度增加了,其接触电阻还是低于两个高 k 层单独使用时的情形,这一观察结果可以用存在偶极子来解释。二氧化铪/二氧化钛内的偶极子是两者间存在氧密度差($\sigma_{HfO_2} > \sigma_{TiO_2}$)的结果,该密度差造成一个指向二氧化铪层的偶极子层。

一个新的非合金化接触结构,单金属与介电层结合,被用来调整金属与

n - GaAs 和 n - In$_{0.53}$Ga$_{0.47}$As 接触的 SBHs[134]。尝试了把许多金属（钇、铒、铝、钛、钨）应用到金属/n - GaAs 和金属/n - In$_{0.53}$Ga$_{0.47}$As 接触中。发现在金属和 n - GaAs 或 n - In$_{0.53}$Ga$_{0.47}$As 之间插入 ALD 氧化铝和溅射沉积的氮化硅可以把 ϕ_{bn} 从 0.75 eV 降低到 0.2 eV。该结果证实可以在Ⅲ-Ⅴ族材料 MOSFET 中实现欧姆接触和在Ⅲ-Ⅴ族材料肖特基势垒 MOSFET 中获得接近于零的 SBHs。该工作提出了两个可能的机理来解释上述结果，其一是基于介电偶极子的形成，而另一个是阻断 MIGS。相似的还有 Chauhan 等[135]的实验工作，ALD 氧化铝沉积在铂（高功函数）/铝（低功函数）与 n -/p - In$_{0.53}$Ga$_{0.47}$As 之间，铝/p - In$_{0.53}$Ga$_{0.47}$As 接触的整流特性在铝/氧化铝/p - In$_{0.53}$Ga$_{0.47}$As 接触中变成了欧姆特性，表明 ϕ_{bn} 的剧烈变化；另一项工作[136]中，在金属和 n -/p - In$_{0.53}$Ga$_{0.47}$As 之间插入 ALD 氧化铝中间层形成接触，结果显示相同厚度的氧化铝对 n - In$_{0.53}$Ga$_{0.47}$As 界面的 SBHs 调节比对 p - In$_{0.53}$Ga$_{0.47}$As 更有效。在金属/In$_{0.53}$Ga$_{0.47}$As 接触中，即使氧化铝增大到 2 nm，仍然存在一定的钉扎。上述 SBHs 调节的机理是氧化铝/In$_{0.53}$Ga$_{0.47}$As 界面产生了电偶极子，使势垒高度改变。

7.4.2　锗/Ⅲ-Ⅴ族半导体材料的欧姆接触

7.4.2.1　MIS 欧姆接触

金属和锗之间的接触电阻可以通过插入超薄介电层而大幅减小。文献[137]将 ALD 氧化铝和二氧化铪插入金属和锗之间来减小电阻。在插入 2.8 nm 的氧化铝后，铝/n - Ge 接触的 ϕ_{bn} 由 0.7 eV 降到 0.28 eV。对超过 2.8 nm 的氧化铝和 1.5 nm 二氧化铪，接触电阻随厚度的增加而增大，而二氧化铪的临界厚度比氧化铝小的原因是前者的介电常数更高。文献[138]研究了各种不同介电材料，研究在 n - Ge 上采用 MIS 技术实现欧姆接触的可行性和局限性。该工作发现，只有 CBO 非常小的绝缘层才能实现费米能级去钉扎，有效降低 ρ_c。CBO 大的绝缘层有一个大的遂穿电阻，因此，即使它能够减轻 FLP，也不会给出好的接触电阻。在文献[139]中，一个基于物理学的方法被用来评价插入不同界面层的金属/n - Ge 接触的 ρ_c，该评价指出采用二氧化钛、氧化锌和氧化铟锡（ITO）这些相对于锗导带的 CBO 低（分别为 -0.06 eV、-0.1 eV 和 -0.1 eV）的界面层，很容易在金属/n - Ge

中获得良好欧姆接触。可是，在把氧化锌应用到掺杂浓度在 3×10^{20} cm^{-3} 的钛/氧化锌/n-Ge 接触时，却无法有效地降低 ρ_c，这被认为是高衬底掺杂浓度对降低 SBHs 发生了遮蔽效应。

在铝和 n$^+$-Ge 之间插入一个低 CBO 的二氧化钛，获得了 1.6×10^{-6} Ω·cm^2 的 ρ_c 值，与传统铝/n$^+$-Ge 接触相比，ρ_c 降低了 70 倍[140]。ρ_c 的降低是因为二氧化钛和锗界面上形成了偶极子层，把金属的费米能级钉扎到锗的导带附近。与氧化铝相比，二氧化钛更具优势，因为氧化铝的遂穿电阻在从很小的厚度（2 nm）就变得很大，而在铝和 n-Ge 之间插入 7.1 nm 的二氧化钛，仍可使在 0.1 V 测得的电流密度增加约 900 倍，在 −0.1 V 测得的电流密度增加 1200 倍。5.8 nm 和 8.8 nm 的二氧化钛的 I-V 特性非常相似，这一事实表明更厚的二氧化钛不会使遂穿电阻大幅增加，这一点与 CBO 的估算一致。文献[141]研究了不同功函数的金属（镱、钛、镍、铂）/ALD TiO$_{2-x}$/n-Ge 的接触，发现镱/TiO$_{2-x}$（1 nm）/n-Ge 接触给出的电流密度比钛/TiO$_{2-x}$（1 nm）/n-Ge 接触高，前者的 ϕ_{bn} 比后者更低，研究认为该差异是由于镱比钛的功函数更低的缘故。在重掺杂的锗衬底上，镱/ALD TiO$_{2-x}$（1 nm）/n$^+$-Ge（$(2 \sim 5) \times 10^{19}$ cm^{-3}）接触的 ρ_c 值为 1.4×10^{-8} Ω·cm^2，比钛/ALD TiO$_{2-x}$（1 nm）/n$^+$-Ge 接触低 10 倍。需要指出的是，该工作中的 TiO$_{2-x}$ 含有一定数量的氧空位，对于降低 MIS 接触的 ρ_c 也有帮助。

氢气环境下退火对降低金属/二氧化钛/n-Ge 接触 ρ_c 的影响见文献[142]。沉积后氢气退火（postdeposition H$_2$ annealing, PDHA）对于钛/二氧化钛（1 nm）/n-Ge 接触有两方面的影响：（1）把二氧化钛还原成氧欠缺的 TiO$_{2-x}$，增大了材料本身的电导率；（2）氢气退火的界面控制。因为氢在锗表面会终结悬挂键，减小界面陷阱密度 D_{it}，使费米能级去钉扎，经过氢气退火的钛/二氧化钛/n-Ge 接触的 ρ_c 比未经退火的接触明显降低。实验发现，尽管 2 nm 二氧化钛对费米能级去钉扎的效果最好，但 1 nm 是二氧化钛的最优厚度，因为这样的厚度适合在 PDHA 中实现对二氧化钛/锗界面的最优钝化。该工艺在一个相对较低掺杂水平的 n-Ge 上获得了 5.6×10^{-5} Ω·cm^2 的 ρ_c。除了氢气退火实现对二氧化钛的氧空位掺杂，还提出了采用低温下氩等离子体处理对二氧化钛界面层实现掺杂，改善 MIS 欧姆接触的技术[143]。氩等离子退火在一个等离子体刻蚀机台中完成，该掺杂技术的原理是氩离子轰击产生非晶格氧原子,即氧空位。对于钛/二氧化钛/n-Ge(6×10^{16} cm^{-3})接触,1 nm 二氧化钛界面层在氩气中处理 20 s,即获得一个 3.16×10^{-3} Ω·cm^2 的最小 ρ_c,与 Ti/n-Ge 接触相比减小了 564 倍,与没有做处理的钛/二氧化钛/n-Ge 接触相比也减小了 11 倍。二氧化钛掺杂并不会使费米能级去钉扎,而只是减小界面层的有效遂穿厚度,产生附加的 SBHs 降低。

氧化锌是另一个引人注目的 MIS 接触界面层候选材料,适用于硅、锗和碳化硅衬底,因为:(1)其对锗有低的 CBO;(2)在氧化锌中可能引入高掺杂(钛/氧化锌退火在靠近界面的氧化锌中产生氧空位 V$_o$)[144];(3)金属/氧化锌接触的 FLP 因子低[30]。与其他界面层如氧化铝、二氧化钛比较,n$^+$-ZnO 在 n-Ge 上因为其较低的遂穿势垒而会有高得多的电流密度。在钛/n$^+$-ZnO/n-Ge(1×10^{19} cm^{-3})接触中,ρ_c 在 $(0.8 \sim 1.5) \times 10^{-6}$ Ω·cm^2 之间。文献[145]提出了重掺杂界面层插入对降低金属/n-Ge(钛/n$^+$-ZnO/n-Ge)接触 ρ_c 影响的模型,发现重掺杂界面层的插入可以显著降低 ρ_c。在重掺杂条件下,当氧化锌厚度增加到 1.5 nm 时,ρ_c 有一个突然快速的降低,而且透过氧化锌界面层的遂穿概率会因为在氧化锌中掺杂而增加,产生比未掺杂情况低 25 倍的接触电阻。文献[146]研究了氮化钽/2.5 nm 厚的 n-ZnO 或 n$^+$-ZnO(1×10^{20} cm^{-3})/n$^+$-Ge(3×10^{19} cm^{-3})接触,获得了 2×10^{-9} Ω·cm^2 的 ρ_c,而且数据稳定。计算机辅助设计模拟证实一个重掺杂的界面层能够使 MIS 接触获得小得多的电流波动和高得多的开态电流(低 ρ_c)。

文献[147]采用 3 种掺杂界面层,未掺杂氧化锌、铝掺杂氧化锌(AZO)和氧空位掺杂 n$^+$-ZnO,研究了不同界面层掺杂对钛/界面层/n-Ge 接触电学表现的影响,这 3 种界面层相对于锗的 CBO 相似,对应掺杂浓度 $N_{\text{n}^+\text{-ZnO}} > N_{\text{AZO}} > N_{\text{ZnO}}$,$\rho_{c_{\text{n}^+\text{-ZnO}}} > \rho_{c_{\text{AZO}}} > \rho_{c_{\text{ZnO}}}$。尽管对于所有界面层都发生了 FLP 的释放,$\rho_c$ 及其对界面层厚度的依赖性都随着掺杂的增加而降低,因为遂穿电阻受掺杂的影响降低了。掺杂界面层不仅有助于 MIS 接触的费米能级去钉扎,而且可以通过减小串联遂穿电阻而减小 ρ_c,特别是对于较厚的界面层,后者影响更加明显。使用重掺杂($3 \sim 4) \times 10^{20}$ cm^{-3} 的 ITO 层,在一个掺杂浓度很低(1×10^{17} cm^{-3})的 n-Ge 上获得了 1.4×10^{-7} Ω·cm^2 的 ρ_c,该 ρ_c 在 5 nm 的厚度以下不随 ITO 的厚度而变。

Agrawal 等[148]提出了一个基于物理学的综合模型用以研究低电阻 MIS 结构。对于 n‑Si，n‑Ge 和 n‑InGaAs，半导体中 MIGS 的减少和 FLP 作为绝缘层厚度的函数，结合包含了穿过 MIS 接触的遂穿电阻的电子输运，计算对应每个绝缘层厚度的 ρ_c，结果如图 7‑11 所示。研究发现低 CBO 给出的 ρ_c 在 n‑Si 上二氧化钛绝缘层接触中为 $1 \times 10^{-9}\ \Omega \cdot cm^2$，在 n‑Ge 上的二氧化钛和氧化锌接触中为 $7 \times 10^{-9}\ \Omega \cdot cm^2$，在重掺杂 $In_{0.53}Ga_{0.47}As$ 上的氧化镓绝缘层接触中为 $6 \times 10^{-9}\ \Omega \cdot cm^2$。如图 7‑11 (a)所示，对较厚绝缘层，低 CBO 绝缘层可以保持超低的 ρ_c，理论分析认为在金属和半导体之间插入超薄绝缘层，使电子波函数在进入半导体之前在绝缘层内即发生衰减，令那些驱动费米能级向电中性能级 E_{CNL} 弯曲的电荷数减少，从而在一定程度上减轻了 FLP[148]。

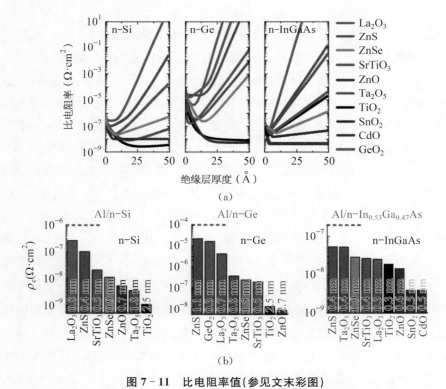

图 7‑11　比电阻率值(参见文末彩图)

(a) 铝/绝缘层/n‑Si、n‑Ge 和 n‑$In_{0.53}Ga_{0.47}As$ 接触中的比电阻率与绝缘层厚度的关系；
(b) n‑Si、n‑Ge 和 n‑$In_{0.53}Ga_{0.47}As$ 上不同绝缘层在其最佳厚度下的最小比电阻率[148]

7.4.2.2　界面钝化和掺杂分凝欧姆接触

Kim 等[149]在金属/n‑Ge 接触中使用六氟化硫等离子体处理,实现了
表面钝化,从而释放费米能级钉扎和降低接触电阻。在钛/六氟化硫处理的
n‑Ge$(1\times10^{17}$ cm^{-3})接触中获得了 1.14×10^{-3} Ω·cm^2 的 ρ_c 和 0.31 eV
的 ϕ_{bn}。与钛/未处理 n‑Ge 接触相比,ρ_c 降低了 1 700 倍。ρ_c 值随钛/六氟
化硫等离子体处理时间变化的数据显示存在一个最优的处理时间,给出最
低的 ρ_c 值,例如在本研究中的 30 s。超过 30 s 的等离子体处理,锗表面就会
被硫和氟原子刻蚀,而不是被钝化。结果会因为锗‑氟和锗‑硫键的减少和
锗表面的退火,造成 D_{it} 的增加。下面的两个效应会影响费米能级去钉扎:
(1)锗表面的悬挂键被氟和硫原子钝化;(2)形成带有极性的锗‑氟和锗‑硫
共价键。400 ℃/30 min 的退火实验表明经六氟化硫等离子体处理过的欧
姆接触有良好的热稳定性。

有研究者就磷和砷 DS 对镍锗/n‑Ge 接触的影响开展了实验和第一性
原理计算研究[150]。磷和砷离子在镍锗形成之前和之后被注入,分别简写为
IBG 和 IAG。跟铝/n‑Ge 接触比,镍锗/n‑Ge 接触始终显示更高的正向
电流,因为锗化反应引入了 DS。第一性原理计算预言磷倾向于分凝在镍锗一
侧,而砷多分凝到锗一侧。磷 IBG 和砷 IAG 给出最低的 ρ_c(2×10^{-6} Ω·cm^2)
和平均 ρ_c(6.7×10^{-6} Ω·cm^2),其中注入剂量为 1×10^{15} cm^{-2},镍锗形成的
退火条件为 350 ℃/5 min。磷/锑联合注入和锗化反应导致的 DS 在 n^+‑
Ge$(7\times10^{19}$ cm^{-3})上获得了创纪录的低 ρ_c[151]。磷(90 keV, 6×10^{14} cm^{-2})
和锑(65 keV, 6×10^{14} cm^{-2})注入后,在氮气气氛下,经 500 ℃/10 s RTA 实
现活化。再经 350 ℃/30 s 氮气气氛退火形成镍锗之后,一个磷/锑的浓度
峰值在镍锗/n‑Ge 的界面处形成。磷和锑 DS 降低了 ϕ_{bn},在镍锗/n^+‑Ge
接触中实现了 5.5×10^{-7} Ω·cm^2 的 ρ_c 比铝/钛/n^+‑Ge 接触的 $2.1\times$
10^{-6} Ω·cm^2 小得多[151]。采用两步磷离子注入在镍锗/n^+‑Ge 接触中也
获得了超低 ρ_c。第一步磷注入后,由 600 ℃/1 min 退火实现掺杂活化;在第
二步磷注入和 350 ℃/1 min 退火后,10 nm 或 20 nm 镍锗薄膜形成,在镍
锗/n^+‑Ge 界面发生磷 DS。采用该两步工艺,获得的 ρ_c 为 3×10^{-8} Ω·cm^2。
由铂锗化反应引入的磷 DS 在铂锗/n^+‑Ge$(3\times10^{19}$ cm^{-3})接触中得到
$(6.8\pm2.1)\times10^{-8}$ Ω·cm^2 的 ρ_c[153]。比较镍锗、铝、镍、铂与 n^+‑Ge 之间

的接触,铂锗/n^+- Ge 接触因为强磷 DS 表现出最小的 ρ_c 值。实验观察表明因铂锗形成而产生的界面处的 DS 和由此增加的界面粗糙度对于进一步降低 ρ_c 值至关重要。

7.4.2.3　高掺杂浓度欧姆接触

最大限度地增大锗中的掺杂浓度是获得低 ρ_c 值最常见的途径。有很多方法来增大锗中的掺杂浓度,包括多次注入多次退火(multi-implantation multi-annealing,MIMA)、联合注入、激光退火和 SPER。

文献[154]提出采用磷离子的 MIMA 技术降低 ρ_c 值,磷离子以 50 keV 的能量和 5×10^{14} cm^{-3} 的剂量注入到锗衬底上,600 ℃退火活化掺杂,将上述注入/退火环节多次重复。在采用 MIMA 的铝/钛/n - Ge 接触中,因为掺杂浓度增加到高于 1×10^{20} cm^{-3} 的水平,获得了 3.8×10^{-7} Ω·cm^2 的 ρ_c。4 次循环注入给出的 ρ_c 最低,之后再增大掺杂浓度,则 ρ_c 增加。这个 ρ_c 增加的现象可以解释为掺杂活化的饱和,多出的掺杂可能成为晶体缺陷。拉曼检测证实,MIMA 技术带来的施主活化上的改善与减少注入损伤有关。MIMA 获得的二极管理想因子比剂量相同但一次注入的二极管小,进一步证明 MIMA 减小缺陷密度的效果。除了 MIMA,在快速热退火后向锗中联合注入磷和锑也可以获得 1×10^{20} cm^{-3} 以上的掺杂活化。磷(90 keV,6×10^{14} cm^{-2})和锑(65 keV, 6×10^{14} cm^{-2})被注入到锗中,之后,在氮气气氛下经 500 ℃/10 s RTA 实现活化。对于集成铝/钛/n^+- Ge 接触,一个 8×10^{-7} Ω·cm^2 的低 ρ_c 被证实。如果把上述 MIMA、联合注入和锗化反应引起 DS 技术一起使用,应该可以进一步降低 ρ_c。

把 n - Ge 上磷/锑联合注入与激光退火结合,可以使活化浓度从 RTA 的 8.6×10^{19} cm^{-3} 提升到 1.9×10^{20} cm^{-3}[157]。对于 p - Ge 衬底,采用锗 PAI 和硼注入再加激光退火,活化浓度可达到 8.4×10^{20} cm^{-3}。通过把激光退火应用于这些重掺杂浓度的锗,对应于镍锗/p^+- Ge 和镍锗/n^+- Ge 接触,分别获得了 2.3×10^{-9} Ω·cm^2 和 1.9×10^{-8} Ω·cm^2 的 ρ_c 值,比采用 RTA 降低了 4 个数量级。Firrincieli 等[158]比较了两种形成欧姆接触的方案:(1)镍锗形成前激光退火实现掺杂活化;(2)在没有掺杂活化的条件下,在镍的锗化反应过程中靠雪犁效应实现活化,发现前者的 ρ_c 为 8×10^{-7} Ω·cm^2,远低于雪犁效应获得的 2×10^{-5} Ω·cm^2,显示了激光退火在提高活化浓度上的优势。可是上述两种方法获得的 ρ_c 值在经过 400 ℃ 退火后,都比退火前增加了 1 个数量级,激光退火活化获得的浅结的热稳定性问题被文献[159]证实,在后面的退火中,磷发生退活化,造成 ρ_c 值升高。

激光退火除了用于掺杂活化之外,Shayesteh 等[160] 还比较了激光退火和 RTA 作为金属锗化物形成退火方法对 n‑Ge 欧姆接触的影响。20 nm 镍被沉积在 n‑Ge 上,250～350 ℃/30 s RTA 和 0.25～0.55 J/cm^2 的激光退火分别被用于形成镍锗。比较了不同方法中样品的表面形貌、界面质量、晶体结构和材料化学配比。激光退火产生了一个镍锗/外延 NiGe$_2$ 双层膜,形成了均匀的接触,而且 NiGe$_2$/n‑Ge 界面极其平整。外延 NiGe$_2$ 不是一个热力学上有利的相,其存在的原因可能与界面层的减小有关。通过优化激光退火的能量密度条件,获得了 2.84×10^{-7} $\Omega \cdot cm^2$ 的 ρ_c 值,与 RTA 相比,降低了 2～3 个数量级。改善的 ρ_c 值与激光退火引起的在界面处的费米能级去钉扎和 DS 有关。可是,200～500 ℃ 之间的再退火,特别是温度 $\geqslant$ 400 ℃ 时,会造成镍锗的团聚从而使 ρ_c 变差。

文献[161]的实验在采用 LPCVD 选择性生长的掺杂浓度为 7×10^{19} cm^{-3} 的 n^+‑Ge 上获得 70% 的活化率。钛和这样的 n^+‑Ge 之间的接触表现出欧姆特性,这一点跟钛与磷注入锗接触的整流特性截然相反。65 nm 厚的 n^+‑Ge 外延层上获得了 1.2×10^{-6} $\Omega \cdot cm^2$ 的 ρ_c 值,而磷注入 $(2 \times 10^{19}$ cm$^{-3})$ 的钛/n^+‑Ge 接触则因为 FLP 而呈现非欧姆特性。在 n^+‑Ge 外延过程中,需要在两个因素之间取折中,一方面,增大磷(GeH$_{3c}$)$_2$ 前驱体的流量可以增大掺杂活化浓度,另一方面,又会因为形成非活性的 P‑V 配对而造成掺杂去活化。在文献[162]中,比较了平面器件和 FinFET 中的钛/p^+‑Ge 和镍锗/p^+‑Ge 欧姆接触,发现钛/p^+‑Ge 给出低 ρ_c 值,而镍锗/p^+‑Ge 器件存在因镍的横向侵蚀造成的短路问题。因此得出结论,钛更适合于 p^+‑Ge 接触。在采用多次激光退火的硼掺杂的钛/p^+‑Ge 中,获得了 1.1×10^{-8} $\Omega \cdot cm^2$ 的 ρ_c 值,当然,对激光退火活化的硼超浅结的热稳定性还需要做细致的检查[158]。

在 7.3.2 中介绍过的 SPER 技术也可以用来增强锗中掺杂活化浓度和抑制掺杂在锗中的扩散。低温注入已经被证明有利于 SPER,形成超浅结。在文献[163]中,硼离子注入在 -100 ℃ 下完成,以实现对锗表面层的完全非晶化,避免动态的热退火发生。经过～400 ℃的退火之后,非晶锗重结晶为 c‐Ge,同时在 SPER 过程中实现完全的硼活化。低温注入跟室温注入相比,电阻降低 5 倍,结深更小。活化浓度高达 4×10^{20} cm^{-3},给出 1.7×10^{-8} Ω·cm^2 的低 ρ_c 值[163, 164]。Miyoshi 等[165]报道了一个载流子活化增强技术,其中磷/锑的联合注入被用于 n 型掺杂,锗 PAI 加硼注入用于 p 型掺杂。前者实现了 8.6×10^{19} cm^{-3} 的电子浓度,而后者获得了 8.4×10^{20} cm^{-3} 的空穴浓度。载流子活化增强技术的关键概念是在 SPER 过程中完成全部掺杂活化。使用该技术,在镍锗/n^+‐Ge 中获得了 6.4×10^{-7} Ω·cm^2,镍锗/p^+‐Ge 中获得了 4.0×10^{-8} Ω·cm^2 的 ρ_c 值。

还有一个方法,是在 n‐Ge($<1 \times 10^{19}$ cm^{-3})上生长原位掺杂的薄硅外延层(磷,1×10^{20} cm^{-3})来减轻 FLP 和活化极限[166]。要采用这样的方法实现在钛/氮化钛/硅/n‐Ge 接触中降低 ρ_c 目标,关键因素是硅和锗的导带有好的对准,以及在硅中有更高的掺杂浓度。该硅外延层使用二氯硅烷在 550 ℃生长 12 min 和 15 min,其间由磷化氢实现原位掺杂。获得的外延层分别为 10 nm 和 16 nm。该硅外延钝化层的要点在于在完全应变的硅的硅-锗界面上有一个高势垒(0.55 eV)。因为硅的厚度超过了临界厚度,硅的应变应该是完全释放或部分释放的。可是,在锗上的应变释放硅在电子亲和势上会表现出一个小的差别,产生一个小的势垒,采用该方法,可获得 1×10^{-6} Ω·cm^2 的 ρ_c 值。

7.4.2.4　Ⅲ-Ⅴ族半导体材料上的欧姆接触

在第 2 章中曾经介绍过,过去的数十年里,金锗镍被广泛地应用于砷化镓的欧姆接触。后来,为了避免交叉污染,采用无金欧姆接触,其中一个外延的锗或硅层生长在砷化镓上,在采用镍的锗化或硅化反应在砷化镓上生成镍锗或镍硅。最近,业内开始采用镍-铟镓砷合金欧姆接触和使用钼、钯、铂等金属在铟镓砷上形成的非合金欧姆接触。获得低 ρ_c 的关键元素可以总结如下:(1)原位金属化(即Ⅲ-Ⅴ族材料半导体外延生长完成后,在同一真空下直接沉积金属);(2)金属沉积前,对Ⅲ-Ⅴ族材料半导体表面做原位清洁;(3)用硅实现高原位掺杂浓度;(4)增加在金属/Ⅲ-Ⅴ族材料半导体界面上铟的组分,以实现费米能级去钉扎。

两种铟镓砷沟道的 nMOSFET,其一采用自对准金属镍-铟镓砷作为源漏区,另一种采用硅掺杂铟镓砷源漏区上形成的镍-铟镓砷合金层作为接触,都显示了好的电学特性[167]。已经证实,溅射沉积到单晶铟镓砷衬底上的镍在低温(250~400 ℃)快速热退火中可以均匀地转化为镍-铟镓砷。转化长度方法测试结果显示镍-铟镓砷在由硅掺杂的 n^+- InGaAs(40 keV,$1×10^{14}$ cm^{-2})衬底上的接触电阻为 1. 27 Ω·mm。相似的方法,在硅掺杂的 n^+- In$_{0.53}$Ga$_{0.47}$As(重掺杂,硅注入,$5×10^{19}$ cm^{-3})上形成的镍-铟镓砷接触获得了 $7.9×10^{-7}$ Ω·cm^2 的 ρ_c 值[168]。

Dormier 等[14]报道了使用钼、钛、钛钨、钯和铂金属在 n^+- In$_{0.53}$Ga$_{0.47}$As 上获得非合金接触的工作。这些金属是由溅射或电子束蒸发两种技术沉积的。实验表明钯(蒸发)/n^+- In$_{0.86}$Ga$_{0.14}$As 欧姆接触的 ρ_c 值为~(7.6±0.5)×10^{-9} Ω·cm^2,大于钯(溅射)/n^+- In$_{0.86}$Ga$_{0.14}$As 欧姆接触的~(7.6±0.5)×10^{-9} Ω·cm^2。与此相似,溅射获得的钛钨基和铂基的接触给出的 ρ_c 值也比蒸发获得的相同金属来得小。实验还发现 n^+- In$_{0.86}$Ga$_{0.14}$As 表面处理对 ρ_c 值有重要影响。如果 n^+- In$_{0.86}$Ga$_{0.14}$As 衬底在进入高真空腔室之前暴露在湿度大的环境中,ρ_c 值比在低湿度环境处理时高一个数量级。当衬底表面经过紫外臭氧(UV/O$_3$)处理后再经过 BOE 或氢氧化铵浸泡去除氧化物,获得的 ρ_c 值比没有 UV/O$_3$ 处理或采用盐酸溶液作为氧化层去除剂时要低。数值最低、数据离散度最小的 ρ_c 值发生在采用最好的表面处理的钯基欧姆接触中,这里最好的表面处理为在湿度最小的环境下做 UV/O$_3$ 处理和 BOE 浸没。

Crook 等[5]也报道了通过在金属沉积之前优化表面处理条件,在金属/n^+- In$_{0.53}$Ga$_{0.47}$As 接触中明显减小比接触电阻的结果。该接触的形成包括通过将衬底暴露在紫外产生的臭氧中将表面氧化,然后将晶圆浸没在氢氧化铵溶液中,最后用电子束蒸发沉积金/钯/钛接触金属或用真空溅射沉积钛钨接触金属。金/钯/钛/n^+- In$_{0.53}$Ga$_{0.47}$As 接触给出了(7.3±4.4)×10^{-9} Ω·cm^2 的 ρ_c 值,而钛钨/n^+- In$_{0.53}$Ga$_{0.47}$As 接触的 ρ_c 值为(8.4±4.8)×10^{-9} Ω·cm^2。钛钨/n^+- In$_{0.53}$Ga$_{0.47}$As 接触热稳定性好,经过 500 ℃/1 min 的退火没有表现出任何性能退化,而金/钯/钛/n^+- In$_{0.53}$Ga$_{0.47}$As 接触在退火温度高于 500 ℃时会因为铟从半导体中外扩散到接触金属中而导致性能退化。在文献[169]中,金帽层下有铂/钛阻挡层,之下沉积了多层金属,其中第一层金属种类分别为(钼、钯、铂),衬底为 n^+-和 p^+-InGaAs。

跟文献[5]中结果类似,这里钯基接触也给出了最低的 ρ_c 值,对应于 n^+-和 p^+-InGaAs 分别为 3.2×10^{-8} $\Omega \cdot cm^2$ 和 1.9×10^{-8} $\Omega \cdot cm^2$。另一方面,钼与 n^+-和 p^+-InGaAs 接触给出高得多的 ρ_c 值,尽管在轻掺杂中它给出的 ρ_c 值与钯基接触接近。这个差别是由钼基接触中界面处残存的自然氧化层造成的。钯能够很容易地穿过该氧化层,而钼则很难做到。由此得出的结论是,如果希望采用钼基金属在 n^+-InGaAs 上获得低 ρ_c 值的欧姆接触,必须找到适当的表面处理方法去除氧化层。

采用钼作为 n^+-InGaAs 的接触金属有诸多优点,包括熔点高、沉积相对便捷和反应层浅。Baraskar 等[7]采用非原位钼与重掺杂 n-$In_{0.53}Ga_{0.47}As$ 接触获得了低 ρ_c 值。有两种对 n^+-$In_{0.53}Ga_{0.47}As$ 做表面清洗的技术:(1)UV/O_3 暴露,再加稀释的盐酸溶液腐蚀;(2)在 375~420 ℃ 的氢气中处理 20~40 min,然后,在没有真空中断的条件下,在电子束蒸发腔室中沉积钼接触金属。UV/O_3/盐酸清洗和 UV/O_3/盐酸/氢气清洁这两个方法给出的 ρ_c 值分别为 1.9×10^{-8} $\Omega \cdot cm^2$ 和 $(1.1 \pm 0.9) \times 10^{-8}$ $\Omega \cdot cm^2$。这样获得的钼基接触的 ρ_c 值与采用原位钼接触[6]相当,表明对表面沾污已有效去除。同一研究组采用原位钼接触,即在重掺杂 n^+-$In_{0.53}Ga_{0.47}As$ (6×10^{19} cm^{-3})外延生长之后,在没有中断真空的情况下,立即沉积钼金属层,获得的 ρ_c 值为 $(1.1 \pm 0.6) \times 10^{-8}$ $\Omega \cdot cm^2$,这个低 ρ_c 值得益于其高载流子密度和没有氧化物或沾污的清洁金属/半导体界面。对于非重掺 n-$In_{0.53}Ga_{0.47}As$,采用原位钼接触也分别获得了 $(1.3 \pm 0.4) \times 10^{-6}$ $\Omega \cdot cm^2$[170]和 1.3×10^{-8} $\Omega \cdot cm^2$[171]的 ρ_c 值。钼接触可以在最高达到 400 ℃ 的温度范围内保持热稳定性[6, 172]。

7.5 潜在的 CMOS 沟道材料的欧姆接触

在今后的 10 年里,新材料和器件结构将需要面对晶体管小型化所带来的巨大挑战。低维材料包括过渡金属的 TMD、拓扑绝缘体、石墨烯和碳纳米管(carbon nanotube, CNT),提供了超薄沟道晶体管这样的选项和采用新概念器件的机会。可以预计的是要将低维材料应用于实际器件中,有大量技术挑战,其中最大的挑战是金属与低维材料之间的接触。如果不能很好地解决,将不可避免地限制器件的电学性能。在本节中,将就迄今为止最新的降低金属与低维材料之间接触电阻的研究进展和优化欧姆接触的各种策略展开讨论。

石墨烯是第一种被分离生成的二维材料,具有超高的载流子迁移率,可是这样的高载流子迁移率从另一方面对石墨烯基器件的接触电阻提出了严苛的要求。尽管石墨烯的零禁带宽度使不同金属与石墨烯之间都可形成欧姆接触,但因为石墨烯中态密度很小,本征比接触电阻非常高。要推动石墨烯进入实际的器件应用,降低其接触电阻至关重要。至今已提出了多种不同的方法改善石墨烯与金属之间的接触,如金属化之前的预处理[173-176],金属化后退火[177, 178]和端/边接触[179-183]。

金属化前的石墨烯预处理是一个改善金属/石墨烯欧姆接触的有效方法,依靠温和的氧等离子体和 UV/O$_3$ 完成[173-176],Chen 等证明石墨烯表面可以用优化的 UV/O$_3$ 工艺清洗。与未处理的表面相比,石墨烯和钛/金之间的接触电阻有 3 个数量级的改善,前者为 4×10^{-3} Ω·cm^2,处理后达到 3×10^{-6} Ω·cm^2[174]。Choi 等[173] 研究了不同等离子体(氩气、氧气、氮气、氢气)对金属与石墨烯间键合性质的影响[173]。发现在等离子体处理过程中产生的基团,如氢、氧和氢氧根使石墨烯表面变成亲水表面,改善了金属与石墨烯之间的接触。Robinson 等研究了不同金属与石墨烯之间的接触(钛/金、铝/金、镍/金、铜/金、铂/金、钯/金)[176],在钛/金接触中获得了 $<10^{-7}$ Ω·cm^2 的最优比接触电阻率,比没有处理的接触改善了 6 000 倍。而且该工作中,不管金属与石墨烯之间的功函数有多大的差别,大部分金属/石墨烯接触给出相似的比接触电阻率,这一点与文献[184]报道的结果一致。

后金属化退火,一个常见的改善金属/硅欧姆接触的技术,对于优化金属和石墨烯的接触同样有效。Balci 等[177] 的工作证明金属化之后的快速热退火是一个方便而有效的技术,可以降低石墨烯和多种金属(银、铜、金、钯)的接触电阻。Leong 等[178] 研究退火工艺降低接触电阻背后的机理,发现退火过程中,碳原子从石墨烯分解,进入在化学吸附的 Ni-石墨烯界面处的金属内,导致在金属和石墨烯上的悬挂碳键之间形成多处端接触(end-contact)。集成端接触造成了小得多的接触电阻。可是,受限于石墨烯中缺陷和悬挂键的数量,继续提高退火温度或加长退火时间并不能持续地大幅改善接触电阻。一个有趣但可以理解的现象是石墨烯与化学吸附的金属和物理吸附的金属（Ag、Pt、Au）之间的接触都可以因退火得到改善，这一点为 Balci 等[177] 和 Jia 等[179] 的实验结果证实。

根据 Batsuda 等的计算机模拟，端接触在降低接触电阻上比传统的边接触更有效。一旦形成端接触，接触电阻会急剧降低[185]。退火引起的接触电阻的急剧降低给这个观点提供了强有力的证据。为了描述最新的端/边接触，有必要统一一下术语。金属与石墨烯边缘处的悬挂键形成的键合称为边接触，而与石墨烯上的空位缺陷处的悬挂键形成的键合称为端接触。边接触和端接触的形成机理相同，都能带来接触电阻降低。Smith 等[180] 在石墨烯上接触区域引入切开图形来增加边缘/面积比，提供更多的边缘位点作为形成边接触的接触点。跟传统方法制造的器件比，优化的边接触获得了 32% 的接触电阻降低。Leong 等[181] 提出了另一种在金属/石墨烯接触中引入边接触的方法。通过一个由金属催化的在氢气中的刻蚀工艺，在石墨烯接触区产生大量的纳米尺寸的之字形边缘凹点，这个多孔的源漏区在之字形边缘与沉积金属形成强化学键。这个在金属化之前的处理在单层石墨烯晶体管中给出了低到 $100\ \Omega \cdot \mu m$ 的接触。尽管获得了低接触电阻，这个方法由于太过复杂，不适合在实际中应用。有鉴于此，Jia 等[179] 提出了一个简单的与 CMOS 技术兼容的方法来形成端接触，其关键概念是使用一个自对准的轻剂量 He^+ 轰击，在石墨烯上引入外来缺陷，在金属沉积和热退火之后，在金属和石墨烯之间形成端接触。采用该方法，使银/石墨烯和钯/石墨烯接触的电阻分别降低了 15.1% 和 40.1%，达到 193.3 和 118.3 $\Omega \cdot \mu m$[179]。

TMD，特别是二硫化钼，在晶体管方面的应用吸引了大量的研究兴趣，因为它足够大的禁带宽度使它在场效应晶体管上实现低关断电流成为可能，这一优点是零禁带宽度的石墨烯所无法比拟的[186]。在二硫化钼上实现欧姆接触成为真正实现改善场效应管性能目标的关键挑战，特别是在短沟道晶体管中，两个源漏区接触电阻之和已经接近甚至超过了沟道电阻，这样驱动电流将不再因沟道长度的减小而增大[187]。

第一个降低金属/二硫化钼接触电阻的方法是选用低功函数金属。图 7-12 给出了不同功函数的金属材料的能带与二硫化钼能带对准(a)和钉扎(b)的示意图。尽管二硫化钼导带底与很多金属的功函数的能量差很小，理应获得良好欧姆接触，但采用不同功函数的金属，甚至是大功函数金属（如镍和金），在 n 型二硫化钼上制成的晶体管却给出高漏区电流和高接触电阻[186-188]。跟锗相似,在二硫化钼的导带边附近也发生了严重的 FLP。Das 等[189] 采用钪在表面覆盖有 15 nm 氧化铝的剥离的 10 nm 厚二硫化钼片上形成接触,制成了高电学表现的二硫化钼晶体管,其有效载流子迁移率高达 700 cm^2/Vs。为了消除 FLP 的影响,Du 等[190] 尝试采用异质接触的概念,在金属和二硫化钼之间插入一层石墨烯,这样获得的栅长 1 μm 的晶体管表现出高于 160 mA/mm 的漏电流,开关电流比等于 10^7,电学性能的增强来源于减小了 2.1 倍的开态电阻和 3.3 倍的接触电阻。Leong 等[191] 在镍和二硫化钼之间插入一层镍腐蚀的石墨烯。得益于异质接触和低的镍/石墨烯界面电阻,获得的镍/二硫化钼接触的接触电阻降低到 200 $\Omega \cdot \mu m$。

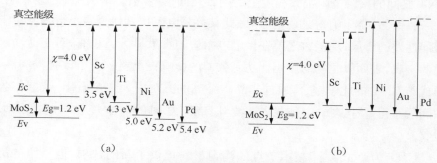

图 7 - 12　不同功函数金属的能带示意图
(a) 与二硫化钼对准；(b) 与二硫化钼钉扎

　　除了挑选合适的接触金属,调节二硫化钼的掺杂水平提供了降低接触电阻的另一个抓手。聚乙烯亚胺(polytheleneimine,PEI)对于石墨烯是一种 n 型掺杂,已经被证明也是二硫化钼的 n 型掺杂分子。根据 Du 等的工作[192],PEI 掺杂使二硫化钼的接触电阻由非掺杂的 5.1 $\Omega \cdot mm$ 降低到 ~4.6 $\Omega \cdot mm$。后来,氯化物分子掺杂技术也被用于金属/二硫化钼接触[193]。在采用掺杂实现的接触电阻降低的帮助下,器件的漏电流由 100 mA/mm 提升到 460 mA/mm,而开关电流比(6.3×10^5)和迁移率(5~60 cm^2/Vs)均未因掺杂而发生退化。

　　CNT 是准一维材料,具有适合于电子学应用的独特的性质[194, 195]。硅技术由于不断的小型化已经很快接近物理极限。具有独特性质的 CNT 已经被看作是在 5 纳米技术节点之后有希望替代硅的沟道材料。毫不奇怪,碳纳米管跟其他半导体材料一样,也必须面对同一挑战,即降低与金属之间的接触电阻。

CNT 跟金属之间的肖特基势垒限制晶体管开态电导,抑制电流输送能力。Javey 等[196]采用钯接触制造了短沟道单层 CNT 晶体管。钯是具有高功函数的贵金属,在 CNT 上有好的浸润性。用钯接触,半导体 CNT 在开态时表现出接近弹道输运极限的室温电导和高载流能力。根据 DFT 模拟,Maiti 等[197]解释了为什么铂不能给出跟钯一样良好欧姆接触,尽管铂的单金属原子跟 CNT 的结合能比钯要高,主要原因在于更强的金属-金属之间的结合能使铂基团与 CNT 之间的结合能变小了,金属与 CNT 之间的浸润性对两者之间的接触有很强的影响,Lim 等[198]的实验工作表明金属与 CNT 之间的接触电阻很大程度上受两者之间的浸润性和功函数之差影响,钛、铬、铁与 CNT 有好的浸润性,因此其接触电阻比其他金属小得多。对于浸润性差的金属,功函数之差在接触电阻中的贡献显著。还有,对于低功函数的金属,表面氧化物的影响比功函数差的影响更重要。为了改善浸润性,形成与 CNT 的化学键合,通过非晶碳结晶的方法引入一个石墨-碳层作为中间层。得益于这个中间层,金属与 CNT 之间的电学接触可得到巨大改善。

CNT 为亚 10 纳米技术节点的沟道材料提供了新的选项,但是跟硅类似,随着接触面积减小而不断增加的接触电阻成为晶体管性能改善的瓶颈。Cao 等[200]提出端键合接触方法,由钼在 850 ℃ 退火中与 CNT 反应生成碳化钼,应用端键合接触,制成了亚 10 nm 接触长度的高性能 CNT 晶体管,器件总电阻小于 36 kΩ。该技术最大的优点是接触电阻不依赖于接触面积,而缺点是需要相对高的退火温度。Tang 等[201]拓展了该技术,采用碳固溶度高的金属(如镍和钴),通过把 CNT 上的碳分解到金属接触实现端键合接触,该方法只需要在 400～600 ℃ 退火。端键合的镍接触为 CNT 提供了鲁棒(robust)的接触,表现出比边键合钯接触更好的性能,应该可以广泛地应用于金属/CNT 接触。

7.6 小结

本章给出了关于硅/硅锗、锗/Ⅲ-Ⅴ族材料和潜在的 CMOS 沟道材料上先进接触技术的综述。先进接触技术在降低寄生源漏电阻,特别是在

ITRS 制定的路线图中占有重要地位。为了准确地提取超低比接触电阻率，介绍了两个主要的测试结构——MR‐CTLM 和 RTLM，并将其与前代结构 CTLM 和 TLM 做了比较。MR‐CTLM 和 RTLM 在增强有效接触电阻在总电阻测量值中的占比上较 CTLM 和 TLM 的优点明显。以在硅/硅锗、锗/Ⅲ‐Ⅴ族材料和潜在的 CMOS 沟道材料上实现良好欧姆接触为目标的先进接触技术，采用了以下两类策略：(1)通过费米能级去钉扎减小 SBHs，包括使用 MIS、DS、界面钝化和合金化；(2)增加沟道材料表面的掺杂浓度，包括采用先进的退火工艺和寻找替代性技术。在本章中，对上述策略的研究成果做了大量的综述。随着 CMOS 技术进入 16/14 纳米技术节点，先进接触技术在改善器件性能上的影响将更加显著。考虑到 FinFET 和 GAA 器件结构和对高掺杂浓度和浅结这两方面的要求，一些新的解决方案，如基于 ALD 的接触金属、先进激光退火等将会广泛地引入生产技术中。

参 考 文 献

[1] Yu H, Schaekers M, Peter A, et al. Titanium silicide on Si:P with precontact amorphization implantation treatment: contact resistivity approaching 1×10^{-9} Ohm-cm^2 [R]. IEEE Trans. Electron Devices. 2016 - 4632.

[2] Adusumillii P, Alptekin E, Raymond M, et al. Ti and NiPt/Ti liner silicide contacts for advanced technologies [C]. VLSI Technology 2016 IEEE Symposium 2016 - 1.

[3] Wu S-Y, Lin C Y, Liaw J J, et al. VLSI Technology, 2016 IEEE Symposium 2016 - 1.

[4] ITRS 2011 edition, http://www.itrs2.net/ (2011).

[5] Crook A M, Lind E, Griffith Z, et al. Low resistance, nonalloyed Ohmic contacts to InGaAs [R]. Appl. Phys. Lett. 2007 - 9 - 192114 - 1.

[6] Baraskar A K, Wistey M A, Jain V, et al. Ultralow resistance, nonalloyed Ohmic contacts to n-InGaAs [R]. J. Vac. Sci. Technol. B 2009 - 2036.

[7] Baraskar A K, Wistey M A, Jain V, et al. Ex situ Ohmic contacts to n-InGaAs [R]. J. Vac. Sci. Technol. B 2010 - C5I7.

[8] Reeves G K, Harrison H B. Obtaining the specific contact resistance from transmission line model measurements [R]. IEEE Electron Device Lett. 1982 - 111.

[9] Stavitski N, van Dal M J H, Lauwers A, et al. Systematic TLM Measurements of NiSi and PtSi Specific Contact resistance to n- and p-type Si in a broad doping range [R]. IEEE Electron Device Lett. 2008 - 378.

[10] Loh W M, Swirhun S E, Schreyer T A, et al. Modeling and measurement of contact resistances [R]. IEEE Trans. Electron Devices. 1987 - 512.

[11] Yu H, Schaekers M, Schram T, et al. Multiring circular transmission line model for ultralow contact resistivity extraction [R]. IEEE Electron Device Lett. 2015 - 600 - 602.

[12] Marlow G S, Das M B. The effects of contact size and non-zero metal resistance on the determination of specific contact resistance [R]. Solid-state Electron. 1982 - 91.

[13] Yu H, Schaekers M, Schram T, et al. A simplified method for (circular) transmission line model simulation and ultralow contact resistivity extraction [R]. IEEE Electron Device Lett. 2014 - 957.

[14] Dormaier R, Mohney S E. Factors controlling the resistance of Ohmic contacts to n-InGaAs [R]. J. Vac. Sci. Techno. 2012 - 031209.

[15] Kasahara K, Yamada S, Sawano K, et al. Mechanism of Fermi level pinning at metal/germanium interfaces [R]. Phys. Rev. B 2011 - 205301/1.

[16] Song G, Ali M Y, Tao M. A high Schottky barrier between Ni and S-passivated n-type Si(100) surface [R]. Solid-State Electron. 2008 - 1778.

[17] Kobayashi M, Kinoshita A, Saraswat K, et al. Fermi-level depinning in metal/Ge Schottky barrier Junction and its application to metal source/drain Ge NMOSFET [C]. VLSI technology, 2008 IEEE Symposium 2008 - 54.

[18] Lieten R R, Afanasev V V, Thoan N H, et al. Mechanism of Schottky barrier control on n-type Germanium using Ge₃N₄ interlayers [R]. J. Electrochem. Soc. 2011 - H358.

[19] Connelly D, Faulkner C, Grupp D E, et al. A new route to zero-barrier metal source/drain MOSFETs [R]. IEEE Trans. Nanotechnol. 2004 - 98.

[20] Connelly D, Faulkner C, Clifton P A, et al. Fermi-level depinning for low-barrier Schottky source/drain transistors [R]. Appl. Phys. Lett. 2006 - 012105/1.

[21] Grupp D E, Connelly D, Faulkner C, et al. A new junction technology for low-resistance contacts and Schottky barrier MOSFETs [C]. Extended Abstracts, the Fifth IWJT. 2005 - 103.

[22] King P J, Arac E, Ganti S, et al. Improving metal/semiconductor conductivity using AlO_x interlayers on n-type and p-type Si [R]. Appl. Phys. Lett. 2014 - 052101/1.

[23] Wang J, Mottaghian S S, Baroughi F M. Passivation Properties of Atomic-Layer-Deposited Hafnium and Aluminum Oxides on Si Surfaces [R]. IEEE Trans. Electron Devices. 2012 - 342.

[24] Islam R, Shine G, Saraswat K C. Schottky barrier height reduction for holes by Fermi level depinning using metal/nickel oxide/silicon contacts [R]. Appl. Phys. Lett. 2014 - 182103/1.

[25] Hickmott T W. Formation of Ohmic contacts: A breakdown mechanism in metal-insulator-metal structures [R]. J. Appl. Phys. 2006 - 083712/1.

[26] Liao M-H, Lien C. The comprehensive study and the reduction of contact resistivity on the n-InGaAs M-I-S contact system with different inserted insulators [R]. AIP Advances. 2015 - 057117/1.

[27] Agrawal A, Lin J, Barth M, et al. Fermi level depinning and contact resistivity reduction using a reduced titania interlayer in n-silicon metal-insulator-semiconductor ohmic contacts [R]. Appl. Phys. Lett. 2014 - 112101/1.

[28] Remesh N, Dev S, Rawal Y, et al. Contact barrier height and resistivity reduction using low work-function metal (Yb)-interfacial layer-semiconductor contacts on n-type Si and Ge [C]. 73rd Annual DRC 2015 - 145.

[29] Borrel J, Hutin L, Rozeau O, et al. Considerations for efficient contact resistivity reduction via Fermi Level depinning — impact of MIS contacts on 10 nm node nMOSFET DC characteristics [C]. VLSI Technology, 2015 Symposium 2015 - T116.

[30] Paramahans P, Gupta S, Mishra R K, et al. ZnO: an attractive option for n-type metal-interfacial layer-semiconductor (Si, Ge, SiC) contacts [C]. VLSI Technology Symposium 2012 - 83.

[31] Tao M, Udeshi D, Basit N, et al. Removal of dangling bonds and surface states on silicon (001) with a monolayer of selenium [R]. Appl. Phys. Lett. 2003 - 1559.

[32] Zhao Q T, Breuer U, Rije E, et al. Tuning of NiSi Si Schottky barrier heights by sulfur segregation during Ni silicidation [R]. Appl. Phys. Lett. 2005 - 062108/1.

[33] Song G, Ali M Y, Tao M. A High Schottky-Barrier of 1. 1 eV Between Al and S-Passivated p-Type Si(100) Surface [R]. IEEE Electron Device Lett. 2007 - 71.

[34] Alptekin E, Ozturk M C, Misra V. Tuning of the Platinum Silicide Schottky Barrier Height on n-Type Silicon by Sulfur Segregation [R]. IEEE Electron Device Lett. 2009 - 331.

[35] Lee R T P, Lim A E J, Tan K M, et al. Sulfur-Induced PtSi:C/Si:C Schottky Barrier Height Lowering for Realizing N-Channel FinFETs With Reduced External Resistance [R]. IEEE Electron Device Lett. 2009 - 472.

[36] Tao M, Zhu J. Response to "Comment on 'Negative Schottky barrier between titanium and n-type Si(001) for low-resistance ohmic contacts" [R]. Solid State Electron. 2004 - 2347.

[37] Tao M, Agarwal S, Udeshi D, et al. Low Schottky barriers on n-type silicon (001) [R]. Appl. Phys. Lett. 2003 - 2593.

［38］ Tao M. A new surface passivation technique for crystalline Si solar cells: Valence-mending passivation ［C］. 2008 33rd IEEE Photovoltaic Specialists Conference 2008 - 1.

［39］ Wong H S, Liu F Y, Ang K W, et al. Novel Nickel Silicide Contact Technology Using Selenium Segregation for SOI nMOSFETs With Silicon-Carbon Source/Drain Stressors ［R］. IEEE Electron Device Lett. 2008 - 841.

［40］ Loh W-Y, Etienne H, Coss B, Ok I, et al. Effective Modulation of Ni Silicide Schottky Barrier Height Using Chlorine Ion Implantation and Segregation ［R］. IEEE Electron Device Lett. 2009 - 1140.

［41］ Wittmer M, Seidel T E. The redistribution of implanted dopants after metal-silicide formation ［R］. J. Appl. Phys. 1978 - 5827.

［42］ Qiu Z, Zhang Z, Ostling M, et al. A Comparative Study of Two Different Schemes to Dopant Segregation at NiSi/Si and PtSi/Si Interfaces for Schottky Barrier Height Lowering ［R］. IEEE Trans. Electron Devices. 2008 - 396.

［43］ Zhang M, Knoch J, Zhao Q T, et al. Schottky barrier height modulation using dopant segregation in Schottky-barrier SOI-MOSFETs ［C］. Proceedings of 35th European Solid-State Device Research Conference 2005 - 457.

［44］ Zhao Q T, Zhang M, Knoch J, et al. Tuning of Schottky barrier heights by silicidation induced impurity segregation ［C］. 2006 IWJT 2006 - 147.

［45］ Zhang Z, Qiu Z, Liu R, et al. Schottky-Barrier Height Tuning by Means of Ion Implantation Into Preformed Silicide Films Followed by Drive-In Anneal ［R］. IEEE Electron Device Lett. 2007 - 565.

［46］ Deng J, Liu Q, Zhao C, et al. A modified scheme to tune the Schottky Barrier Height of NiSi by means of dopant segregation technique ［R］. Vacuum. 2014 - 225.

［47］ Gudmundsson V, Hellstrom P E, Luo J, et al. Fully Depleted UTB and Trigate N-Channel MOSFETs Featuring Low-Temperature PtSi Schottky-Barrier Contacts With Dopant Segregation ［R］. IEEE Electron Device Lett. 2009 - 541.

［48］ Larrieu G, Yarekha D A, Dubois E, et al. Arsenic-Segregated Rare-Earth Silicide Junctions: Reduction of Schottky Barrier and Integration in Met allic nMOSFETs on SOI ［R］. IEEE Electron Device Lett. 2009 - 1266.

［49］ Shang H P, Xu Q X. Adjustment of NiSi/n-Si SBHs by post-silicide of dopant segregation process ［R］. Journal of Semiconductors. 2009 - 106001/1.

［50］ Sinha M, Lee R T P, Tan K-M, et al. Novel Aluminum Segregation at NiSi/P$^+$ - Si Source/Drain Contact for Drive Current Enhancement in P-Channel FinFETs ［R］. IEEE Electron Device Lett. 2009 - 85.

［51］ Koh S-M, Ng C-M, Liu P, et al. Schottky barrier height modulation with Aluminum segregation and pulsed laser anneal: A route for contact resistance reduction ［C］. Extended Abstracts, IWJT 2010 - 1.

［52］ Yamauchi T, Kinoshita A, Tsuchiya Y, et al. 1 nm NiSi/Si Junction Design based on First-Principles Calculation for Ultimately Low Contact Resistance ［C］. IEDM Tech Dig. 2006 - 1.

［53］ Jang M, Kim Y, Shin J, et al. Characterization of erbium-silicided Schottky diode junction ［R］. IEEE Electron Device Lett. 2005 - 354.

［54］ Tu K N, Thompson R D, Tsaur B Y. Low Schottky barrier of rare-earth silicide on n-Si ［R］. Appl. Phys. Lett. 1981 - 626.

［55］ Lee R T P, Lim A E-J, Tan K-M, et al. N-channel FinFETs With 25 - nm Gate Length and Schottky-Barrier Source and Drain Featuring Ytterbium Silicide ［R］. IEEE Electron Device Lett. 2007 - 164.

［56］ Noguchi K, Hosoda W, Matano K, et al. Schottky barrier height modulation by Er insertion and its application to SB-MOSFETs ［R］. ECS Trans. 2009 - 29.

［57］ Yeo Y C. Advanced source/drain technologies for parasitic resistance reduction ［C］. International Workshop on Junction Technology Extended Abstracts 2010 - 1.

［58］ Luo J, Jiang Y L, Ru G P, et al. Silicide of Ni (Yb) film on Si (001)［R］. J. Electronic Mater. 2008 - 245.

［59］ Tang X H, Katcki J, Dubois E, et al. Very low Schottky barrier to n-type silicon with PtEr-stack silicide ［R］. Solid-State Electron. 2003 - 2105.

［60］ Lee R T P, Tan K-M, Lim A E-J, et al. P-Channel Tri-Gate FinFETs Featuring NiPtSiGe Source /Drain Contacts for Enhanced Drive Current Performance ［R］. IEEE Electron Device Lett. 2008 - 438.

［61］ Coss B E, Smith C, Loh W-Y, et al. Contact Resistance Reduction to FinFET Source/Drain Using Novel Dielectric Dipole Schottky Barrier Height Modulation Method ［R］. IEEE Electron Device Lett. 2011 - 862.

［62］Coss B E, Smith C, Loh W-Y, et al. Contact resistance reduction to FinFET source/drain using dielectric dipole mitigated Schottky barrier height tuning [C]. International Electron Devices Meeting 2010 - 26. 3. 1.

［63］Yu H, Schaekers M, Barla K, et al. Contact resistivities of metal-insulator-semiconductor contact and metal-semiconductor contacts [R]. Appl. Phys. Lett. 2016 - 171602/1.

［64］Yu H, Sehaekers M, Demuynek S, et al. MIS or MS? Source/drain contact scheme evaluation for 7 nm Si CMOS technology and beyond [C]. 16th *IWJT* 2016 - 19.

［65］Kim J, Oldiges P J, Li H-F, et al. Specific contact resistivity of n-type Si and Ge M-S and M-I-S contacts [C]. International Conference SISPAD 2015 - 234.

［66］Yu H, Schaekers M, Schram T, et al. Thermal Stability Concern of Met al-Insulator-Semiconductor Contact: A Case Study of Ti/TiO$_2$/n-Si Contact [R]. IEEE Trans. Electron Devices. 2016 - 2671.

［67］Biswas D, Biswas J, Ghosh S, et al. Enhanced thermal stability of Ti/TiO$_2$/n-Ge contacts through plasma nitridation of TiO$_2$ interfacial layer [R]. Appl. Phys. Lett. 2017 - 052104/1.

［68］Koh S-M, Yu E, Kong J, et al. New Tellurium implant and segregation for contact resistance reduction and single metallic silicide technology for independent contact resistance optimization in n- and p-FinFETs [C]. VLSI Technology, Proceedings of 2011 International Symposium 2011 - 1.

［69］Koh S-M, Kong E Y J, Liu B, et al. Contact-Resistance Reduction for Strained n-FinFETs With Silicon-Carbon Source/Drain and Platinum-Based Silicide Contacts Featuring Tellurium Implantation and Segregation [R]. IEEE Trans. Electron Devices. 2011 - 3852.

［70］Wong H-S, Chan L, Samudra G, et al. Selenium Segregation for Lowering the Contact Resistance in Ultrathin-Body MOSFETs With Fully Metallized Source/Drain [R]. IEEE Electron Device Lett. 2009 - 1087.

［71］Wong H-S, Liu F-Y, Ang K-W, et al. Selenium Co-implantation and segregation as a new contact technology for nanoscale SOI NFETs featuring NiSi:C formed on silicon-carbon(Si:C) source/drain stressors [C]. VLSI Technology, 2008 Symposium 2008 - 168.

［72］Ni C-N, Rao K V, Khaja F, et al. Selenium segregation optimization for 10 nm node contact resistivity [C]. VLSI Technology, Proceedings of 2014 International Symposium 2014 - 1.

［73］Rao K V, Khaja F A, Ni C N, et al. Damage engineered Se implant for NMOS TiSi$_x$ contact resistivity reduction [C]. Ion Implantation Technology, 2014 20th International Conference 2014 - 1.

［74］Koh S-M, Samudra G S, Yeo Y-C. Contact Technology for Strained nFinFETs With Silicon-Carbon Source/Drain Stressors Featuring Sulfur Implant and Segregation [R]. IEEE Trans. Electron Devices. 2012 -1046.

［75］Kinoshita A, Tanaka C, Uchida K, et al. High-performance 50 - nm-gate-length Schottky-source/drain MOSFETs with dopant-segregation junctions [C]. VLSI Technology, 2005 Symposium 2005 - 158.

［76］Kinoshita A, Tsuchiya Y, Yagishita A, et al. Solution for high-performance Schottky-source/drain MOSFETs: Schottky barrier height engineering with dopant segregation technique [C]. VLSI Technology, 2004 Symposium 2004 - 168.

［77］Zhang Z, Pagette F, Emic C D, et al. Sharp Reduction of Contact Resistivities by Effective Schottky Barrier Lowering With Silicides as Diffusion Sources [R]. IEEE Electron Device Lett. 2010 - 731.

［78］Luo J, Qiu Z-J, Zhang Z, et al. Interaction of NiSi with dopants for metallic source/drain applications [R] J. Vac. Sci. Technol. B. 2010 - C111.

［79］Kenney C R, Ang K-W, Matthews K, et al. FinFET parasitic resistance reduction by segregating shallow Sb, Ge and As implants at the silicide interface [C]. VLSI Technology, 2012 Symposium 2012 - 17.

［80］Wong H-S, Koh A T-Y, Chin H-C, et al. A New Salicidation Process with Solid Antimony (Sb) Segregation (SSbS) for Achieving Sub-0. 1 eV Effective Schottky Barrier Height and Parasitic Series Resistance Reduction in N-Channel Transistors [C]. VLSI Technology, 2008 Symposium 2008 - 36.

［81］Sinha M, Lee R-T P, Chor E F, et al. Contact Resistance Reduction Technology Using Aluminum Implant and Segregation for Strained p-FinFETs With Silicon-Germanium Source/Drain [R]. IEEE Trans. Electron Devices. 2010 - 1279.

［82］Lindsay R, Pawlak B J, Stolk P, et al. Optimisation of junctions formed by solid phase epitaxial regrowth for sub-70 nm CMOS [C]. Mat. Res. Soc. Symp. Proc. 2002 - 65.

［83］Pouydebasque A, Dumont B, Farhane R E, et al. CMOS integration of solid phase epitaxy for sub-50 nm devices [C]. Proceeding of ES SDERC 2005 - 419.

［84］Ni C-N, Li X, Sharma S, et al. Ultra-low contact resistivity with highly doped Si:P contact for nMOSFET [C]. VLSI Technology, 2015 Symposium 2015 - T118.

［85］ Ni C-N, Rao K V, Khaja F, et al. Ultra-low NMOS contact resistivity using a novel plasma-based DSS implant and laser anneal for post 7 nm nodes［C］. VLSI Technology, 2016 IEEE Symposium 2016 - 1.

［86］ Yu H, Schaekers M, Rosseel E, et al. 1.5×10^{-9} Ω-cm^2 Contact resistivity on highly doped Si:P using Ge pre-amorphization and Ti silicidation［C］. 2015 IEEE IEDM 2015 - 21. 7. 1.

［87］ Yang Y R, Breil N, Yang C Y, et al. Ultra low p-type SiGe contact resistance FinFETs with Ti silicide liner using cryogenic contact implantation amorphization and Solid-Phase Epitaxial Regrowth (SPER)［C］. VLSI Technology, 2016 IEEE Symposium 2016 - 1.

［88］ Yu H, Schaekers M, Hikavyy A, et al. Ultralow-resistivity CMOS contact scheme with precontact amorphization plus Ti (germano-)silicidation［C］. VLSI Technology, 2016 IEEE Symposium 2016 - 1.

［89］ Yu H, Schaekers M, Demuynck S, et al. Process options to enable sub-1×10^{-9} Ω-cm^2 contact resistivity on Si devices［C］. 2016 IEEE IITC/AMC 2016 - 66.

［90］ Nishimura T, Kita K, Toriumi A. Evidence for strong Fermi-level pinning due to metal-induced gap states at metal/germanium interface［R］. Appl. Phys. Lett. 2007 - 123123/1.

［91］ Koikea M, Kamata Y, Ino T, et al. Diffusion and activation of n-type dopants in germanium［R］. J. Appl. Phys. 2008 - 023523/1.

［92］ Kim S H, Yokoyama M, Taoka N, et al. Self-aligned metal source/drain In$_x$Ga$_{1-x}$As nMOSFETs using Ni-InGaAs alloy［C］. IEDM Tech Dig 2010 - 596.

［93］ Li Z Q, An X, Yun Q X, et al. Tuning Schottky barrier height in metal/n-type germanium by inserting an ultrathin yttrium oxide film［R］. ECS Solid State Lett. 2012 - Q33.

［94］ Zhou Y, Han W, Wang Y, et al. Investigating the origin of Fermi level pinning in Ge Schottky junctions using epitaxially grown ultrathin MgO films［R］. Appl. Phys. Lett. 2010 - 102103/1.

［95］ Nishimura T, kita K, Toriumi A. A significant shift of Schottky barrier heights at strongly pinned metal/ Germanium interface by inserting an ultra-thin insulating film［R］. Appl. Phys. Exp. 2008 - 0514061.

［96］ Ohta A, Matsui M, Murakami H, et al. Control of Schottky barrier height at Al/p-Ge junctions by ultrathin layer insertion［R］. ECS trans. 2012 - 449.

［97］ Jiang Y-L, Xie Q, Qu X-P, et al. Effective Schottky barrier height modulation by an ultrathin passivation layer of GeO$_x$N$_y$ for Al/n-Ge(100) contact［R］. Electrochem. solid-state Lett. 2011 - H487.

［98］ Huang Z W, Li C, Lin G Y, et al. Suppressing the formation of GeO$_x$ by doping Sn into Ge to modulate the Schottky barrier height of metal/n-Ge contact［R］. Appl. Phys. Exp. 2016 - 021301/1.

［99］ Lieten R R, Degroote S, Kuijk M, et al. Ohmic contact formation on n-type Ge［R］. Appl. Phys. Lett. 2008 - 022106/1.

［100］ Lieten R R, Degroote S, Kuijk M, et al. Crystalline Ge$_3$N$_4$ on Ge(111)［R］. Appl. Phys. Lett. 2007 - 222110/1.

［101］ Lin L, Robertson J, Clark S J. Shifting Schottky barrier heights with ultra-thin dielectric layers［R］. Microelectronic Engineering. 2011 - 1461.

［102］ Zhou Y, Ogawa M, Han X H, et al. Alleviation of Fermi-level pinning effect on metal/germanium interface by insertion of an ultrathin aluminum oxide［R］. Appl. Phys. Lett. 2008 - 202105/1.

［103］ Kobayashi M, Kinoshita A, Saraswat K, et al. Fermi level depinning in metal/Ge Schottky junction for metal source/drain Ge metal-oxide-semiconductor field-effect-transistor application［R］. J. Appl. Phys. 2009 - 023702/1.

［104］ Lin L, Li H, Robertson J. Control of Schottky barrier heights by inserting thin dielectric layers［R］. Appl. Phys. Lett. 2012 - 172907/1.

［105］ Lin J-Y, Roy A M, Nainani A, et al. Increase in current density for metal contacts to n-germanium by inserting TiO$_2$ interfacial layer to reduce Schottky barrier height［R］. Appl. Phys. Lett. 2011 - 092113/1.

［106］ Kim G-S, Kim S-W, Kim S-H, et al. Effective Schottky barrier height lowering of metal/n-Ge with a TiO$_2$/GeO$_2$ interlayer stack［R］. Appl. Mater. &. Interfaces. 2016 - 35419.

［107］ Tsui B-Y, Kao M-H. Mechanism of Schottky barrier height modulation by thin dielectric insertion on n-type germanium［R］. Appl. Phys. Lett. 2013 - 032104/1.

［108］ Mönch W. On the alleviation of Fermi-level pinning by ultrathin insulator layers in Schottky contacts ［R］. J. Appl. Phys. 2012 - 073706/1.

［109］ Suzuki A, Nakatsuka O, Shibayama S, et al. Growth of ultrahigh-Sn-content Ge$_{1-x}$Sn$_x$ epitaxial layer and its impact on controlling Schottky barrier height of metal/Ge contact［R］. Jpn. J. Appl. Phys. 2016 -

04EB12/1.

[110] Suzuki A, Nakatsuka O, Shibayama S, et al. Reduction of Schottky barrier height at metal/n-Ge interface by introducing an ultra-high Sn content $Ge_{1-x}Sn_x$ interlayer [R]. Appl. Phys. Lett. 2015 - 212103/1.

[111] Lim P S Y, Chi D Z, Wang X C, et al. Fermi-level depinning at the metal-germanium interface by the formation of epitaxial nickel digermanide $NiGe_2$ using pulser laser anneal [R]. Appl. Phys. Lett. 2012 - 172103/1.

[112] Wu J R, Wu Y H, Hou C Y, et al. Impact of fluorine treatment on Fermi level depinning for metal/germanium Schottky junctions [R] Appl. Phys. Lett. 2011 - 253504/1.

[113] Tong Y, Liu B, Lim P S Y, et al. Novel selenium implant and segregation for reduction of effective Schottky barrier height in NiGe/n-Ge contacts [C]. VLSI Technology, Proceedings of 2012 Technical Program 2012 - 1.

[114] Tong Y, Liu B, Lim P S Y, et al. Selenium segregation for effective Schottky barrier height reduction in NiGe/n-Ge contacts [R]. IEEE Electron Device Lett. 2012 - 773.

[115] Ikeda K, Yamashita Y, Sugiyama N, et al. Modulation of NiGe/Ge Schottky barrier height by sulfur segregation during Ni germanidation [R]. Appl. Phys. Lett. 2006 - 152115/1.

[116] Koike M, Kamimuta Y, Tezuka T. Modulation of NiGe/Ge Schottky barrier height by S and P co-in troduction [R]. Appl. Phys. Lett. 2013 - 032108/1.

[117] Thathachary A V, Bhat K N, Bhat N, et al. Fermi level depinning at the germanium Schottky interface through sulfer passivation [R]. Appl. Phys. Lett. 2010 - 152108/1.

[118] Koike M, Kaminuta Y, Tezuka T, et al. Electrical properties of Ge crystals and effective Schottky barrier height of NiGe/Ge junctions modified by P and chalcogen (S, Se, or Te) co-doping [R]. Appl. Phys. Lett. 2016 - 102104/1.

[119] Menghini M A, Homm P, Su C-Y, et al. Modulation of the Schottky barrier height for advanced contact schemes [C]. IEEE IITC-MAM 2015 - 39.

[120] Liu H H, Wang P, Qi D F, et al. Ohmic contact formation of metal/amorphous-Ge/n-Ge junctions with an anomalous modulation of Schottky barrier height [R]. Appl. Phys. Lett. 2014 - 192103/1.

[121] Baek S C, Seo Y-J, Oh J G, et al. Alleviation of Fermi-level pinning effect at metal/germanium interface by the insertion of graphene layers [R]. Appl. Phys. Lett. 2014 - 073508/1.

[122] Wu H D, Huang W, Lu W F, et al. Ohmic contact to n-type Ge with compositional Ti nitride [R]. Appl. Surf. Sci. 2013 - 877.

[123] Iyota M, Yamamoto K, Wang D, et al. Ohmic contact formation on n-type Ge by direct deposition of TiN [R]. Appl. Phys. Lett. 2011 - 192108/1.

[124] Wu H D, Wang C, Wei J B, et al. Ohmic contact to n-type Ge with compositional W nitride [R]. IEEE Electron Device Lett. 2014 - 1188.

[125] Wu Z, Huang W, Li C, et al. Modulation of Schottky barrier height of metal/TaN/n-Ge junctions by varying TaN thickness [R]. IEEE Trans. Electron Devices. 2012 - 1328.

[126] Seo Y, Lee S, Baek S-H C, et al. The mechanism of Schttky barrier modulation of Tantalum nitride/Ge contacts [R]. IEEE Electron Device Lett. 2005 - 997.

[127] Mueller M, Zhao Q T, Urban C, et al. Schottky-barrier height tuning of Ni and Pt germanide/n-Ge contacts using dopant segregation [C]. IEEE ICSICT 2008 - 153.

[128] Mueller M, Zhao Q T, Urban C, et al. Schotty-barrier height tuning of NiGe/n-Ge contacts using As and P segregation [R]. M. Sci. Eng. B 2008 - 168.

[129] Li Z Q, An X, Li M, et al. Low electron Schottky barrier height of NiGe/Ge achieved by ion implantation after germanidation technique [R]. IEEE Electron Device Lett. 2012 - 1687.

[130] Chen C W, Tzeng J Y, Chung C T, et al. Enhancing the performance of germanium channel nMOSFET using phosphorus dopant segregation [R]. IEEE Electron Device Lett. 2014 - 6.

[131] Hosoi T, Oka H, Minoura Y, et al. Schottky barrier height modulation at NiGe/Ge interface by phosphorous ion implantation and its application to Ge-based CMOS devices [C]. IEEE IWJT 2015 - 69.

[132] Henkel C, Abermann S, Bethge O, et al. Reduction of the PtGe/Ge electron Schottky-barrier height by rapid thermal diffusion of phosphorous dopants [R]. J. Electrochem. Soc. 2010 - H815.

[133] Hu J, Saraswat K, Wong H-S P. Met al/Ⅲ-Ⅴ effective height tuning using ALD high-k dipoles [C]. IEEE DRC 2011 - 135.

[134] Hu J, Saraswat K C, Wong H-S P. Met al/Ⅲ-Ⅴ Schottky barrier height tuning for the design of nonalloyed

Ⅲ-Ⅴ field-effect transistor source/drain contacts [R]. J. Appl. Phys. 2010－063712/1.

[135] Chauhan L, Gupta S, Jaiswal P, et al. Modification of metal-InGaAs Schottky barrier behavior by atomic layer deposition of ultra-thin Al_2O_3 interlayers [R]. Thin solid films. 2015－264.

[136] Wang R S, Xu M, Ye P D, et al. Schottky-barrier height modulation of metal/$In_{0.53}Ga_{0.47}As$ interfaces by insertion of atomic-layer deposited ultrathin Al_2O_3[R]. J. Vac. Sci. Technol. B. 2011－041206/1.

[137] Gajula D R, Baine P, Modreanu M, et al. Fermi level de-pinning of aluminium contacts to n-type germanium using thin atomic layer deposited layers [R]. Appl. Phys. Lett. 2014－012102/1.

[138] Roy A M, Lin J Y J, Saraswat K C. Specific contact resistivity of tunnel barrier contacts used for Fermi level depinning [R]. IEEE Electron Device Lett. 2010－1077.

[139] Gupta S, Manik P P, Mishra R K, et al. Contact resistivity reduction through interfacial doping in metal-interfacial layer-semiconductor contacts [R]. J. Appl. Phys. 2013－234505/1.

[140] Lin J-Y J, Roy A M, Saraswat K C. Reduction in specific contact resistivity to n^+ Ge using TiO_2 interfacial layer [R]. IEEE Electron Device Lett. 2012－1541.

[141] Dev S, Remesh N, Rawal Y, et al. Low resistivity contact on n-type Ge using low work-function Yb with a thin TiO_2 interfacial layer [R]. Appl. Phys. Lett. 2016－103507/1.

[142] Kim G-S, Yoo G, Seo Y J, et al. Effect of hydrogen annealing on contact resistance reduction of metal-interlayer-n-Germanium source/drain structure [R]. IEEE Electron Device Lett. 2016－709.

[143] Kim G-S, Kim J-K, Kim S-H, et al. Specific contact resistivity reduction through Ar plasma-treated TiO_{2-x} interfacial layer to metal/Ge contact [R]. IEEE Electron Device Lett. 2014－1076.

[144] Manik P P, Mishra R K, Kishore V P, et al. Fermi-level unpinning and low resistivity in contacts to n-type Ge with a thin ZnO interfacial layer [R]. Appl. Phys. Lett. 2012－182105/1.

[145] Kim J K, Kim G S, Shin C, et al. Analytical study of interfacial layer doping effect on contact resistivity in metal-interfacial layer-Ge structure [R]. IEEE Electron Device Lett. 2014－705.

[146] Ahn J, Kim J K, Kim S W, et al. Effect of metal nitride on contact resistivity of metal-interlayer-Ge source/drain in sub-10－nm n-type Ge FinFET [R]. IEEE Electron Device Lett. 2016－705.

[147] Manik P P, Lodha S. Contacts on n-type germanium using variably doped zinc oxide and highly doped indium tin oxide interfacial layers [R]. Appl. Phys. Exp. 2015－051302/1.

[148] Agrawal A, Shukla N, Ahmed K, et al. A unified model for insulator selection to form ultra-low resistivity metal-insulator-semiconductor contacts to n-Si, n-Ge, and n-InGaAs [R]. Appl. Phys. Lett. 2012－042108/1.

[149] Kim G S, Kim S H, Kim J K, et al. Surface passivation of germanium using SF_6 to reduce source/drain contact resistance in germanium nFETs [R]. IEEE Electron Device Lett. 2015－745.

[150] Tsui B Y, Shih J J, Lin H C, et al. A study on NiGe-contacted Ge n^+/p Ge shallow junction prepared by dopant segregation technique [R]. Solid-state Electron. 2015－40.

[151] Yang B, Lin J Y J, Gupta S, et al. Low-Contact-Resistivity Nickel Germanide Contacts on n^+ Ge with Phosphorus/Antimony Co-Doping and Schottky Barrier Height Lowering [C]. 2012 International Silicon-Germanium Technology and Device Meeting 2012－1.

[152] Koike M, Kaminuta Y, Kurosawa E, et al. NiGe/n^+－Ge junctions with ultralow contact resistivity formed by two-step P-ion implantation [R]. Appl. Phys. Exp. 2014－051302/1.

[153] Hsu C C, Chou C H, Wang S Y, et al. Fabricating a n^+-Ge contact with ultralow specific contact resistivity by introducing a PtGe alloy as a contact metal [R]. Appl. Phys. Lett. 2015－113503/1.

[154] Li Z Q, An X, Yun Q X, et al. Low specific contact resistivity to n-Ge and well-behaved Ge n^+/p diode achieved by multiple implantation and multiple annealing technique [R]. IEEE Electron Device Lett. 2013－1097.

[155] Thareja G, Cheng S L, Kamins T, et al. Electrical characterization of germanium n^+/p junctions obtained using rapid thermal annealing of co-implanted P and Sb [R]. IEEE Electron Device Lett. 2011－608.

[156] Martens K, Firrincieli A, Rooyackers R, et al. Record low contact resistivity to n-type Ge for CMOS and memory applications [C]. 2010 IEEE IEDM 2010－428.

[157] Miyoshi H, Ueno T, Akiyama K, et al. In-situ contact formation for ul tra-low contact resistance NiGe using carrier activation enhancement (CAE) techniques for Ge CMOS [C]. VLSI Technology [C]. 2014 Symposium 2014－1.

[158] Firrincieli A, Martens K, Rooyackers R, et al. Study of Ohmic contacts to n-type Ge: snowplow and laser activation [R]. Appl. Phys. Lett. 2011－242104/1.

[159] Hsu W, Wen F, Wang X R, et al. Laser spike annealing for shallow junctions in Ge MOS [R]. IEEE Trans. Electron Devices. 2017 - 346.

[160] Shayesteh M, Huet K, Tresonne I T, et al. Atomically flat low-resistivity germanide contacts formed by laser thermal anneal [R]. IEEE Trans. Electron Devices. 2013 - 2178.

[161] Moriyama Y, Kamimuta Y, Kamata Y, et al. In situ doped epitaxial growth of highly dopant-activated n^{+}-Ge layers for reduction of parasitic resistance in Ge-nMOSFETs [R]. Appl. Phys. Exp. 2014 - 106501/1.

[162] Yu H, Schaekers M, Schram T, et al. Low-resistance titanium contacts and thermally unstable nickel germanide contacts on p-type germanium [R]. IEEE Electron Device Lett. 2016 - 482.

[163] Bhatt P, Swarnkar P, Basheer F, et al. High performance 400 ℃ p^{+}/n Ge junctions using cryogenic boron implantation [R]. IEEE Electron Device Lett. 2014 - 717.

[164] Chao Y L, Woo J C S. Source/drain engineering for parasitic resistance reduction for geranium pMOSFETs [R]. IEEE Trans. Electron Devices. 2007 - 2750.

[165] Miyoshi H, Ueno T, Hirota Y, et al. Low nickel germanide contact resistances by carrier activation enhancement techniques for germanium CMOS application [R]. Jpn. J. Appl. Phys. 2014 - 04EA05/1.

[166] Martens K, Rooyackers R, Firrincieli A, et al. Contact resistivity and Fermi-level pinning in n-type Ge contacts with epitaxial Si-passivation [R]. Appl. Phys. Lett. 2011 - 013504/1.

[167] Zhang X G, Ivana, Guo H X, et al. A self-aligned Ni-InGaAs contact technology for InGaAs channel nMOSFET [R]. J. Electrochem. Soc. 2012 - H511.

[168] Zhang X G, Guo H X, Gong X, et al. Multi-gate $In_{0.53}Ga_{0.47}As$ channel nMOSFETs with self-aligned Ni-InGaAs contacts [R]. ECS J. Solid state Sci. Technol. 2012 - P82.

[169] Lin J C, Yu S Y, Mohney S E. Characterization of low-resistance ohmic contacts to n- and p-type InGaAs [R]. J. Appl. Phys. 2013 - 044504/1.

[170] Singisetti U, Wistey M A, Zimmerman J D, et al. Ultralow resistance in situ Ohmic contacts to InGaAs/InP [R]. Appl. Phys. Lett. 2008 - 183502/1.

[171] Vardi A, Lu W J, Zhao X, et al. Nanoscale Mo Ohmic contacts to Ⅲ-Ⅴ族材料 fins [R]. IEEE Electron Device Lett. 2015 - 126.

[172] Del Alamo J A, Antoniadis D, Guo A, et al. InGaAs MOSFET for CMOS: Recent advances in process technology [C]. IEEE IEDM 2013 - 24.

[173] Choi M, Lee S, Yoo W. Plasma treatments to improve metal contacts in graphene field effect transistor [R]. J. Appl. Phys. 2011 - 073305/1.

[174] Chen C, Ren F, Chi G-C, et al. UV ozone treatment for improving contact resistance on graphene [R]. J. Vac. Sci. Technol. B. 2012 - 060604/1.

[175] Li W, Liang Y, Yu D, et al. Ultraviolet/ozone treatment to reduce metal-graphene contact resistance [R]. Appl. Phys. Lett. 2013 - 183110/1.

[176] Robinson J, LaBella M, Zhu M, et al. Contacting graphene [R]. Appl. Phys. Lett. 2011 - 053103/1.

[177] Balci O, Kocabas C. Rapid thermal annealing of graphene-metal contact [R]. Appl. Phys. Lett. 2012 - 243105/1.

[178] Leong W, Nai C, Thong J. What Does Annealing Do to Met al-Graphene Contacts? [R] Nano Lett. 2014 - 3840.

[179] Jia K, Su Y, Zhan J, et al. Enhanced End-Contacts by Helium Ion Bombardment to Improve Graphene-Met al Contacts [R]. Nanomater. 2016 - 158/1.

[180] Smith J, Franklin A, Farmer D, et al. Reducing Contact Resistance in Graphene Devices through Contact Area Patterning [R]. ACS Nano. 2013 - 3661.

[181] Leong W, Gong H, Thong J. Low-Contact-Resistance Graphene Devices with Nickel-Etched-Graphene Contacts [R]. ACS Nano. 2014 - 994.

[182] Wang L, Meric I, Huang P Y, et al. One-Dimensional Electrical Contact to a Two-Dimensional Material [R]. Science. 2013 - 614.

[183] Park H, Jung W, Kang D, et al. Extremely Low Contact Resistance on Graphene through n-Type Doping and Edge Contact Design [R]. Adv. Mater. 2016 - 864.

[184] Watanabe E, Conwill A, Tsuya D, et al. Low contact resistance metals for graphene based devices [R]. Diam. Related Mater. 2012 - 171.

[185] Matsuda Y, Deng W Q, Goddard W. Contact Resistance for 'End-Contacted' Met al-Graphene and Met al-Nanotube Interfaces from Quantum Mechanics [R]. J. Phys. Chem C. 2010 - 17845.

[186] Radisavljevic B, Radenovic A, Brivio J, et al. Single-layer MoS$_2$ transistors [R]. Nat Nanotechnol. 2011 - 147.

[187] Liu H, Neal A, Ye P. Channel Length Scaling of MoS$_2$ MOSFETs [R]. ACS Nano. 2012 - 8563.

[188] Liu D, Guo Y, Fang L, et al. Sulfur vacancies in monolayer MoS2 and its electrical contacts [R]. Appl. Phys. Lett. 2013 - 183113/1.

[189] Das S, Chen H Y, Penumatcha A, et al. High Performance Multilayer MoS$_2$ Transistors with Scandium Contacts [R]. Nano Lett. 2013 - 100.

[190] Du Y, Yang L, Zhang J, et al. MoS$_2$ Field-Effect Transistors With Graphene/Met al Heterocontacts [R]. IEEE Electron Device Lett. 2014 - 599.

[191] Leong W, Luo X, Li Y, et al. Low Resistance Met al Contacts to MoS$_2$ Devices with Nickel-Etched-Graphene Electrodes [R]. ACS Nano. 2015 - 869.

[192] Du Y, Liu H, Neal A, et al. Molecular Doping of Multilayer MoS$_2$ Field-Effect Transistors: Reduction in Sheet and Contact Resistances [R]. IEEE Electron Device Lett. 2013 - 1328.

[193] Yang L, Majumdar K, Liu H, et al. Chloride Molecular Doping Technique on 2D Materials: WS$_2$ and MoS$_2$ [R]. Nano Lett. 2014 - 6275.

[194] Dresselhaus M S, Dresselhaus G, Saito R. Physics of carbon nanotubes [R]. Carbon 1995 - 883.

[195] Peng L-M, Zhang Z, Wang S. Carbon nanotube electronics: recent advances [R]. Mater. Today. 2014 - 433.

[196] Javey A, Guo J, Wang Q, et al. Ballistic carbon nanotube field-effect transist ors [R]. Nature. 2003 - 654.

[197] Maiti A, Ricca A. Met al-nanotube interactions-binding energies and wetting properties [R]. Chem. Phys. Lett. 2004 - 7.

[198] Lim S, Jang J, Bae D, et al. Contact resistance between metal and carbon nanotube interconnects: Effect of work function and wettability [R]. Appl. Phys. Lett. 2009 - 264103/1.

[199] Chai Y, Hazeghi A, Takei K, et al. Low-Resistance Electrical Contact to Carbon Nanotubes With Graphitic Interfacial Layer [R] IEEE Trans. Electron Devices. 2012 - 12.

[200] Cao Q, Han S J, Tersoff J, et al. End-bonded contacts for carbon nanotube transistors with low, size-independent resistance [R]. Science. 2015 - 68.

[201] Tang J, Cao Q, Farmer D, et al. High-Performance Carbon Nanotube Complementary Logic With End-Bonded Contacts [R]. IEEE Trans. Electron Devices. 2017 - 2744 - 2750.

第8章

先进互连技术及其可靠性

李云龙[1]，赵　超[2]

1　比利时欧洲微电子研究中心；2　中国科学院微电子研究所，中国科学院大学

8.1　引言

　　芯片内互连是在芯片内分立的有源器件之间传递信号和电源功率的"高速公路"，其信号延迟和功率损耗在很大程度上取决于金属连线的电阻和金属连线之间的绝缘材料即金属间介质的电容[1]。直到 20 世纪的最后 10 年，芯片内互连的骨架材料一直是铝和二氧化硅。随着 ULSI 的 CD 持续缩小，各金属化层的连线周距等比例收缩，以实现更高的布线密度（图 8 - 1）。这些几何尺寸的缩小会同时增大金属电阻 R 和金属间电容 C，缩小的结果是信号传输的延迟和片内互连的功耗逐渐成为 ULSI 电路性能进步的瓶颈。

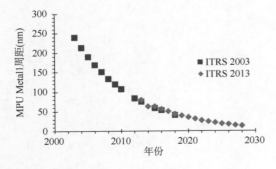

图 8 - 1　ITRS 路线图确定的处理器单元（MPU）BEOL metal－1 周距的微缩趋势

　　为了减缓这一趋势，铜和低介电常数材料（low - k 材料）引入后道工艺（back-end-of line，BEOL），分别取代铝和氧化硅。跟铝相比，铜有几个优

越的特性：更低的电阻率、更高的熔点和对电迁移和应力引起空洞化这两个效应的更高抵抗能力。但是，铜远不是理想的铝替代物。它跟 low - k 材料之间的粘附性差，很容易在硅基介质层中扩散，且能够在使用条件下与硅发生反应，这样会在前道(front-end-of-line，FEOL)CMOS 器件中引入深能级受主杂质，造成沾污。所以需要在铜和介质之间插入金属扩散阻挡层，阻止铜的外扩散。

另外，low - k 材料在电学、热学、机械和结构性质上都比二氧化硅差。在使用二氧化硅作为后道金属间介质时代，由于在尺寸和电场方面的要求宽松，而二氧化硅本身的物理/化学性质又得到了很好的控制，因此在其后道应用中的可靠性并没有受到太多关注。可是集成在互连结构中的 low - k 材料的时间依赖介质击穿(time dependent dielectric breakdown，TDDB)寿命可以因为金属线内和线间的缺陷而严重缩短：一方面，导线内存在高电流密度(导致电迁移)和高热应力(导致应力迁移)；另一方面，糟糕的粘附性、本征/非本征材料缺陷和金属线间的高电场，综合起来会造成互连系统的过早失效。于是，BEOL 特征尺寸的不断微缩，以及在先进铜互连中引入新型 low - k 材料引起了对 BEOL 介质电学可靠性前所未有的担心[2-5]。

8.2　铜互连集成

CMOS 技术的平面特征要完成在 USLI 芯片内有源器件之间的布线，必须采用多层互连，不管互连的构架是曼哈顿构架还是对角线构架(X -构架)[6]。

8.2.1　大马士革工艺

多层铜互连可以通过重复进行单大马士革或双大马士革技术完成。单大马士革工艺在一个工艺循环中只完成一个连线层或一个金属通孔层；与之相反，双大马士革工艺在一个工艺循环中同时完成一个连线层和一个金属通孔层。集成进入互连结构的金属间介质的电学完整性和可靠性依赖于材料自身的性质、工艺和集成方案。本章中，将总结两种大马士革方案的集成工艺流程，并就工艺集成中的技术挑战展开讨论。

8.2.1.1 单大马士革集成

对于单大马士革集成,每个工艺循环中只有一个金属层被沉积和图形化。因此原理上更容易操作,可以获得很高的布线密度。单大马士革集成的流程如图8-2所示。

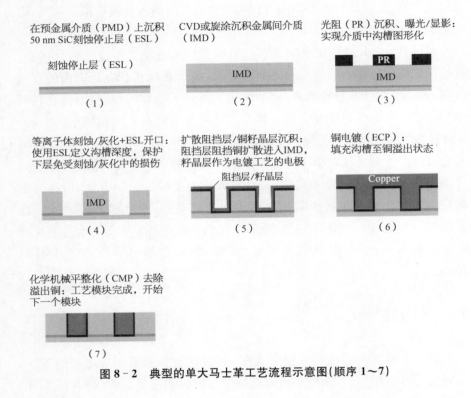

图 8 - 2 典型的单大马士革工艺流程示意图(顺序 1～7)

通常情况下,第一层金属 M1 具有最高的金属线密度和最小的金属线周距,会采用单大马士革工艺制造。重复相同的工艺循环,即可制成多层铜互连。单大马士革的缺点在于先进技术节点的多层互连集成中上层通孔与下层连线之间对准上的困难(失准)和与双大马士革相比更高的成本。

8.2.1.2 双大马士革集成

双大马士革集成有两种主要方案:"沟槽优先"和"通孔优先",分别如图8-3和图8-4所示。这两种方案除了工艺步骤的顺序,其他都非常相似。

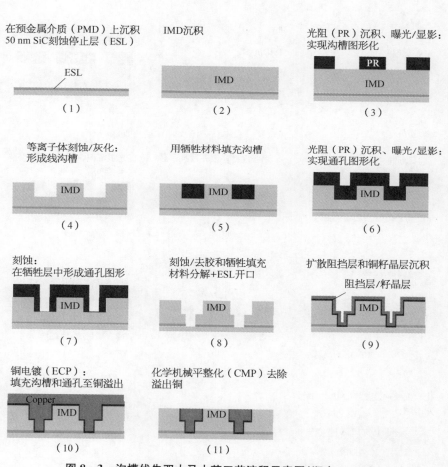

在预金属介质（PMD）上沉积
50 nm SiC刻蚀停止层（ESL）

ESL

（1）

IMD沉积

IMD

（2）

光阻（PR）沉积、曝光/显影：
实现沟槽图形化

PR

IMD

（3）

等离子体刻蚀/灰化：
形成线沟槽

IMD

（4）

用牺牲材料填充沟槽

IMD

（5）

光阻（PR）沉积、曝光/显影：
实现通孔图形化

IMD

（6）

刻蚀：
在牺牲层中形成通孔图形

IMD

（7）

刻蚀/去胶和牺牲填充
材料分解+ESL开口

IMD

（8）

扩散阻挡层和铜籽晶层沉积

阻挡层/籽晶层

IMD

（9）

铜电镀（ECP）：
填充沟槽和通孔至铜溢出

Copper

IMD

（10）

化学机械平整化（CMP）去除
溢出铜

IMD

（11）

图 8‐3　沟槽优先双大马士革工艺流程示意图(顺序 1～11)

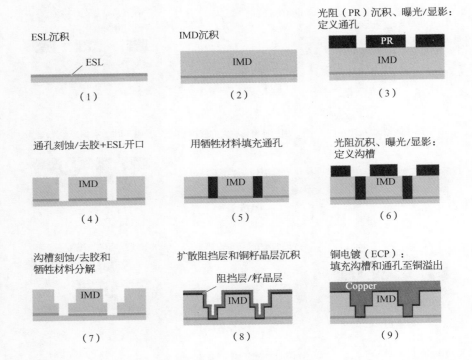

ESL沉积

IMD沉积

光阻（PR）沉积、曝光/显影：
定义通孔

（1）　　　　　（2）　　　　　（3）

通孔刻蚀/去胶+ESL开口

用牺牲材料填充通孔

光阻沉积、曝光/显影：
定义沟槽

（4）　　　　　（5）　　　　　（6）

沟槽刻蚀/去胶和
牺牲材料分解

扩散阻挡层和铜籽晶层沉积
阻挡层/籽晶层

铜电镀（ECP）：
填充沟槽和通孔至铜溢出

（7）　　　　　（8）　　　　　（9）

化学机械平整化（CMP）去除
溢出铜

（10）

图 8-4　通孔优先双大马士革工艺流程示意图（顺序 1~10）

在双大马士革集成流程中,只需要一个金属填充和一个 CMP 步骤,即可完成一个金属层(连线+通孔)的制造,工艺步骤少,制造成本比单大马士革工艺小很多。双大马士革工艺还使通孔电阻更低,并增强对电迁移的抵抗力,因为:(1)减少了通孔中界面的数量(对于铜双大马士革方案,只有一个底部的界面;对于铜单大马士革方案,有顶部和底部两个界面);(2)在通孔顶端提供一个完全的上下层重叠(尽管通孔跟下方金属线的重叠仍可能存在失准问题)。

但是,双大马士革方案更复杂,存在许多工艺集成上的技术挑战,如图 8-5 所示。

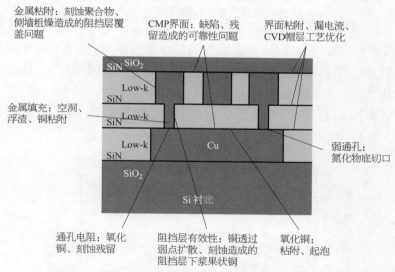

图 8-5　双大马士革工艺集成中可能存在的挑战和问题

8.2.2　铜电阻随互连微缩的变化

如图 8-6 所示,对于 22 纳米和 16 纳米技术节点,超过 10 层的铜和 SiOCH low-k 介质的互连结构已经应用于大规模生产。以 Intel 的 14 纳米技术代为例,互连的周距(金属线宽度+线间距)是 52 nm,该周距会不断地按摩尔定律规定的进度微缩。在这样的小尺寸下,铜线的电阻不仅依赖于铜的体电阻率,而且还决定于电子在界面和晶粒边界上的散射。

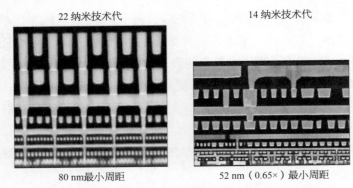

22 纳米技术代　　　　　　　　14 纳米技术代

80 nm 最小周距　　　　52 nm（0.65×）最小周距

图 8‑6　Intel 22 纳米技术代和 14 纳米技术代的芯片截面图,显示 10 个金属层的 BEOL 铜互连

随着铜线宽的微缩,由于表面和晶粒边界的散射,铜的有效电阻率会呈现如图 8‑7 所示的急剧增大。这将导致 RC 延迟时间增加,使电路性能明显退化。为了使金属电阻保持在合理的范围内,一些替代的扩散阻挡层材料和籽晶层金属成为研究的热点,如锰基阻挡层、钴、钌籽晶层等[7]。

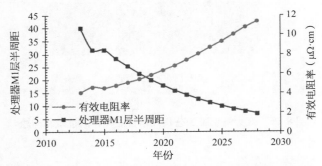

图 8‑7　ITRS 关于铜线宽度(半周距)微缩和铜的有效电阻的预言

8.2.3　新型铜互连集成方案

减小超细铜互连线有效电阻的另一个方法是减少晶粒边界对电子的散射,即增大纳米互连结构中的晶粒尺寸。可是铜大马士革集成方案中,金属

线是在金属间介质中完成沟槽图形化之后沉积和结晶形成的,窄的沟槽限制了铜晶粒的生长,这意味着随着铜线宽度减小,铜晶粒尺寸也减小,这样更多电子在晶粒边界上的散射似乎是不可避免的。

可是,如果金属线图形化的顺序可以倒过来,即先沉积铜金属膜再图形化,铜晶粒的尺寸就不再受限于金属线宽度,于是可以减少电子在晶粒边界上的散射。这条技术路径能否成功取决于干法刻蚀设备和工艺的开发。铜干法刻蚀的副产物是非挥发性的,使连续的刻蚀充满挑战。一些验证工作[8]已经显示 44 nm 线宽的铜互连的图形化可以由铜直接干法刻蚀实现(图 8-8),实现后获得了相对更低的电阻率和令人鼓舞的电迁移性能(图 8-9)。

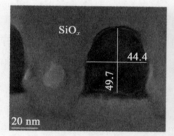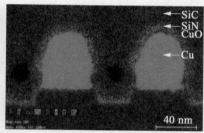

图 8-8　直接刻蚀的细铜线和完全介质钝化样品的 TEM 截面和 EDS 元素分布图[8](参见文末彩图)

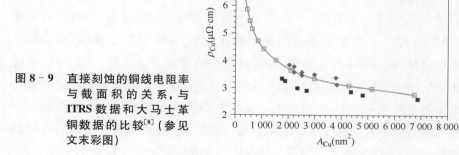

图 8-9　直接刻蚀的铜线电阻率与截面积的关系,与 ITRS 数据和大马士革铜数据的比较[8](参见文末彩图)

8.3 low‑k介质特征和分类

金属间 low‑k 介质的工艺集成和可靠性与其材料性质密不可分。在热学、力学和电学性质上，low‑k 介质都比二氧化硅要差。因此在大多数情况下，需要仔细地在获得更低的 k 值和在保持足够的热学、力学和电学性质之间作出取舍。

8.3.1 low‑k特性

减小线间电容对于片内互连的持续微缩至关重要。相邻金属线之间的电容包含三部分的贡献，面积成分、边缘场成分、线到线的电容成分[3]。要减小电容，最有效的方法是用 low‑k 材料取代金属间介质堆叠中由 CVD 生成的二氧化硅。CVD 二氧化硅的 k 值为 4.2，是 low‑k 介质的原型材料。目前有两个主要途径降低介质薄膜的 k 值：调整材料成分和引入孔隙。

8.3.1.1 材料成分

材料的介电常数跟材料的极化率密切相关。极化率是一个用来度量材料分子对外加电场反应而形成电偶极子距能力的物理量。有 3 种极化现象，分别为：电子极化(α_e)、畸变极化(α_d)、取向极化(μ)。相对介电常数与这 3 种极化的数量关系可以用 Debye 公式来描述：

$$\frac{\epsilon_r - 1}{\epsilon_r + 2} = \frac{N}{3\epsilon_0}\left(\alpha_e + \alpha_d + \frac{\mu^2}{3kT}\right) \qquad (8-1)$$

式中，ϵ_0 是真空介电常数，N 为分子密度，k 为玻尔兹曼常数，T 为绝对温度（单位为 K）[4]。如果分子的极化率能够减小，介电常数也会相应地减小。对于氧化硅基的 low‑k 介质，降低极化率的主要方法是将一部分硅-氧键用能够给出更低分子结构极化率的键取代。表 8‑1 总结了部分化学键的电子极化率和形成焓，可以看出不同键之间的极化率差异。数据表明单个碳-碳键和碳-氟键的离子极化率最低，由此可知氟化和非氟化的脂肪烃类都有成为 low‑k 介质的潜质。氟在没有与其他原子紧密键合的情况下，会对金属有很强的腐蚀性，而且氟化薄膜常常存在粘附性问题。因此，目前碳掺杂是 low‐k 材料制备最常用方法。碳掺杂 low‐k 的极端情况是有机聚合物,其化学组成含有 90% 的碳,但它一般比坚硬的、以类氧化物成键形成网格的介质硬度要差很多,并且在相对低的温度下即会分解。

表 8‐1　电子极化率和键形成焓

键	极化率($\mathring{A}^3$)	平均成键能(kcal/mol)
C—C	0.531	347.27
C—F	0.555	485.34
C—O	0.584	351.46
C—H	0.652	414.22
O—H	0.706	426.77
C=O	1.020	736.38
C=C	1.643	610.86
C≡C	2.036	836.8
C≡N	2.239	891.19
Si—C		451.5
Si—H		≤299.2
Si—Si		326.8±10.0
Si—N		470±15
Si—O		799.6±13.4
Si—F		552.7±21
Si—Cl		406
Si—Br		367.8±10.0

8.3.1.2　孔隙率

除了调整骨架材料的化学组成,固体介质骨架中包含气孔也广泛地应用以获得低的 k 值。因为空气/真空具有最低的 k 值,降低介质材料 k 值的一个常用方法就是将孔隙引入骨架结构中。固体介质的 k 值(即 ε)由两项构成,可以记为

$$\frac{\epsilon_r - 1}{\epsilon_r + 2} = P\frac{\epsilon_1 - 1}{\epsilon_1 + 2} + (1 - P)\frac{\epsilon_2 - 1}{\epsilon_2 + 2} \qquad (8-2)$$

式中,ϵ_1是掺入构架中的材料的介电常数,ϵ_2为构架材料的介电常数,而 P 为孔隙率。当掺入的材料为空气时($\epsilon_1 = \epsilon_{空气} = 1$),式(8-2)简化为

$$\frac{\epsilon_r - 1}{\epsilon_r + 2} = (1 - P)\frac{\epsilon_2 - 1}{\epsilon_2 + 2} \qquad (8-3)$$

对于绝大多数 low-k 材料,二氧化硅还是构架材料,当孔隙率增加,k 值降低。尽管向固体介质中引入气孔成功地降低了有效 k 值,它也不可避免地带来明显的副作用:化学、物理性质的改变和机械性能的显著降低及对铜/low-k 互连集成工艺造成困难[4, 5]。

8.3.2　low-k 分类和表征

目前,在市场和实验室中有很多种 low-k 材料可选,可以采用不同的分类方法(化学组成、孔径分布、沉积方法)归入不同大类。

从化学组成上分,多数 low-k 材料可以归入硅三氧烷(silsesquioxane,SSQ)基、二氧化硅基和有机聚合物三类[4]。SSQ 的 low-k 介质包括氢硅三氧烷(hydrogen-silsesquioxane, HSQ)和甲基硅三氧烷(methyl-silsesquioxane, MSQ),而通常的硅三氧烷基 low-k 是 HSQ 和 MSQ 的混合物。二氧化硅基的 low-k 介质拥有跟二氧化硅相像的正四面体的基本结构,每个硅原子处于氧四面体的中央,二氧化硅有致密的结构及很高的化学和热稳定性。

从孔径分布上分,low-k 材料可以分为两大类:中孔和微孔。中孔 low-k 介质的平均孔径大于 2 nm,而微孔 low-k 介质的平均孔径小于 2 nm。

low-k 介质还可以按照沉积方法分为 CVD 类和旋涂类。在描述一个 low-k 介质的时候,不可能一次给出所有的物理和化学特性,常用的方法就是给出其种类、k 值、孔隙率和平均孔径。

今天,大多数工业标准的 low-k 材料都是二氧化硅基的,同时采用孔隙率和对骨架材料的碳掺杂方法。要了解不同 low-k 材料的化学组成和性质,需要使用许多表征技术(表 8-2),从不同方面测量材料的特性。

表 8-2　low-k 介质的常用表征技术[4, 5, 10]

分类	性质	表征方法
结构	平均薄膜密度 平均孔径 中孔隙率 孔结构 总孔隙率	光谱 X 射线反射(SXR) 小角中子散射(SANS),椭偏孔径仪(EP) 在 SXR 中输入由 SANS 和 EP 测得的孔壁密度值 EP,小角 X 射线散射(SAXS),SANS,质子湮灭寿命谱仪(PALS) SXR,卢瑟夫背散射(RBS),变角光谱椭偏仪(VASE),EP
组分	孔壁密度 孔连通性 化学组成和键结构	SANS EP, PALS 傅立叶变换红外谱仪(FTIR),飞行时间二次离子质谱仪(ToF-SIMS) X 射线光电子能谱(XPS),弹性反冲检测分析(ERDA),EP, RBS,能谱分析透射电镜(EFTEM)
热学	原子组成 键极化 热导率 法向热膨胀系数 水平热膨胀系数和 玻璃化温度 T_g	EFTEM 核磁共振(NMR) 3-ω 方法 SXR,光谱椭偏仪(SE) 双衬底弯曲系统或纳米压痕仪 SAXS
机械	杨氏模量	双衬底弯曲系统纳米压痕仪,表面声波谱(SAWS),布里渊光散射(BLS), EP
电学	k 值(1 MHz) 水分吸收	MIS 或 MIM 圆点电容 FTIR,水 EP, SANS

8.3.3　low-k 介质集成挑战

对于超细结构和 low-k 介质的先进 BEOL 结构,有许多工艺集成上的技术挑战[11],包括:光阻毒害;low-k 材料与湿法工艺的兼容性;low-k 与金属扩散阻挡层之间的兼容性;孔隙密封;对 low-k 的工艺损伤;CMP 兼容性。如图 8-10 所示,2013 年 ITRS 技术路线图预言的 BEOL low-k 发展远远落后于 2003 年的预测,与图 8-1 中关于线宽的比较相差甚远。

为了应对这些挑战,研究人员对大马士革工艺做了很多调整。比如在双大马士革集成工艺中,一个埋入式掩模被用来增强刻蚀的选择性,使用顶端硬掩模减少等离子体对线间介质的损伤。

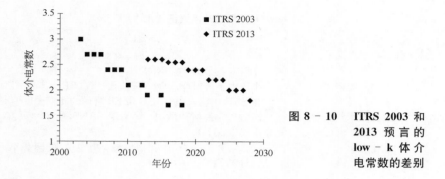

图 8 - 10　ITRS 2003 和 2013 预言的 low - k 体介电常数的差别

8.3.4　气隙在互连中的实现

为了进一步减小 RC 延迟，人们始终在搜寻介电常数更低的 low - k 材料，而最直接的方法是在铜线之间形成气隙，使体介电常数值降到 1.0（所有介质中最低值）。如图 8 - 11 所示[12]，这样的结构可以通过在大马士革工艺中使用牺牲介质，再用气隙替代的方法实现。

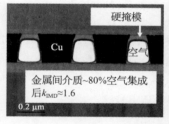

图 8 - 11　由牺牲材料法形成的气隙

可是，在把气隙技术应用到实际的 CMOS 芯片中之前，尚有许多工程和可靠性问题需要解决。因此首次实际应用气隙的地方不是最密的 M1 层，而是密度不那么大的层，如图 8 - 12[13] 所示。

图 8 - 12　Intel 14 纳米技术代中在第 4 和第 6 金属层形成的气隙

（来源：Intel 官方网站）

8.4　铜与硅和介质的相互作用

铜的扩散和漂移是硅基 CMOS 技术的一个大问题。下面讨论铜与硅和介质的相互作用。

8.4.1　铜与硅的相互作用

一般情况下,铜在硅中可以沿填隙位置快速扩散,它在室温甚至低于室温的温度下即可迁移,形成各种缺陷复合体[14]。它还可能被空位俘获,成为替位缺陷,起到一个可俘获其他缺陷如氢或填隙铜的固定陷阱[15-19]。而且,肖特基势垒高度及其随温度的变化都受铜和铜硅化物影响[20]。

8.4.2　铜与介质的相互作用

铜不仅是硅器件的主要有害杂质,其对介质的可靠性也是一个可能的威胁。原位间介质中存在铜的话,会使漏电增加,降低介质的寿命。很多文献证明铜能够在介质中快速扩散,缩短击穿寿命。Wendt 等[21]研究了铜沾污对栅氧化物可靠性的影响,提出了两种失效机理:富铜硅化物引起在超饱和状态下向氧化物层的渗透;较低温度下在硅/二氧化硅界面处形成透镜状铜硅化物。

Shachan-Diamond 等[22]发现当铜因为偏压-热应力移动到硅/二氧化硅界面时,由铜和二氧化硅构成的 MOS 电容的 CV 特性会发生激烈变化。而 5 nm 的钛可以把氧化硅隔离起来,避免上述铜效应。Gupta 等[23]研究了铜在非晶磷硅酸盐玻璃和加氢的氮化硅中的扩散,发现铜的扩散系数与温度有关,其活化能分别为 0.5 和 1 eV。Raghaven 等[24]研究了与铜扩散有关的穿过几种介质的漏电流与电场和温度的函数关系,发现穿过热生长氧化硅的铜刻蚀的活化能为 1.2 eV,提出了三步模型来解释 I-t 特性。Loke 等[25]系统地探索了铜在 6 种有机聚合物中的漂移,发现聚合物中的交连结构能够使铜漂移变慢,而其中的极性功能基团则对铜漂移有加速作用。Du 等[26]比较了铜在一种含氟聚合物 low-k 介质中沿表面和穿过体内的扩散,发现在低于聚合物玻璃化温度的条件下,等离子体表面处理和溅射限制了铜穿过体内的扩散,而加强了表面的扩散行为。Rogojiavec 等[27]研究了铜在纳米孔径的二氧化硅中的扩散行为,发现铜扩散会同时沿表面和穿过体内两个路径进行。他们建立了一个模型来模拟在给介质加偏压-热应力时的漏电流。Lanckmans 等[28]发现当 SiOCH low - k 材料的 k 值减小时,铜的漂移速率增大,但始终低于由 PECVD 生长的氧化物。他们还发现铜在多孔无机介质中的漂移迁移率比热生长的二氧化硅低。Chen 等[29]发现铜离子在非晶碳氮化硅中起到陷阱态的作用,能够增大载流子输运。

8.5　金属扩散阻挡层

从前面的章节中可知,铜扩散进入硅和线间介质会造成严重的材料性能退化和可靠性问题。因此,要获得可靠的具有铜互连结构的 ULSI 芯片,一个铜扩散阻挡层是必不可少的。这一点在前面的大马士革工艺流程部分的介绍中已经有所涉及。目前集成到大马士革结构中的铜扩散阻挡层基本上可分为两大类:金属间阻挡层和层间阻挡层。金属间阻挡层为金属或金属化合物,在铜籽晶层沉积之前,这些金属间阻挡层会沉积到在介质中形成的沟槽和通孔的侧墙和底部。金属阻挡层起到两个作用:其一是将铜与 low - k 介质隔离开的包裹层;其二为两者之间的粘附增强层。层间扩散阻挡层通常为非导电的介质,沉积在 CMP 后的上表面对铜结构的上下表面形成覆盖,为了降低线间电容,层间阻挡层的 k 值应尽可能低。在绝大多数情况下都使用碳化硅或碳氮化硅薄膜作为层间铜扩散阻挡层材料[30],因为它们具有较低的 k 值和足够高的力学强度。在一些很少见的场景,碳化硅也被试着用作金属间阻挡层[31]。其他层间阻挡层还包括一些把碳氮化硅和碳氧化硅结合起来的材料。

8.5.1　金属间阻挡层的材料选择

金属间扩散阻挡层的集成远比层间扩散阻挡层更有挑战,对阻挡层材料的选择至关重要。有 3 个典型材料性质对金属间阻挡层失效影响最大:(1)材料自身与铜或衬底发生化学或冶金学反应;(2)密度;(3)显微结构。因此,铜互连的扩散阻挡层材料的选择标准包括[32, 33]:(1)与相邻绝缘体或导体接触时的热和结构稳定性高;(2)与相邻金属化层之间有优秀的粘附性;(3)即使在器件尺寸极度微缩的情况下,仍能够保持连续性和保型性;

（4）具有合适的织构，使在其上成核和生长的铜导电层形成期望的显微结构；（5）增强对热和机械应力的抗拒力；（6）具有可接受的电导率和热导率；（7）在形成金属化堆叠后的接触电阻足够小；（8）与集成电路制造流程兼容，包括沉积温度低于微电子工艺的热预算极限。

当下，大部分的金属间阻挡层是耐高温金属或金属化合物。在金属线宽持续微缩的情况下，为了尽可能降低金属线电阻，希望在有限的金属间介质中形成的沟槽空间内，尽可能增大铜的占比。换句话说，由于扩散阻挡层的电阻率比铜高，希望金属间扩散阻挡层的厚度在今后的 10 年里能够持续减小（图 8 - 13），即把 low - k 沟槽内扩散阻挡层的占比最小化。可是，随着金属扩散阻挡层厚度不断缩小，其完整性成为一个严重的工艺和可靠性挑战。还有，阻挡层的显微结构直接影响后续的铜籽晶层的显微结构，并进而决定了电镀铜层的显微结构。

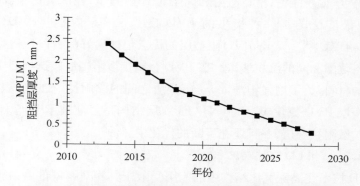

图 8 - 13　ITRS 关于处理器 M1 层中扩散阻挡层厚度的预测

评价金属扩散阻挡层的完整性是一项富有挑战的任务。对于集成薄膜来说，椭偏孔隙仪（ellipsometric porosimetry，EP）技术已被证实为一个快速、简单和精确的检测方法[35, 36]，其中，致命的低密度缺陷的辨识通过阻挡层下缺陷周围俘获的甲苯而实现。该方法同样适用于图形化的结构[36]。

8.5.2　金属扩散阻挡层的沉积

薄金属间扩散阻挡层在 low - k 沟槽侧墙上的沉积有几个技术路径可供选择，包括 PVD、CVD、ALD 和自组装单层膜（self-assembled monolayer，

SAM)。典型的金属间扩散阻挡层材料包括钛、钽、钨和它们的氮化物,铜在这些材料中的扩散系数很低[37, 38]。Kaooyeros 等[32, 33]研究了不同耐高温金属和它们的二元及三元氮化物作为先进铜互连的扩散阻挡层的适用性,预言 ALD 或 ALCVD 阻挡层将在未来阻挡层厚度趋向于零时成为可能的沉积技术。Zeng 等[38]比较了几种耐高温金属扩散阻挡层与 HSQ 的相互作用,发现在退火时 HSQ 上的钽薄膜会发生相变,这一点与其在 PE-TEOS 上时不同。这些发现表明在 low-k 介质表面实现超薄金属阻挡层的集成充满挑战。在本节的剩余部分中,我们将介绍最重要的沉积技术——PVD 和 ALD。

8.5.2.1　PVD 阻挡层沉积

在现代铜互连集成中,PVD 是金属扩散阻挡层沉积的主流技术。为了强化在高宽比适中的结构里的沉积,开发了各种基于溅射的 PVD 技术,如高样品温度、偏压溅射、平行溅射和离子化[39]。当下,在深宽比很高的结构中,应用最广泛的是一种衍生的 PVD 技术——离子化的 PVD(ionized PVD, i-PVD)[40-42]。i-PVD 阻挡层的优点包括良好的台阶覆盖率、宽的候选材料范围和高的沉积速率。在 PVD 金属扩散阻挡层候选材料中,钽是最常用的材料,为了增强钽与 low-k 介质之间的黏附性,在钽沉积之前会先沉积一层 PVD 氮化钽。Ta(N)/Ta 双层结构是目前技术节点中典型的金属间扩散阻挡叠层,并且还在不断的优化中。

8.5.2.2　ALD 阻挡层沉积

PVD 技术在高深宽比结构中的应用受限于其相对有限的台阶覆盖率。探索替代性沉积技术对于先进互连集成来说是十分紧迫的任务,其中最有希望的是 ALD。ALD 在均匀性、台阶保型性、精细厚度控制和候选材料多样性等方面都具有独特优势。ALD 技术利用交替进行的充气和排气环节,通入和吹除前驱体气体或蒸汽,通过表面吸附或表面反应实现以固定生长速率形成稳定的薄膜,能够给出对厚度的原子级控制。Leskela 等[43]讨论了 ALD 方法和将等离子体应用于 ALD 的原理,已有大量的关于在互连技术中应用 ALD 的成功报道。Lim 等[44]甚至证明了采用氢气还原技术获得很多其他金属(铜、钴、镍、铁)的可行性,这一成果有望把 ALD 的应用拓展到超薄铜籽晶层的沉积。

在芯片尺寸微缩到 45 纳米技术代,ALD 成为必不可少的技术。可是

ALD 在 BEOL 的应用中也有其特殊的困难。对于多孔的 low‑k 介质，ALD 阻挡层材料的前驱体会扩散到介质中,造成 low‑k 材料的电学和物理性质的退化。因此,需要在 ALD 阻挡层沉积之前采用合适的方法把 low‑k 介质的孔隙开口封闭。现在,开口封闭的常用技术主要是在 ALD 之前对 low‑k 材料进行表面处理,包括薄膜沉积、等离子体表面反应和表面重构[4]。

8.6　铜金属化的可靠性

金属化的可靠性主要是指电迁移和应力致空洞化(stress induced voiding，SIV)，随着铜取代铝,材料性质的改变和集成方案的不同使大部分得之于铝互连时代的经验不再适用,对于铜互连,需要系统的可靠性研究[45]。本节将就铜互连的可靠性作一个简短的讨论。

8.6.1　电迁移基础理论

电迁移作为铝互连的失效机理,在 50 年前就得到确认[46,47]，并且随着持续不断的尺寸缩小和电流密度的增大,成为迄今为止主要的 BEOL 可靠性问题。电迁移背后的物理机理是电子风(electron wind)驱动下的金属离子扩散[48]：

$$J = -(DC/kT)\left(Z \cdot eE - \Omega \frac{\partial \sigma}{\partial x}\right) \tag{8-4}$$

式中,J 是原子流量,D 为扩散系数,C 为原子密度,k 为玻尔兹曼常数,T 为温度,Z 为有效电荷数,e 为基本电子电荷,E 为电场,x 为原子体积,$\frac{\partial \sigma}{\partial x}$ 为沿导线的应力梯度。应力随时间的变化可以用 Korhonen 模型描述[49]：

$$\frac{\partial \sigma}{\partial t} = \frac{\partial}{\partial x}\left[\frac{DB\Omega}{kT}\left(\frac{\partial \sigma}{\partial x} + \frac{Z \cdot eE}{\Omega}\right)\right] \tag{8-5}$$

式中,B 是金属介质复合材料的有效模量。另一方面,最常见的可以采用半经验的 Black 定律来分析在加速条件下的电迁移,并外推到应用条件下[47]：

$$MTTF = A\left(\frac{1}{j}\right)^n \exp\left(\frac{E_a}{kT}\right) \qquad (8-6)$$

式中,A 是由经验得出的常数,j 为电流密度,n 为电流密度指数,E_a 为电迁移失效的热激活能。使用寿命可以写成[50]

$$\frac{TTF_{use}}{MTTF_{test}} = \left(\frac{j_{test}}{j_{use}}\right)^n \exp\left[\frac{E_a}{k}\left(\frac{1}{T_{use}} - \frac{1}{T_{test}}\right)\right] \exp(-N\sigma) \qquad (8-7)$$

式中,TTF_{use} 为使用条件下失效时间即产品的使用寿命,$MTTF_{test}$ 为加速测试条件下的平均失效时间,j_{test} 是测试电流密度,T_{test} 为测试温度,T_{use} 为使用温度,N 是一个产品规格中把 $MTTF$ 与不同失效百分比的失效时间关联起来的常数,σ 为失效时间的离散因子。

下面介绍铜的电迁移。

当铜被作为金属化材料引入先进互连,由于铜在材料性质和集成方案上都与铝迥然不同,之前的关于铝的电迁移的知识都需要更新。铜有更高的熔点,因此对电迁移的抵抗能力更强。从可靠性方面考虑,铜在材料性质上的不同对于作为互连材料的应用比铝更优越。可是铜互连的集成方案也与铝互连十分不同,可能带来可靠性方面的不确定性[45]。对铜互连,大马士革工艺集成方案引入的电迁移问题有以下特点:

(1) 与通孔有关的失效占统治地位,由于在靠近铜通孔底部铜质量流的发散性,对于双大马士革铜互连的通孔/连线结构,有两个明显不同的电迁移失效机理——通孔耗尽(图 8-14(a))和线耗尽(图 8-14(b)),在没有明显工艺缺陷的前提下,没有通孔连接的铜互连结构一般比有通孔连接的结构电迁移特性上的鲁棒性更好[45, 51, 52];

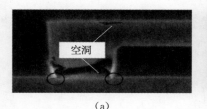

空洞

空洞

(a)   (b)

图 8-14 两个电迁移失效位置的实例

(a) 通孔耗尽; (b) 线耗尽

（2）界面主导的铜扩散（表 8-3），在铜大马士革互连结构中，铜迁移主要是沿着铜/介质阻挡层的界面（铜线上表面）或铜/金属扩散阻挡层界面，取决于样品的制备方法[52]。

表 8-3　铜和铝的熔点和扩散系数（D_I：晶格扩散；D_{gb}：晶界扩散；D_s：表面扩散）[53]

材料	熔点(K)	温度比(373 K/熔点温度)	100 ℃时扩散系数（cm²/s）	350 ℃时扩散系数（cm²/s）
Cu	1 356	0.275	$D_I = 7 \times 10^{-28}$ $D_{gb} = 3 \times 10^{-15}$ $D_s = 10^{-12}$	$D_I = 5 \times 10^{-17}$ $D_{gb} = 1.2 \times 10^{-9}$ $D_s = 10^{-8}$
Al	933	0.4	$D_I = 1.5 \times 10^{-19}$ $D_{gb} = 6 \times 10^{-11}$	$D_I = 1.5 \times 10^{-11}$ $D_{gb} = 5 \times 10^{-7}$

改善铜互连对电迁移的抵抗力有两个主要路径：合金（钛或锡）和覆盖金属帽层（钴钨磷、氮化钽/钽），两者都在电迁移抵抗力上表现出明显的改善效果[52]。

8.6.2　应力致空洞化

应力致空洞化即 SIV 也称为应力迁移，是由于工艺在互连结构中造成的高张应力引起的金属导体离子的迁移，最终形成空洞。应力的产生一方面是由于金属和硅衬底之间存在热膨胀系数的差异，另一方面是由于它跟钝化层和金属间介质之间在热膨胀上也存在差异。SIV 效应包括电阻值增大，以及空洞造成的断路、小丘、晶须生长导致的线间和层间断路。这些可以显著地降低 ULSI 芯片的电学性能，因此 SIV 对于先进的铜互连来说也是重要的可靠性问题。

8.7　先进金属间介质的可靠性

介质可靠性包括两个主要领域：机械可靠性和电可靠性，在本章中只涉及电可靠性。金属间介质的电可靠性可以分为两部分：漏电流和击穿。下面将对两者分别加以讨论。

8.7.1　金属间介质的漏电机理

在铜大马士革结构中，在一定的电应力下，相邻铜线之间始终存在一个最小漏电流，这一点跟在一定电压下的金属-绝缘体-金属（metal-insulator-metal，MIM）电容相似。一方面，漏电流会增大芯片功耗，产生热量，另一方面，漏电流会造成 low-k 介质性能退化，缩短芯片使用寿命。随着线宽的不断缩小，漏电流将成为一个关键的可靠性问题。而且有研究者认为，在漏电流机理和介质可靠性模型之间应该存在一定的相关性。

因此要把半导体芯片维持在可靠状态，就必须对 low-k 介质的电子输运机理有深入的了解。一般情况下，在电应力下，穿过介质的电流包括两个成分——瞬态电导和稳态电导。在低电场下，可能发生下列现象[54]：(1)几何真空电容发生变化；(2)快速极化，例如共振或某些形式的偶极子取向极化；(3)慢速的偶极子弛豫极化；(4)电荷移动引起的导带电流，这些运动电荷可以来自电极注射、杂质或介质自身的热离子化、光离子化或高能辐照离子化；(5)Maxwell-Wagner 型的弛豫极化，来自于连续或分立的微观或宏观的混合；(6)电极极化，来自于完全或部分电极阻塞（electrode blocking）；(7)在介质体内的载流子俘获。

在绝缘薄膜中，基本的导电过程包括 Schottky 发射、Frenkel-Poole 发射、遂穿、有限的空间电荷，以及欧姆和离子导电[55]。

8.7.1.1　热氧化硅中的电子输运

热氧化硅多数情况下作为 MOS 结构中的绝缘层，广泛应用于半导体器件结构。尽管一个 MOS 结构与大马士革结构有很大不同，后者更像一个 MIM 结构，但关于二氧化硅中电输运的深层次知识仍可以帮助我们理解 low-k 介质的漏电机理，因为大多数 low-k 介质是二氧化硅基的。

30 年间，二氧化硅在 MOSFET 中所扮演的栅介质材料的角色堪称完美，成功地从 40 年前 100 nm 厚度微缩到 65 纳米技术节点的 1.2 nm。而先进的铜大马士革结构的线间隔与 40 年前栅氧化物的厚度相当。因此，早期对栅氧化物导电机理随厚度的变化规律的理解对于目前的 BEOL 介质依然有效。作为硅沟道和多晶硅栅电极之间的绝缘层，栅氧化物在正常的工作状态下承受了高电场应力，带来了量子力学遂穿电流。

Fowler-Nordheim(FN)遂穿和直接遂穿是栅氧化物的主要导电机理。FN 遂穿是指在 nMOS 器件上加负偏压时从栅电极向衬底的遂穿,如图 8-15 所示,其电流密度 J_{FN} 可以由下式给出[56]:

$$J_{FN} = A \cdot E_{ox}^2 \exp(-B/E_{ox}) \qquad (8-8)$$

$$A = \frac{q^3}{16\pi^2 \hbar \Phi_b} \frac{m_e}{m^*} \qquad (8-9)$$

$$B = \frac{4\sqrt{2m^*}\, \Phi_b^{\frac{3}{2}}}{3q\hbar} \qquad (8-10)$$

式中,E_{ox} 为栅氧化物两端的电场强度,q 为基本电荷,$\hbar$ 为普朗克常数,m_e 为电子静止质量,m^* 为介质中电子有效质量,Φ_b 为硅/介质界面上的势垒高度。

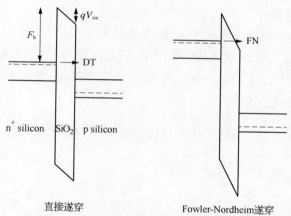

图 8-15　nMOS 结构在负偏压下的能带图

如图 8-15 所示,在高场强下,FN 遂穿起主导作用;在低场强下,由于势垒形状发生变化,直接遂穿成为主要的机理。直接遂穿只有在超薄介质膜(对于二氧化硅,<4 nm)中才有显著贡献,可以被近似地表现为[57]

$$J_{DT} = A' \cdot E_{ox}^2 \exp(-B'/E_{ox}) \qquad (8-11)$$

$$A' = A\left(1 - \sqrt{\frac{\Phi_b - qv_{ox}}{\Phi_b}}\right)^{-2} \qquad (8-12)$$

$$B' = b\left[1 - \left(\frac{\varPhi_b - qv_{ox}}{\varPhi_b}\right)^{3/2}\right] \qquad (8-13)$$

8.7.1.2　金属间介质中的电子输运

对于 BEOL low-k 介质,主要是静态电导会带来可靠性问题。金属间 low-k 介质通常是由 CVD 或旋涂方法沉积的,含有大量缺陷。这些缺陷不仅会加速电子导电,增大漏电流,而且缩短芯片寿命。CVD 沉积的氧化硅是氧化硅基 low-k 介质的代表,被广泛用作 low-k 介质研究的参照物。

CVD 氧化硅的导电行为得到了大量研究者的关注。Fowler-Nordheim 和直接遂穿已在上一节中介绍,这些遂穿导电是由高电场强度(～6 MV/cm)和低介质厚度(<4 nm)的结合引起的[55, 56]。对于金属间介质,厚度要大得多,而场强通常低于 6 MV/cm,这意味着遂穿不是金属间介质中正确的导电机理。本节介绍 low-k 介质中最常见的导电机理——Schottky 发射和 Frenkel-Poole 发射。

Schottky 发射效应发生在金属-半导体和金属-绝缘体接触界面,由于外加高场,这两个界面处的势垒降低,造成了电子从半导体/绝缘体向金属或相反方向发射。Schottky 发射的能带图如图 8-16(a)所示,而 Schottky 发射的公式为[55]

$$J = A \cdot T^2 \cdot \exp\left[-q(\varPhi_{SE} - \sqrt{qE/4\pi\epsilon_0\epsilon_r})/kT\right] \qquad (8-14)$$

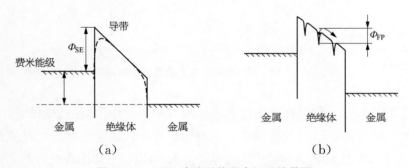

图 8-16　MIM 电容结构导电机理能带图
(a) Schottky 发射;　(b) Frenkel-Poole 发射

式中,A 是有效 Richardson 常数,q 为基本电荷,$\varPhi_{SE}$ 是 Schottky 势垒高度,E 为电场强度,ϵ_0 为真空介电常数,ϵ_r 是绝缘体的高频介电常数。

Frenkel-Poole 发射是电场增强的被俘获电子向绝缘体导带的热激发，其能带结构如图 8-16(b) 所示。Frenkel-Poole 发射的公式为[55]

$$J \sim E \cdot \exp\left[-q(\Phi_{FP} - \sqrt{qE/\pi\epsilon_0\epsilon_r})/kT\right] \qquad (8-15)$$

Schottky 发射和 Frenkel-Poole 发射的表达式很相似。可是 Frenkel-Poole 势垒高度是陷阱深度，而不是 SBHs[59]。而且因为势垒降低由于正电荷的不可移动性而有两倍差距，公式中 $\sqrt{q/\pi\epsilon_r}$ 的值在 Schottky 发射中是 Frenkel-Poole 发射的两倍。

8.7.2　金属间介质的击穿特性

由于对尺寸要求相对宽松和二氧化硅卓越的性能，BEOL 介质可靠性在 low-k 介质引入之前，即 180 纳米技术代之前，都不是大的问题。在引入 low-k 介质之前，线间漏电流是 BEOL 介质的电绝缘性质中最重要的参数，最早的关于 low-k 介质漏电特性的工作研究了在一系列线宽/线间距为 0.30/0.35 μm 的铝互连结构中的 low-k 介质，指出这些 low-k 介质在填充良好的情况下与 CVD 的二氧化硅的漏电性能差不多，并且发现 low-k 介质的电绝缘性能与有没有在其上覆盖二氧化硅帽层有很多关系。没有覆盖帽层的 low-k 介质会吸附水蒸气，从而使漏电流增大[60]。

随着尺寸的不断缩小和铜大马士革技术的引入，关于 low-k 可靠性的研究开始增多，其关注的焦点也逐渐移到击穿特性上来[61]，即 TDDB，这也是薄栅二氧化硅的主要失效机理。在铜大马士革结构的 low-k 介质中，有 3 个退化因子，分别是铜沾污、水蒸气吸附和 low-k 的本征材料特性随孔隙率增加而发生的退化。

8.7.2.1　铜扩散

铜在金属间介质中的存在会使 TDDB 寿命显著退化。对于 MIS 结构中的 CVD 二氧化硅，当铜沾污浓度增加时，呈现出明显的 TDDB 寿命减小的趋势[62]，具体数据如图 8-17 所示。

在铜大马士革结构中，主要的铜沾污是由工艺问题引入的，如不清洁的 CMP 表面或有缺陷的金属间扩散阻挡层。CMP 表面条件对 TDDB 表现有很大影响，对 CMP 后等待时间、储存和清洁上的仔细控制可以有效地阻断

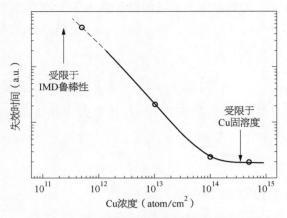

图 8 - 17   TDDB 寿命随表面铜浓度的变化[62]

铜沿 CMP 表面的迁移,改善 TDDB 寿命特性[63, 64]。对于有或没有金属扩散阻挡层的大马士革结构,CVD 二氧化硅的 TDDB 退化也会因体内扩散和 CMP 表面扩散而发生[65]。铜穿过一个糟糕的阻挡层而发生外溢扩散会致使漏电流增大,TDDB 寿命缩短[61]。另外,当阻挡层有缺陷,金属间介质失效可能不再是硬击穿,而是某种形式的准击穿,这同样会造成芯片中电路不能正常工作[66]。实验研究发现,主要是电应力而非热应力造成了与铜扩散有关的 TDDB 退化[65],这一点也被基于铜离子漂移和扩散的连续性方程的物理模型所证实[67]。聚集在铜 CMP 表面的电场[65]和"细线效应"[63]能够进一步加速铜沿 CMP 表面的扩散。

8.7.2.2   水蒸气吸附

对于多孔 low - k 介质,另一个主要的 TDDB 退化机理是水蒸气吸附,造成介电常数增大、漏电增大和击穿强度减小[61]。尽管集成 low - k 介质光板膜层表现出很强的抵抗水蒸气吸附的能力,集成后的 low - k 介质对水蒸气非常敏感,表明集成结构中的 low - k 介质与体 low - k 材料在性质上有很大不同。对集成在 MIS 电容结构中的 $SiO_x(CH_3)_y$ 基金属间介质的漏电流测试结果表明,水蒸气的吸入导致 low - k 薄膜的电导率提升[69],数据如图 8 - 18 所示。热脱附测量(图 8 - 19)发现在二氧化硅基 low - k 介质膜中存在几种与水蒸气有关的分子键[70],在与 BEOL 匹配的温度($<$ 450 ℃)下退火,并不总是能有效去除所有水蒸气成分。

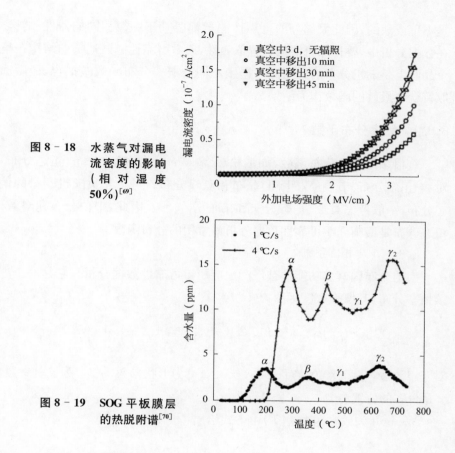

图 8‑18　水蒸气对漏电流密度的影响（相对湿度 50%）[69]

图 8‑19　SOG 平板膜层的热脱附谱[70]

8.7.2.3　孔隙率影响

最后，本征 low‑k 介质的 TDDB 寿命会随着孔隙率的增加而缩短。当前面两个因素得到控制，low‑k 介质的击穿和 TDDB 性能将随着孔隙率的增加而退化，但其失效动力学基本相同，为栅氧化物建立的渗流模型仍可应用于 low‑k 介质[71]。因此在 BEOL 中引入 low‑k 介质和 CD 的持续微缩不可避免地挤占金属间介质的可靠性空间，更多更深入的研究工作势在必行。

8.8　可靠性统计和失效模型

介质的击穿是一个随机过程，对于击穿数据的分析和模型拟合，统计学是不可或缺的,因此大部分的可靠性测量都要基于一组相同的器件/结构。在数据分析中,要排除可能的位置依赖性,通常可靠性测试选择的结构在整个晶圆上是随机分布的。测试数据跟不同的概率分布函数做拟合,最后选取符合度最好的函数作为结果。

8.8.1 概率分布函数

有很多可靠性分布函数,如泊松(Poisson)分布、指数分布、正态分布、对数-正态分布、韦伯(Weibull)分布和双峰分布。对于非负随机变量的偏态分布,一般考虑对数-正态分布和韦伯分布[72]。因此,韦伯分布和对数-正态分布是薄膜介质可靠性数据分析最常用的分布函数。

8.8.1.1 韦伯分布

韦伯分布因其多功能性被广泛地应用于可靠性数据分析。它是一个连续概率分布,其概率密度函数为[73]

$$f(T) = \frac{\beta}{\eta} \left(\frac{T-\gamma}{\eta} \right)^{\beta-1} \exp\left[-\left(\frac{T-\gamma}{\eta} \right)^{\beta} \right] \tag{8-16}$$

对于 $T \geqslant \gamma$, $f(T) = 0$。对于 $T < \gamma$, $\beta > 0$ 为形状参数,$\eta > 0$ 为比例参数,γ 是分布的位置参数。

Weibull 失效率函数 $\lambda(T)$ 由下式给出:

$$\lambda(T) = \frac{f(T)}{R(T)} = \frac{\beta}{\eta} \left(\frac{T-\gamma}{\eta} \right)^{\beta-1} \tag{8-17}$$

于是,形状参数 β 决定失效在 $e\lambda(T)$ 条件下的演化趋势,即:$-\beta < 1$,失效率逐渐降低;$-\beta = 1$,失效率恒定;$-\beta > 1$,失效率逐渐增加。

8.8.1.2 对数-正态分布

对数-正态分布是任何随机变量的对数成正态分布的概率分布。其概率密度函数为[73]

$$f(T) = \frac{1}{T\sigma\sqrt{2\pi}} \exp\left[-\frac{(\ln T - \mu)^2}{2\sigma^2} \right] \tag{8-18}$$

对于 $T > 0$,其中 μ 和 σ 是变量对数的平均和标准偏差。通过调整这些参数,对数-正态分布也可以描述逐渐增大和缩小的失效率,并被用来代

表 3 个寿命阶段(早期失效、正常寿命和磨损)中的一个。Weibull 分布与对数-正态分布之间的区别主要在小于 5‰ 的区域内。对于小的样本尺寸,两个模型可以互换。Weibull 分布中的形状参数 β 与对数正态分布中变量的标准偏差 σ 之间的关系可以写为[74]

$$\sigma \approx \frac{\pi}{\sqrt{6}\beta} \tag{8-19}$$

8.8.2　击穿加速模型

大多数的 TDDB 测量都是在加速条件下进行的,例如在高电场强度和高温下。要预测使用条件下的寿命,就需要一个合适的加速模型,把加速条件下的数据外推到使用条件。有几个广为人知的模型是为栅氧化物建立的,其中有一些也被应用于金属间介质。

8.8.2.1　栅氧化物模型

目前,主要有 3 个为栅氧化物建立的击穿加速模型,即 $1/E$ 模型、E 模型和幂律模型[11]。

$1/E$ 模型是基于阳极注射的模型,其击穿时间 t_{BD} 为

$$t_{BD} = \tau_0 \cdot \exp(G/E_{ox}) \tag{8-20}$$

式中,τ_0 是常数,E_{ox} 是氧化物中的场强,$G = B + H$ 的值在 290 MV/cm 和 350 MV/cm 之间变化,具体值取决于氧化物厚度和应力类型[55]。

E 模型预言 t_{BD} 与氧化物场强的对数成线性关系:

$$t_{BD} = t_0 \cdot \exp(\gamma \cdot E_{ox}) \tag{8-21}$$

式中,t_0 和 γ 为常数。E 模型最早作为经验公式提出,之后才给出了物理解释[75]。

幂律模型的历史最短,最早应用于低压应力下的超薄膜层,此时直接遂穿占主导地位[76-79]。其方程为

$$t_{BD} = t_0 \cdot V_G^n \tag{8-22}$$

式中,V_G 为栅电压,n 在 40~45 之间。

上述 3 个模型在高电应力下的行为相似,只有在外推到低电场的时候

相互之间才出现差异。

8.8.2.2 金属间介质模型

金属间介质的加速击穿模型主要继承于栅氧化物,其中 E 模型用得最多。如前面已经讨论过的,已经发展了基于铜扩散的物理解释,来满足 E 模型在金属间介质的应用[67]。更多的封装级介质可靠性测试表明幂律模型是一个更合适的模型。

8.9 未来的互连:铜/low‑k 之后

对于包含了铜金属线和 low‑k 金属间介质的先进互连,持续的尺寸微缩是如此具有挑战性,以至于不得不开始为未来的互连结构寻找替代技术。对于导体,一些机构在研究用纳米线和石墨烯材料。对于金属间介质,其气隙因为具有终极目标的介电常数,会成为这条研究道路的终点。气隙集成的挑战是力学性质的严重退化,现在还只能用于较高金属层的互连结构中。

器件和储存单元也可以在 BEOL 实现。例如 Intel 的存储器产品——Optane128‑Gb XPoint 存储器,就在第 4 和第 5 层金属(Metal4 和 Metal5)之间制造了存储阵列。还有的研究工作把 FET 做到 BEOL 中,创造一个有源的互连结构。因此,功能性互连或有源互连将成为未来互连研发的另一个重要方向。

未来互连技术的另一个方面是正在出现的硅-光子技术。虽然在低层的信号传输中,以电子输运为基础的互连是目前唯一应用的技术,不过高层的信号传输(如模块级或芯片级)中,基于光子的互连在 RC 延迟和功耗上有突出优势和技术上实现的可能性。

8.10 小结

综上所述,芯片内互连与 CMOS 技术一同处在进化之中,无论现在还是将来,它都是集成电路芯片制造最重要的技术之一。互连材料、工艺集成和可靠性之间的相互作用是如此复杂,在每一个技术节点,深入的工艺优化和可靠性表征分析对于整个 CMOS 芯片工艺流程的开发都是至关重要的。

参考文献

［1］ Edelstein D, Davis C, Clevenger L, et al. Reliability, Yield, and Performance of a 90 Nm SOI/Cu/SiCOH Technology [C]. In Proceedings of the IEEE International Interconnect Technology Conference 2004 - 214.

［2］ Havemann R H, Hutchby J A. High-Performance Interconnects: An Integration Overview [C]. Proc. IEEE 2001 - 5 - 586.

［3］ Bakoglu H B. Circuits, Interconnections, and Packaging for ULSI [M]. MA : Addision-Wesley: Reading, 1990.

［4］ Maex K, Baklanov M R, Shamiryan D, et al. Low Dielectric Constant Materials for Microelectronics [R]. J. Appl. Phys. 2003 - 11 - 8793.

［5］ Morgen M, Ryan E T, Zhao J H, et al. Low Dielectric Constant Materials for ULSI Interconnects [R]. Annu. Rev. Mater. Sci. 2000 - 1 - 645.

［6］ Koh C K, Madden P H. Manhattan or Non-Manhattan? [C]. Proceedings of the 10th Great Lakes Symposium on VLSI - GLSVLSI '00: ACM Press: New York, USA, 2000 - 47.

［7］ Van der Veen M H, Jourdan N, Gonzalez V V, et al. Barrier/liner Stacks for Scaling the Cu Interconnect Metallization [C]. 2016 IEEE International Interconnect Technology Conference / Advanced Metallization Conference (IITC/AMC) 2016 - 28.

［8］ Wen L, Yamashita F, Tang B, et al. Direct Etched Cu Characterization for Advanced Interconnects [C]. 2015 IEEE International Interconnect Technology Conference and 2015 IEEE Materials for Advanced Metallization Conference (IITC/MAM) 2015 - 173.

［9］ Lide D R. CRC Handbook of Chemistry and Physics [M]. Boca Raton FL: CRC Press, 2000.

［10］ Mogilnikov K P, Baklanov M R. Determination of Young's Modulus of Porous Low-K Films by Ellipsometric Porosimetry [R]. Electrochem Solid-State Lett 2002 - 12 - F29.

［11］ Baklanov M, Green M, Maex K. Dielectric films for advanced microelectronics (Chapter 5) [M]. Hoboken NJ: John Wiley and Sons, 2007.

［12］ Daamen R, Bancken P H L, Nguyen V H, et al. The Evolution of Multi-Level Air Gap Integration towards 32 Nm Node Interconnects [R]. Microelectron. Eng. 2007 - 2177.

［13］ Fischer K, Agostinelli M, Allen C, et al. Low-K Interconnect Stack with Multi-Layer Air Gap and Tri-Metal-Insulator-Metal Capacitors for 14 nm High Volume Manufacturing [C]. 2015 IEEE International Interconnect Technology Conference and 2015 IEEE Materials for Advanced Metallization Conference (IITC/MAM) 2015 - 5.

［14］ Weber E R. Transition Metals in Silicon [R]. Appl. Phys. A Solids Surfaces 1983 - 1 - 1.

［15］ Keller R, Deicher M, Pfeiffer W, et al. Copper in Silicon [R]. Phys. Rev. Lett. 1990 - 16 - 2023.

［16］ Istratov A A, Weber E R. Physics of Copper in Silicon [R]. J. Electrochem. Soc. 2002 - 1 - G21.

［17］ Estreicher S K. First-Principles Theory of Copper in Silicon [R]. Mater. Sci. Semicond. Process. 2004 - 3 - 101.

［18］ Bracht H. Copper Related Diffusion Phenomena in Germanium and Silicon [R]. Mater. Sci. Semicond. Process. 2004 - 3 - 113.

［19］ Knack S. Copper-Related Defects in Silicon [R]. Mater. Sci. Semicond. Process. 2004 - 3 - 125.

［20］ Aboelfotoh M O, Cros A, Svensson B G, et al. Schottky-Barrier Behavior of Copper and Copper Silicide on N-Type and P-Type Silicon [R]. Phys. Rev. B 1990 - 14 - 9819.

［21］ Wendt H, Cerva H, Lehmann V, et al. Impact of Copper Contamination on the Quality of Silicon Oxides [R]. J. Appl. Phys. 1989 - 6 - 2402.

［22］ Shacham-Diamond Y, Dedhia A, Hoffstetter D, et al. Reliability of Copper Metallization on Silicon-Dioxide [C]. Proceedings Eighth International IEEE VLSI Multilevel Interconnection Conference 1991 - 109.

［23］ Gupta D, Vieregge K, Srikrishnan K V. Copper Diffusion in Amorphous Thin Films of 4% Phosphorus-silcate Glass and Hydrogenated Silicon Nitride [R]. Appl. Phys. Lett. 1992 - 18 - 2178.

［24］ Raghavan G, Chiang C, Anders P B, et al. Diffusion of Copper through Dielectric Films under Bias Temperature Stress [R]. Thin Solid Films 1995 - 1 - 168.

［25］ Loke A L S, Wetzel J T, Townsend P H, et al. Kinetics of Copper Drift in Low-κ Polymer Interlevel Dielectrics [R]. IEEE Trans. Electron Devices 1999 - 11 - 2178.

［26］ Du M, Opila R L, Donnelly V M, et al. The Interface Formation of Copper and Low Dielectric Constant

Fluoro-Polymer: Plasma Surface Modification and Its Effect on Copper Diffusion [R]. Journal of Applied Physics 1999 – 1496.

[27] Rogojevic S, Jain A, Gill W N, et al. Interactions Between Nanoporous Silica and Copper [R]. J. Electrochem. Soc. 2002 – 9 – F122.

[28] Lanckmans F, Maex K. Use of a Capacitance Voltage Technique to Study Copper Drift Diffusion in (Porous) Inorganic Low-K Materials [R]. Microelectron. Eng. 2002 – 1 – 125.

[29] Chen C, Liu P T, Chang T C, et al. Cu-Penetration Induced Breakdown Mechanism for a-SiCN [R]. Thin Solid Films 2004 – 388.

[30] Goto K, Yuasa H, Andatsu A, et al. Film Characterization of Cu Diffusion Barrier Dielectrics for 90 Nm and 65 Nm Technology Node Cu Interconnects [C]. In Proceedings of the IEEE 2003 International Interconnect Technology Conference: IEEE; pp 6 – 8.

[31] Zhang D H, Yang L Y, Li C Y, et al. Ta/SiCN Bilayer Barrier for Cu-ultra Low K Integration [R]. Thin Solid Films 2006 – 1 – 235.

[32] Kaloyeros A E, Eisenbraun E. Ultrathin Diffusion Barriers/Liners for Gigascale Copper Metallization [R]. Annu. Rev. Mater. Sci. 2000 – 1 – 363.

[33] Kaloyeros A E, Eisenbraun E T, Dunn K, et al. Thickness Diffusion Barriers and Metallization Liners For Nanoscale Device Application [R]. Chem. Eng. Commun. 2011 – 11 – 1453.

[34] Muppidi T, Field D P, Sanchez J E, et al. Geometry and Alloying Effects on the Microstructure and Texture of Electroplated Copper Thin Films and Damascene Lines [R]. Thin Solid Films 2005 – 1 – 63.

[35] Shamiryan D, Baklanov M R, Maex K. Diffusion Barrier Integrity Evaluation by Ellipsometric Porosimetry [R]. J. Vac. Sci. Technol. B Microelectron. Nanom. Struct. 2003 – 1 – 220.

[36] Baklanov M, Green M, Maex. Dielectric Films for Advanced Microelectronics [M]; John Wiley & Sons, 2007.

[37] Loh S W, Zhang D H, Li C Y, et al. Study of Copper Diffusion into Ta and TaN Barrier Materials for MOS Devices [R]. Thin Solid Films 2004, 462 – 463, 240 – 244.

[38] Zeng Y, Russell S W, McKerrow A J, et al. Effectiveness of Ti, TiN, Ta, TaN, and W2N as Barriers for the Integration of Low-K Dielectric Hydrogen Silsesquioxane [R]. J. Vac. Sci. Technol. B Microelectron. Nanom. Struct. 2000 – 1 – 221.

[39] Rossnagel S M. Directional and Preferential Sputtering-Based Physical Vapor Deposition [R]. Thin Solid Films 1995 – 1 – 1.

[40] Rossnagel S M. Directional and Ionized Physical Vapor Deposition for Microelectronics Applications [R]. J. Vac. Sci. Technol. B Microelectron. Nanom. Struct. 1998 – 5 – 2585.

[41] Hopwood J. Ionized Physical Vapor Deposition of Integrated Circuit Interconnects [R]. Physics of Plasmas 1998 – 5 – 1624.

[42] Helmersson U, Lattemann M, Bohlmark J, et al. Ionized Physical Vapor Deposition (IPVD): A Review of Technology and Applications [R]. Thin Solid Films 2006 – 1 – 1.

[43] Leskelä M, Ritala M. Atomic Layer Deposition (ALD): From Precursors to Thin Film Structures [R]. Thin Solid Films 2002 – 1 – 138.

[44] Lim B S, Rahtu A, Gordon R G. Atomic Layer Deposition of Transition Metals [R]. Nat. Mater. 2003 – 11 –749.

[45] Li B, Sullivan T D, Lee T C, et al. Reliability Challenges for Copper Interconnects [R]. Microelectron. Reliab. 2004 – 3 – 365.

[46] Blech I A, Sello H. The Failure of Thin Aluminum Current-Carrying Strips on Oxidized Silicon [C]. Fifth Annual Symposium on the Physics of Failure in Electronics IEEE, 1966 – 496.

[47] Black J R. Mass Transport of Aluminum by Momentum Exchange with Conducting Electrons [C]. 6th Annual Reliability Physics Symposium (IEEE) 1967 – 148.

[48] Blech I A, Herring C. Stress Generation by Electromigration [R]. Appl. Phys. Lett. 1976 – 3 – 131.

[49] Korhonen M A, Brgesen P, Tu K N, et al. Stress Evolution due to Electromigration in Confined Metal Lines [R]. J. Appl. Phys. 1993, 73 (8), 3790 – 3799.

[50] Hau-Riege C S. An introduction to Cu electromigration [R]. Microelectron. Reliab. 2004 – 2 – 195.

[51] Hussein M A, He J. Materials' Impact on Interconnect Process Technology and Reliability [R]. IEEE Trans. Semicond. Manuf. 2005 – 1 – 69.

[52] Hu C-K, Gignac L, Rosenberg R. Electromigration of Cu/low Dielectric Constant Interconnects [R].

Microelectron. Reliab. 2006 - 2 - 213.

[53] Tu K N. Recent Advances on Electromigration in Very-Large-Scale-Integration of Interconnects [R]. J. Appl. Phys. 2003 - 9 - 5451.

[54] Adamec V, Calderwood J H. Electrical Conduction and Polarisation Phenomena in Polymeric Dielectrics at Low Fields [R]. J. Phys. D. Appl. Phys. 1978 - 6 - 781.

[55] Sze S M, Ng K K. Physics of Semiconductor Devices [M]. Wiley-Interscience, 2007.

[56] Lenzlinger M, Snow E H. Fowler-Nordheim Tunneling into Thermally Grown SiO_2 [R]. J. Appl. Phys. 1969 - 1 - 278.

[57] Schroder D K. Semiconductor Material and Device Characterization [R]. IEEE Press 2006.

[58] Emtage P R, Tantraporn W. Schottky Emission Through Thin Insulating Films [R]. Phys. Rev. Lett. , 1962 - 4 - 267 - 268.

[59] Tersoff J. Schottky Barrier Heights and the Continuum of Gap States [R]. Phys. Rev. Lett. 1984 - 6 - 465.

[60] Zhao B, Wang S Q, Fiebig M, et al. Reliability and Electrical Properties of New Low Dielectric Constant Interlevel Dielectrics for High Performance ULSI Interconnect [C]. Proceedings of International Reliability Physics Symposium RELPHY-96 IEEE. 1996 - 156.

[61] Tsu R, McPherson J W, McKee W R. Leakage and Breakdown Reliability Issues Associated with Low-K Dielectrics in a Dual-Damascene Cu Process [C]. IEEE International Reliability Physics Symposium Proceedings 38th Annual IEEE. 2000 - 348.

[62] Gonella R. Key Reliability Issues for Copper Integration in Damascene Architecture [R]. Microelectron. Eng. 2001 - 1 - 245.

[63] Noguchi J, Miura N, Kubo M, et al. Cu-Ion-Migration Phenomena and Its Influence on TDDB Lifetime in Cu Metallization [C]. IEEE International Reliability Physics Symposium Proceedings 41st Annual IEEE. 2003 - 287.

[64] Noguchi J, Ohashi N, Yasuda J, et al. TDDB Improvement in Cu Metallization under Bias Stress [C]. IEEE International Reliability Physics Symposium Proceedings 38th Annual (Cat. No. 00CH37059). 2000 - 339.

[65] Noguchi J, Saito T, Ohashi N, et al. Impact of Low-K Dielectrics and Barrier Metals on TDDB Lifetime of Cu Interconnects [C]. IEEE International Reliability Physics Symposium Proceedings 39th Annual (Cat. No. 00CH37167). 2001 - 355.

[66] Song W S, Kim T J, Lee D H, et al. Pseudo-Breakdown Events Induced by Biased-Thermal-Stressing of Intra-Level Cu Interconnects-Reliability and Performance Impact [C]. IEEE International Reliability Physics Symposium. Proceedings 40th Annual (Cat. No. 02CH37320). 2002 - 305 - 311.

[67] Wu W, Duan X, Yuan J S. A Physical Model of Time-Dependent Dielectric Breakdown in Copper Metallization [C]. IEEE International Reliability Physics Symposium Proceedings 41st Annual. 2003 - 282.

[68] Furusawa T, Ryuzaki D, Yoneyama R, et al. Heat and Moisture Resistance of Siloxane-Based Low-Dielectric-Constant Materials [R]. J. Electrochem. Soc. 2001 - 9 - F175.

[69] Devine R A B, Ball D, Rowe J D, et al. Irradiation and Humidity Effects on the Leakage Current in $SiOxCH_3$ y-Based Intermetal Dielectric Films [R]. J. Electrochem. Soc. 2003 - 8 - F151.

[70] Proost J, Baklanov M, Maex K, et al. Compensation Effect during Water Desorption from Siloxane-Based Spin-on Dielectric Thin Films [R]. J. Vac. Sci. Technol. B Microelectron. Nanom. Struct. 2000 - 1 - 303.

[71] Ogawa E T, Kim J, Haase G. S, et al. Leakage, Breakdown, and TDDB Characteristics of Porous Low-K Silica-Based Interconnect Dielectrics [C]. IEEE International Reliability Physics Symposium Proceedings 41st Annual. 2003 - 166.

[72] Dumonceaux R, Antle C E. Discrimination Between the Log-Normal and the Weibull Distributions [R]. Technometrics 1973 - 4 - 923.

[73] Reliability Engineering, Reliability Theory and Reliability Data Analysis and Modeling Resources for Reliability Engineers, http://www. weibull. com/ (accessed Jul 9, 2017).

[74] Tokei Z, Sutcliffe V, Demuynck S, et al. Impact of the Barrier/dielectric Interface Quality on Reliability of Cu Porous-Low-K Interconnects [C]. IEEE International Reliability Physics Symposium. Proceedings. 2004 -326.

[75] McPherson J W, Mogul H C. Underlying Physics of the Thermochemical E Model in Describing Low-Field Time-Dependent Dielectric Breakdown in SiO_2 Thin Films [R]. J. Appl. Phys. 1998 - 3 - 1513.

[76] Wu E Y, Suñé J. Power-Law Voltage Acceleration: A Key Element for Ultra-Thin Gate Oxide Reliability

［R］. Microelectron. Reliab. 2005 - 12 - 1809.

［77］ Duschl R, Vollertsen R-P. Is the Power-Law Model Applicable beyond the Direct Tunneling Regime? ［R］ Microelectron. Reliab. 2005 - 12 - 1861.

［78］ Haggag A, Liu N, Menke D, et al. Physical Model for the Power-Law Voltage and Current Acceleration of TDDB ［R］. Microelectron. Reliab. 2005 - 12 - 1855.

［79］ Pompl T, Röhner M. Voltage Acceleration of Time-Dependent Breakdown of Ultra-Thin Gate Dielectrics ［R］. Microelectron. Reliab. 2005 - 12 - 1835.

［80］ Hayakawa A, Ebe H, Chen Y, et al. Silicon Photonics Optical Transceiver for High-Speed, High-Density and Low-Power LSI Interconnect ［R］. Fujitsu Sci Tech J 2006 - 1 - 19.

后 记

正如本书中各章所述，CMOS 的技术开发需要解决或考虑各种问题和挑战。持续不断的快速小型化使晶体管器件的寄生电阻快速增大，成为影响器件电学表现的关键要素。因此，在未来要将 CMOS 技术继续推向前进，需要有革命性的概念。当我们接近或到达后 CMOS 时代时，芯片制造技术工作者需要找到新的技术路径，不仅要继续努力实现 3D 设计，更需要优化芯片的电源利用能力和节约制造成本。

FinFET 将继续在高性能逻辑领域占主导地位，同时器件的基本结构设计会转向 GAA 器件以实现对沟道输运更好的控制，之后还有可能转向竖直纳米线晶体管，因为光刻技术逼近其物理极限，使晶体管的栅长不可能进一步微缩。这些竖直纳米线 GAA 器件可能是器件结构更新的最后一步。

对于集成高迁移率沟道材料，例如硅锗、锗甚至Ⅲ-Ⅴ族半导体材料，业界对它们有强烈的期待，这些材料有望使晶体管驱动电流提升一个数量级。

根据 ITRS 的预测，在所有上述办法用尽之后，硅技术将接近终点。大约到 2024 年，我们在技术上将遇到难以逾越的壁垒。最终，凭借缩小栅周距、金属周距和单元高度来取得技术进步的进程将逐渐停止。

后 CMOS 时代将致力于开发出对 CMOS 加以补偿的技术，而非将其全盘替代。因此，对 CMOS 器件的制造和电学表现与更高层次的电路和系统功能之间的联系的深入理解必不可少。基于此，我们方能征服未来的挑战和困难。

原著致谢

　　感谢瑞典皇家理工大学的 Anders Hallén 教授,跟他就相关专业问题的讨论对有关章节翻译工作的完成帮助良多。许多中国科学院的同事对该书的完成有卓越贡献。特别感谢朱慧珑教授、殷华湘教授和闫江教授在全后栅高 k/金属栅集成部分的贡献和讨论。我们还希望对更多同事表达特别的谢意,包括但不限于张丹女士、段宁远先生、毛素娟女士、刘金标先生和赵雪薇女士,他们对本书提供了很大的帮助。

彩　图

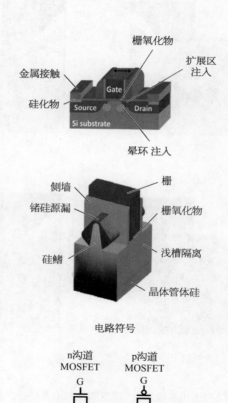

电路符号

图 1 - 1　二维 MOSFET(左)和三维 FinFET(Fin 即"鳍"的英文)(右)示意图

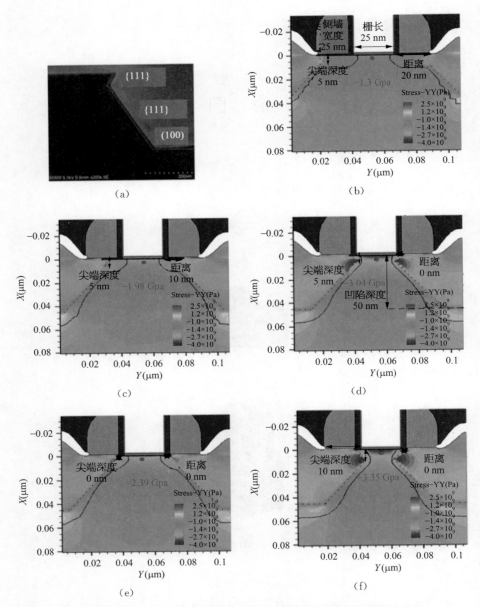

图 3 - 5　pMOSFET 中的源漏区"Σ"形凹槽和填充硅锗之后产生的应力

（a）凹槽的 SEM,从中可见各个晶面和凹槽尖端位置；　（b）～（f）模拟计算给出的栅长为 25 nm 器件的应力分布,其中标出的应力值为沟道中心黑点位置的应力；　（b）～（d）尖端深度恒定为 5 nm,而尖端离沟道的距离分别为 20、10 和 0 nm；　（d）～（f）,尖端离沟道的距离恒定为 0 nm,而深度分别为 5、0、10 nm

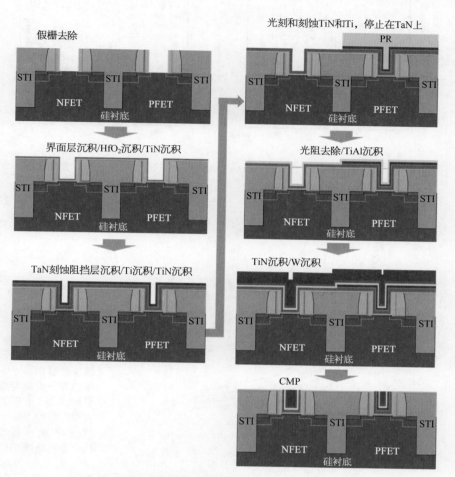

图 4 - 28　CMOS 集成中的高 k/金属栅工艺流程示意图

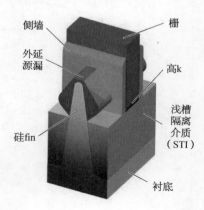

图 4 - 30　采用了高 k/金属栅和
外延源漏的体硅
FinFET 结构示意图

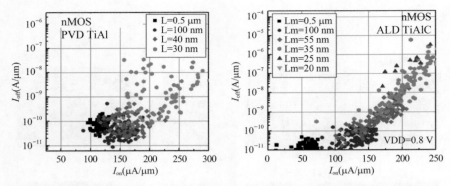

图 4 - 32 采用了 PVD - TiAl 和 ALD - TiAlC 的 nMOS FinFET 的电学性能比较

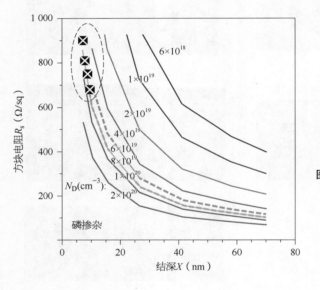

图 6 - 1 针对不同活化掺杂浓度计算的 n - Ge 结的方块电阻与结深的关系(图中的点为 ITRS 关于 17～22 纳米技术代介电的路线图)

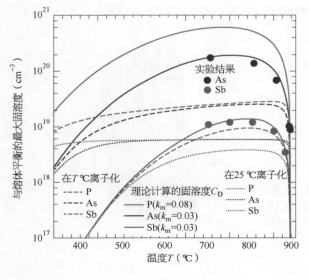

图 6 - 2 理论计算的与锗熔体平衡时的最大掺杂原子固溶度

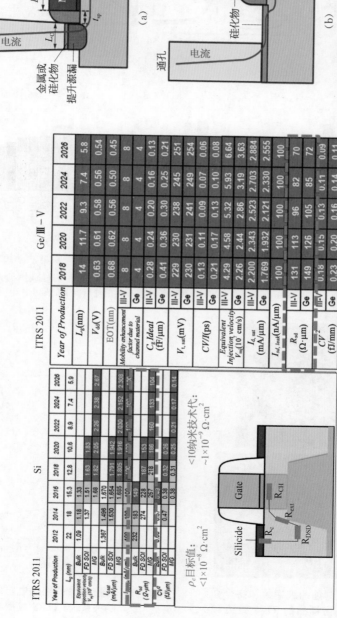

图 7-2 现代 CMOS 跟传统 CMOS 的接触

(a) 现代 CMOS; (b) 传统 CMOS

图 7-1 ITRS 2011 路线图关于硅基、锗基和 III-V 族材料基 CMOS 器件中源漏电阻的预测

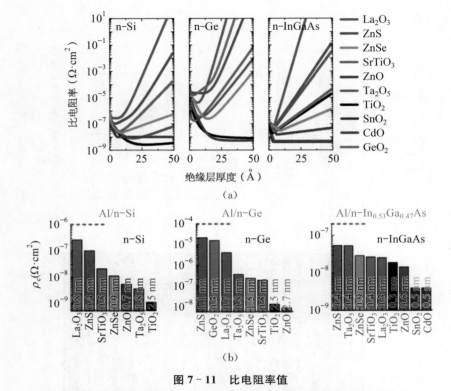

图 7 - 11　比电阻率值

（a）铝/绝缘层/n - Si、n - Ge 和 n - In$_{0.53}$Ga$_{0.47}$As 接触中的比电阻率与绝缘层厚度的关系；
（b）n - Si、n - Ge 和 n - In$_{0.53}$Ga$_{0.47}$As 上不同绝缘层在其最佳厚度下的最小比电阻率

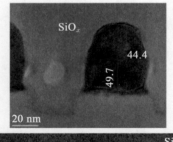

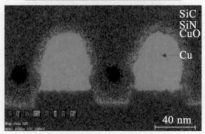

图 8 - 8　直接刻蚀的细铜线和完全介
质钝化样品的 TEM 截面和
EDS 元素分布图

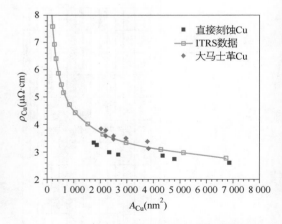

图 8 - 9　直接刻蚀的铜线电阻率与截面积
的关系，与 ITRS 数据和大马士革
铜数据的比较